全国中医药行业高等教育"十四五"规划教材

全国高等中医药院校规划教材（第十一版）

药用高分子材料学

（新世纪第三版）

（供药学类专业用）

主 编 刘 文

中国中医药出版社
·北 京·

图书在版编目（CIP）数据

药用高分子材料学 / 刘文主编 .—3 版 .—北京：
中国中医药出版社，2023.7（2025.2 重印）
全国中医药行业高等教育"十四五"规划教材
ISBN 978 – 7 – 5132 – 8170 – 6

Ⅰ . ①药… Ⅱ . ①刘… Ⅲ . ①高分子材料—药剂—辅助材料—
中医学院—教材 Ⅳ . ① TQ460.4

中国版本图书馆 CIP 数据核字（2023）第 088921 号

融合出版数字化资源服务说明

全国中医药行业高等教育"十四五"规划教材为融合教材，各教材相关数字化资源（电子教材、PPT 课件、
视频、复习思考题等）在全国中医药行业教育云平台"医开讲"发布。

资源访问说明

扫描右方二维码下载"医开讲 APP"或到"医开讲网站"（网址：www.e-lesson.cn）注
册登录，输入封底"序列号"进行账号绑定后即可访问相关数字化资源（注意：序列号
只可绑定一个账号，为避免不必要的损失，请您刮开序列号立即进行账号绑定激活）。

资源下载说明

本书有配套 PPT 课件，供教师下载使用，请到"医开讲网站"（网址：www.e-lesson.cn）认证教师身份后，
搜索书名进入具体图书页面实现下载。

中国中医药出版社出版

北京经济技术开发区科创十三街 31 号院二区 8 号楼
邮政编码 100176
传真 010-64405721
山东润声印务有限公司印刷
各地新华书店经销

开本 889 × 1194 1/16 印张 13.25 字数 346 千字
2023 年 7 月第 3 版 2025 年 2 月第 2 次印刷
书号 ISBN 978 – 7 – 5132 – 8170 – 6

定价 52.00 元
网址 www.cptcm.com

服 务 热 线 010-64405510 微信服务号 zgzyycbs
购 书 热 线 010-89535836 微商城网址 https://kdt.im/LIdUGr
维 权 打 假 010-64405753 天猫旗舰店网址 https://zgzyycbs.tmall.com

如有印装质量问题请与本社出版部联系（010-64405510）

全国中医药行业高等教育"十四五"规划教材
全国高等中医药院校规划教材（第十一版）

《药用高分子材料学》
编 委 会

主　编

刘　文（贵州医科大学）

副 主 编（以姓氏笔画为序）

石森林（浙江中医药大学）　　　　　肖学凤（天津中医药大学）

宋信莉（贵州中医药大学）　　　　　张永太（上海中医药大学）

钟益宁（广西中医药大学）　　　　　韩　丽（成都中医药大学）

编　　委（以姓氏笔画为序）

马　燕（广州中医药大学）　　　　　王　芳（广东药科大学）

王虎传（安徽中医药大学）　　　　　王晓颖（福建中医药大学）

王福东（湖南中医药大学）　　　　　乔宏志（南京中医药大学）

刘改枝（河南中医药大学）　　　　　孙　琳（山西中医药大学）

李　哲（江西中医药大学）　　　　　李冰菲（黑龙江中医药大学）

李瑞娟（内蒙古医科大学）　　　　　张　婷（成都医学院）

和东亮（长春中医药大学）　　　　　周　莉（河北中医药大学）

郑婷婷（山东中医药大学）　　　　　胡春玲（湖北中医药大学）

柯　瑾（云南中医药大学）　　　　　高建德（甘肃中医药大学）

郭　惠（陕西中医药大学）　　　　　廉明明（哈尔滨医科大学）

匡海学（黑龙江中医药大学教授、教育部高等学校中药学类专业教学指导委员会主任委员）

吕志平（南方医科大学教授、全国名中医）

吕晓东（辽宁中医药大学党委书记）

朱卫丰（江西中医药大学校长）

朱兆云（云南中医药大学教授、中国工程院院士）

刘　良（广州中医药大学教授、中国工程院院士）

刘松林（湖北中医药大学校长）

刘叔文（南方医科大学副校长）

刘清泉（首都医科大学附属北京中医医院院长）

李可建（山东中医药大学校长）

李灿东（福建中医药大学校长）

杨　柱（贵州中医药大学党委书记）

杨晓航（陕西中医药大学校长）

肖　伟（南京中医药大学教授、中国工程院院士）

吴以岭（河北中医药大学名誉校长、中国工程院院士）

余曙光（成都中医药大学校长）

谷晓红（北京中医药大学教授、教育部高等学校中医学类专业教学指导委员会主任委员）

冷向阳（长春中医药大学校长）

张忠德（广东省中医院院长）

陆付耳（华中科技大学同济医学院教授）

阿吉艾克拜尔·艾萨（新疆医科大学校长）

陈　忠（浙江中医药大学校长）

陈凯先（中国科学院上海药物研究所研究员、中国科学院院士）

陈香美（解放军总医院教授、中国工程院院士）

易刚强（湖南中医药大学校长）

季　光（上海中医药大学校长）

周建军（重庆中医药学院院长）

赵继荣（甘肃中医药大学校长）

郝慧琴（山西中医药大学党委书记）

胡　刚（江苏省政协副主席、南京中医药大学教授）

侯卫伟（中国中医药出版社有限公司董事长）

姚　春（广西中医药大学校长）

徐安龙（北京中医药大学校长、教育部高等学校中西医结合类专业教学指导委员会主任委员）

高秀梅（天津中医药大学校长）

高维娟（河北中医药大学校长）

郭宏伟（黑龙江中医药大学校长）

唐志书（中国中医科学院副院长、研究生院院长）

彭代银（安徽中医药大学校长）

董竞成（复旦大学中西医结合研究院院长）

韩晶岩（北京大学医学部基础医学院中西医结合教研室主任）

程海波（南京中医药大学校长）

鲁海文（内蒙古医科大学副校长）

翟理祥（广东药科大学校长）

秘书长（兼）

陆建伟（国家中医药管理局人事教育司司长）

侯卫伟（中国中医药出版社有限公司董事长）

办公室主任

周景玉（国家中医药管理局人事教育司副司长）

李秀明（中国中医药出版社有限公司总编辑）

办公室成员

陈令轩（国家中医药管理局人事教育司综合协调处处长）

李占永（中国中医药出版社有限公司副总编辑）

张峘宇（中国中医药出版社有限公司副总经理）

芮立新（中国中医药出版社有限公司副总编辑）

沈承玲（中国中医药出版社有限公司教材中心主任）

编审专家组

全国中医药行业高等教育"十四五"规划教材
全国高等中医药院校规划教材（第十一版）

组 长

余艳红（国家卫生健康委员会党组成员，国家中医药管理局党组书记、局长）

副组长

张伯礼（天津中医药大学教授、中国工程院院士、国医大师）

秦怀金（国家中医药管理局副局长、党组成员）

组 员

陆建伟（国家中医药管理局人事教育司司长）

严世芸（上海中医药大学教授、国医大师）

吴勉华（南京中医药大学教授）

匡海学（黑龙江中医药大学教授）

刘红宁（江西中医药大学教授）

翟双庆（北京中医药大学教授）

胡鸿毅（上海中医药大学教授）

余曙光（成都中医药大学教授）

周桂桐（天津中医药大学教授）

石　岩（辽宁中医药大学教授）

黄必胜（湖北中医药大学教授）

前　言

　　为全面贯彻《中共中央 国务院关于促进中医药传承创新发展的意见》和全国中医药大会精神，落实《国务院办公厅关于加快医学教育创新发展的指导意见》《教育部 国家卫生健康委 国家中医药管理局关于深化医教协同进一步推动中医药教育改革与高质量发展的实施意见》，紧密对接新医科建设对中医药教育改革的新要求和中医药传承创新发展对人才培养的新需求，国家中医药管理局教材办公室（以下简称"教材办"）、中国中医药出版社在国家中医药管理局领导下，在教育部高等学校中医学类、中药学类、中西医结合类专业教学指导委员会及全国中医药行业高等教育规划教材专家指导委员会指导下，对全国中医药行业高等教育"十三五"规划教材进行综合评价，研究制定《全国中医药行业高等教育"十四五"规划教材建设方案》，并全面组织实施。鉴于全国中医药行业主管部门主持编写的全国高等中医药院校规划教材目前已出版十版，为体现其系统性和传承性，本套教材称为第十一版。

　　本套教材建设，坚持问题导向、目标导向、需求导向，结合"十三五"规划教材综合评价中发现的问题和收集的意见建议，对教材建设知识体系、结构安排等进行系统整体优化，进一步加强顶层设计和组织管理，坚持立德树人根本任务，力求构建适应中医药教育教学改革需求的教材体系，更好地服务院校人才培养和学科专业建设，促进中医药教育创新发展。

　　本套教材建设过程中，教材办聘请中医学、中药学、针灸推拿学三个专业的权威专家组成编审专家组，参与主编确定，提出指导意见，审查编写质量。特别是对核心示范教材建设加强了组织管理，成立了专门评价专家组，全程指导教材建设，确保教材质量。

　　本套教材具有以下特点：

　　1.坚持立德树人，融入课程思政内容

　　将党的二十大精神进教材，把立德树人贯穿教材建设全过程、各方面，体现课程思政建设新要求，发挥中医药文化育人优势，促进中医药人文教育与专业教育有机融合，指导学生树立正确世界观、人生观、价值观，帮助学生立大志、明大德、成大才、担大任，坚定信念信心，努力成为堪当民族复兴重任的时代新人。

　　2.优化知识结构，强化中医思维培养

　　在"十三五"规划教材知识架构基础上，进一步整合优化学科知识结构体系，减少不同学科教材间相同知识内容交叉重复，增强教材知识结构的系统性、完整性。强化中医思维培养，突出中医思维在教材编写中的主导作用，注重中医经典内容编写，在《内经》《伤寒论》等经典课程中更加突出重点，同时更加强化经典与临床的融合，增强中医经典的临床运用，帮助学生筑牢中医经典基础，逐步形成中医思维。

3.突出"三基五性"，注重内容严谨准确

坚持"以本为本"，更加突出教材的"三基五性"，即基本知识、基本理论、基本技能，思想性、科学性、先进性、启发性、适用性。注重名词术语统一，概念准确，表述科学严谨，知识点结合完备，内容精炼完整。教材编写综合考虑学科的分化、交叉，既充分体现不同学科自身特点，又注意各学科之间的有机衔接；注重理论与临床实践结合，与医师规范化培训、医师资格考试接轨。

4.强化精品意识，建设行业示范教材

遴选行业权威专家，吸纳一线优秀教师，组建经验丰富、专业精湛、治学严谨、作风扎实的高水平编写团队，将精品意识和质量意识贯穿教材建设始终，严格编审把关，确保教材编写质量。特别是对32门核心示范教材建设，更加强调知识体系架构建设，紧密结合国家精品课程、一流学科、一流专业建设，提高编写标准和要求，着力推出一批高质量的核心示范教材。

5.加强数字化建设，丰富拓展教材内容

为适应新型出版业态，充分借助现代信息技术，在纸质教材基础上，强化数字化教材开发建设，对全国中医药行业教育云平台"医开讲"进行了升级改造，融入了更多更实用的数字化教学素材，如精品视频、复习思考题、AR/VR等，对纸质教材内容进行拓展和延伸，更好地服务教师线上教学和学生线下自主学习，满足中医药教育教学需要。

本套教材的建设，凝聚了全国中医药行业高等教育工作者的集体智慧，体现了中医药行业齐心协力、求真务实、精益求精的工作作风，谨此向有关单位和个人致以衷心的感谢！

尽管所有组织者与编写者竭尽心智，精益求精，本套教材仍有进一步提升空间，敬请广大师生提出宝贵意见和建议，以便不断修订完善。

国家中医药管理局教材办公室
中国中医药出版社有限公司
2023年6月

编写说明

　　本书是全国中医药行业高等教育"十四五"规划教材，是在全国中医药行业高等教育"十三五"规划教材《药用高分子材料学》的基础上，由来自全国27所高等医药院校的专家共同修订而成。

　　这次修订以问题为导向，根据中国中医药出版社提供的《〈药用高分子材料学〉评价报告》的建议和意见，增加课程思政内容，突出中医中药特色，强化中医药自信教育，强调中医思维在教材编写中的主导作用，把中医思维和科学思维培养贯穿教材编写全过程。把"应用"放在更加突出的位置，将药用高分子材料的应用与中药学、药学、制药等学科更加紧密地结合起来。修订后的教材"应用实例"有所增加，增加的内容主要来源于中医经典方的制备解析或是成熟的前沿科研案例，每个"应用实例"包括处方组成、制备方法和解析三部分内容，解析是"应用实例"的重点内容，通过对高分子材料的结构、性质分析，结合处方组成、临床疗效、药理药化、制备工艺和制备方法，阐明材料在制剂中的作用及原理，力求做到教材内容与行业现状无缝对接。本次教材修订过程中适量增加了思考题，每一道思考题都要求学生有分析、对比、总结、求证的过程，将那些能直接在书中找到答案的思考题删除。另外，还配套有丰富的数字化资源。

　　鉴于教材编写的连续性，本次修订的教材延续了上一版教材的基本结构。全书由五章组成，第一章是绪论，主要介绍了药用高分子材料学的性质和任务，高分子材料在制剂中的作用、发展状况和相关的药用辅料法规；第二章是高分子材料概述，主要介绍高分子的概念、结构、性能，以及高分子的合成及其化学反应；第三、四章分别是药用天然高分子材料及其衍生物和药用合成高分子材料，重点介绍了《中国药典》（2020年版）收载的药用高分子材料和常见的药用高分子材料的来源、性质及在制剂中的应用；第五章是药用高分子包装材料。

　　本教材第一章由刘文、孙琳、李哲共同负责，第二章由钟益宁、王福东、和东亮、张婷、郑婷婷共同负责，第三章由肖学凤、宋信莉、王晓颖、乔宏志、刘改枝、李冰菲、李瑞娟、周莉共同负责，第四章由石森林、张永太、马燕、王芳、胡春玲、柯瑾、高建德、郭惠共同负责，第五章由韩丽、王虎传、廉明明共同负责。

　　在上一版教材编写过程中，我们提出将本教材编写为同类教材中第一部"应用型"本科人才培养的教材范本，这次修订我们仍然坚持这一编写理念，有针对性地对上一版教材部分内容进行修订完善，力求打造一套适应中医药人才培养需求的精品示范教材。但限于编者水平有限，书中难免存在错误，恳请广大读者提出宝贵意见，以便再版时修订提高。

《药用高分子材料学》编委会

2023 年 4 月

目　录

药用高分子材料学是高分子材料学与药剂学的边缘交叉学科。20 世纪 90 年代以前，有关药用高分子材料的知识，都是在高分子材料学、药剂学和药用辅料等书籍中涉及，内容分散，信息量少，学生难以获得系统、全面的知识。90 年代以后，我国先后出版了一些药用高分子材料的专著和教材，将高分子材料的结构、制备、性质等相关知识与药剂学融为一体，对药剂学的发展，尤其是对新制剂、新剂型的发展起到重要的推动作用。近年来，药用高分子材料学进一步吸收借鉴了基础医学、临床医学、物理学、化学等学科的新理论，逐渐形成一门既有自身特色，又能反映当代药用高分子材料发展水平的新学科。

第一节　药用高分子材料学的性质和任务

一、药用高分子材料学的性质

药用高分子材料是一类具有高分子特性，经过安全评价后应用于药物制备和药品包装的高分子化合物。作为药用辅料，它广泛用于各类药物制剂的生产，尤其在新型给药系统的研究中起到了重要作用。

药用高分子材料学（pharmaceutical polymer material science）是以材料为核心，以应用为目的，融合相关学科知识，研究可用于药物制剂的各类高分子材料的来源、结构特点、性质和应用等内容的综合性学科。

20 世纪 60 年代以来，发达国家的制药工业发展迅速，先后开发出透皮给药制剂、缓控释制剂、靶向制剂、智能化给药制剂等多种新剂型和新制剂，实现了药物定时、定位、定量的传递，这些具有新技术内涵、功能多样化的新剂型、新制剂被称为药物传递系统（drug delivery system，DDS）。国家药典委员会专家曾经指出："DDS 的出现是药剂学领域中现代科学技术进步的结晶。"而这一结晶的出现很大程度上依赖于高分子材料。高分子材料在结构上的多重性（近程结构、远程结构、聚集态结构）、理化性质（机械强度、渗透性、吸附性、溶胀性、黏性、弹性、凝胶化等）上的多样性，以及化学反应（天然与合成高分子材料的改性、降解等）上的特殊性，使其成为药物在渗透、释放、传递以及智能化给药过程中不可缺少的组成部分，对药品的安全性、有效性和质量稳定性产生重要影响。

二、药用高分子材料学的任务

掌握药用高分子材料学的基本概念，并将其用于药物制剂的实践过程，是药剂学、制药工程学、药学、中药学等药类专业学生必备的知识和技能。开设本课程的目的是通过课堂讲授,使学生在熟悉高分子的概念、结构、性质、高分子材料的合成和高分子的化学反应的基础上,掌握常见的 35 种药用天然高分子材料及其衍生物和 19 种(类)药用合成高分子材料的来源、结构特点、基本性质以及应用,尤其需掌握列入《中国药典》(2020 年版)四部中的药用高分子材料,了解常用的高分子包装材料及其测试和评价方法。

药用高分子材料学是为适应现代药学发展而产生的一门新学科,当前的主要任务表现在两个方面:

1. 充分吸收高分子科学及相关学科的研究成果,促进新制剂、新剂型的发展。近 20 年来,高分子科学中许多成熟理论和研究成果在药物制剂中都得到广泛应用,如可生物降解聚合物的表面降解理论、本体降解理论等广泛应用于固体制剂释放模型的建立,聚合物的链结构理论、玻璃化转变温度、结晶性对药物制剂的加工及成型起到的重要指导作用,通过高分子聚合反应制备的两亲性嵌段共聚物在靶向纳米材料中有十分重要的意义,高分子科学理论在药物制剂从常规制剂向现代制剂转型中起到了重要的推动作用,随着相关学科的进一步渗透,高分子材料在药物制剂领域将有更广阔的发展空间。

2. 积极研究开发新型药用高分子材料,满足药物制剂发展需要。材料的发展推动了新制剂的发展,随着科技的进步,人们对药物制剂的功能有了更新的需求,因此对高分子材料的性能也提出了更高的要求。目前,药用高分子材料研究的热点领域就是功能高分子。功能高分子是在高分子的主链或支链上键接上带有某种功能的官能团,从而使高分子具有某些特殊的功能,如化学活性、光敏感、pH 敏感、温敏感、生物相容性、药理活性等,从而满足剂型开发的需要。此外,生物黏附材料、生物降解材料、分子印迹聚合物也是高分子材料研究的重点。因此,高分子材料只有不断推出新产品,开发新功能,才能满足市场需要,缩短我国与发达国家之间的差距,提高药物制剂的整体水平。

第二节 药用高分子材料在制剂中的作用

常规制剂中,药用辅料主要起载药、填充、润滑、崩解、包衣、增溶等作用,随着一系列给药系统的出现,人们对药物有效成分从制剂中释放的过程有了新的认识,高分子材料在相对分子质量及其分布、结构、性能、生物相容性等方面表现出的特殊性能,使其应用范围非常广泛,几乎涉及所有的剂型,除了具有传统辅料的作用外,更多侧重在药物的缓控释、靶向和智能化给药方面。

一、作为常规制剂辅料,起填充、润滑、黏合等作用

药用高分子材料作为药物辅料的条件,首先,要有适宜的载药和释药能力;其次,固体制剂中的药用高分子材料还必须具备一定的机械强度以利于药物制剂的成型;再者,要有良好的生物相容性,无毒、无抗原性。用途不同对药用高分子材料的要求也不尽相同。

固体制剂在所有药物剂型中所占比例最大,制备过程中常加入以下几类高分子材料充当辅料:填充剂,如糊精、淀粉等;润滑剂,如聚乙二醇等;黏合剂,如羧甲纤维素钠、甲基纤维素、聚维酮等;崩解剂,如低取代羟丙纤维素、羧甲淀粉钠等;包衣材料,如明胶、水溶性纤维素衍生物等。

液体、半固体制剂制备过程中常要加入纤维素衍生物、泊洛沙姆、聚乙二醇、聚维酮等药用

高分子材料，充当基质、助悬剂、乳化剂、分散剂、增溶剂等。

二、作为缓控释制剂材料，调节释药速率

利用高分子材料的多重链结构和表面特性，将药物包裹或吸附于聚合物中，通过扩散、溶解、溶胀、溶蚀、降解、渗透、离子交换和高分子挂接等实现对药物释放过程的控制。

1. 骨架缓控释材料 药物与一种或多种惰性固体骨架材料混合，通过一定的成型工艺可以制成骨架型缓释颗粒、缓释片、缓释丸等固体剂型。骨架材料常由药用高分子材料充当，既可载药，又可控制药物的释放，最常见的骨架材料有 3 种类型，即亲水凝胶型、溶蚀或可生物降解型、不溶型。骨架材料的种类、组成与结构对药物的释放性能有显著的影响。

亲水凝胶骨架材料遇水或消化液后骨架膨胀，形成的凝胶屏障可以控制药物的溶出和释放，是目前使用最多最广泛的缓控释材料之一，主要包括羟丙甲纤维素、壳聚糖、果胶、海藻酸钠、卡波姆等。

溶蚀或可生物降解型骨架材料在水中不溶解，但可在胃肠液中溶蚀或降解，释药速率与溶蚀-分散-溶出过程或骨架降解的快慢有关。可生物降解材料具有良好的生物相容性和安全性，易于加工与设计，目前人们已成功地将其作为载体用于构建新型给药系统，如蛋白多肽类药物新制剂。常见的天然可生物降解高分子材料有胶原蛋白、壳聚糖、海藻酸等，化学合成可生物降解材料有聚乳酸、聚羟基乙酸、乳酸-羟基乙酸共聚物、聚氨基酸、聚磷腈、聚酐等。同时，可生物降解材料也可以作为靶向制剂材料。

不溶型骨架材料难溶于水，药物的释放通过胃肠液穿透骨架，将药物溶解，然后从骨架中扩散出来。这类材料有聚氯乙烯、聚乙烯、聚甲基丙烯酸甲酯、硅橡胶等。

2. 包衣缓控释材料 利用渗透压原理制成的渗透泵片能均匀恒速地释放药物，其原理是将水溶性药物与具有高渗透压的物质压制成片剂，外包一层高分子半渗透膜，并在衣膜表面开一个释药孔，渗透泵片口服进入胃肠道后，水分可通过高分子半渗透膜进入片芯，溶解药物后形成饱和溶液，并在衣膜内形成高渗透压，因膜内外渗透压差的作用，药物溶液由小孔持续泵出，以此达到恒速释药的效果。高分子半渗透膜是渗透泵片的重要组成部分，通过调节高分子半渗透膜的组成、厚度、表面积，可以获得所需的释药速率。制备高分子半渗透膜的常见材料有醋酸纤维素、乙基纤维素、渗透型丙烯酸树脂等。

微孔膜包衣片（丸）是在片剂（丸剂）的表面包衣，衣膜由渗透性较低、胃肠道不溶的药用高分子材料组成，同时在膜材里加入少量致孔剂，如聚乙二醇、聚乙烯醇、聚维酮、盐、糖等水溶性物质，或直接将水溶性药物加在衣膜内，既做致孔剂又做药物的速释部分。微孔膜包衣片（丸）口服进入胃肠道后，致孔剂溶解于胃肠液中，包衣膜表面形成无数个微孔通道，药物从通道释放出来，微孔包衣膜的组成、交联度、厚度、致孔剂的数量影响释药速率。制备微孔包衣膜的常见材料有乙基纤维素、醋酸纤维素、乙烯-醋酸乙烯共聚物、聚丙烯酸树脂等。

3. 生物黏附材料 生物黏附是指天然或合成的药用高分子材料所具有的能黏附到腔道黏膜或上皮细胞表面的能力，将具有生物黏附性的药用高分子材料与药物混合可以制成生物黏附制剂，这类制剂能显著增强药物与黏膜接触的紧密性和持久性，因而有利于吸收，容易控制药物的释放速率和吸收量，目前人们已成功地将生物黏附材料应用到眼睛、口腔、胃、直肠、子宫及阴道等器官。常见的生物黏附材料有明胶、果胶、阿拉伯胶、海藻酸钠、壳聚糖、羟丙甲纤维素、卡波姆等。

4. 离子交换树脂 离子交换树脂由聚电解质交联而成，可控制离子药物的释放，根据其可

解离的反离子的电性将其分为阳离子交换树脂和阴离子交换树脂。控制药物释放的原理是将阳离子药物或阴离子药物分别交换于离子交换树脂上，形成药物 - 树脂复合物，复合物口服后，依靠胃肠道中存在的钠、钾、氢或氯离子等将复合物中的药物置换出来，药物释放到胃肠液中而发挥药效。通常，简单的药物 - 树脂复合物还不能达到满意的缓释效果，需要在这种复合物微粒之外采用适当的阻滞材料包衣，进一步控制药物的释放速率。离子交换树脂的组成、交联度、酸碱度、孔隙率和溶胀度对药物释放速率有显著影响。

此外，通过化学键与高分子挂接或接枝也可实现药物的缓控释。

三、作为靶向和定位制剂的材料，增强靶向性和定位性

1. 靶向制剂材料　将药物制成靶向制剂后能使药物有选择性地分布于作用部位，从而增强疗效、减少毒副作用及剂量等。靶向制剂是目前药物制剂研究的重点和热点。

药用高分子材料是制备靶向制剂的重要物质基础。许多天然及合成高分子材料可作为制备微囊、微球的材料，被微囊、微球包裹后的药物进入人体，经过体内转运至肝、脾等网状内皮系统丰富的部位，并被巨噬细胞作为异物吞噬，形成天然的富集效应，即被动靶向。制备微囊、微球的常见材料有海藻酸钠、壳聚糖、淀粉、乙基纤维素、聚氰基丙烯酸甲酯等。

一些药物载体经修饰可将疏水性表面转变为亲水性表面，从而降低或避免被单核巨噬细胞识别、摄取，有利于在肝脾以外的组织和器官形成较高的药物浓度，即主动靶向，如普通的脂质体、纳米粒、纳米乳经亲水性药用高分子材料修饰后变成长循环的脂质体、纳米粒、纳米乳，延长了药物在体内循环的时间和半衰期，提高了生物利用度。常见的亲水性高分子修饰材料有聚乙二醇、泊洛沙姆等。

利用物理化学的方法，如温度、pH 值、酶、光、外周磁场、栓塞等方法也可实现靶向目的。如通过微生物酶响应实现结肠靶向；再如体内发生病变的部位，常因代谢异常导致温度发生变化，肿瘤部位与炎症部位的温度明显高于正常组织，可利用温敏性药用高分子材料载药进行定位释放。常见的温敏材料有聚 - N - 异丙基丙烯酰胺、聚 - N,N - 二乙基丙烯酰胺、泊洛沙姆及聚乙二醇 - 聚（丙交酯乙交酯）- 聚乙二醇嵌段共聚物等。

2. 定位制剂材料　口服定位制剂指在胃肠道特定部位释放的制剂。其制备原理是利用制剂的物理化学性质以及胃肠道局部 pH 值、胃肠道酶、制剂在胃肠道的转运机制等特性选择合适的药用高分子材料作辅料，以达到药物定位释放的目的。目前研究较多的是胃定位制剂、结肠定位制剂和小肠定位制剂。

胃定位制剂的原理是黏附、漂浮或膨胀，这三种方式均可延长制剂在胃中的滞留时间，药用高分子材料有助于上述过程的实现。常见的材料有卡波姆、聚乙烯醇、羧甲纤维素钠、羟丙甲纤维素、海藻酸钠等。

结肠定位制剂能避免药物在胃、十二指肠、空肠和回肠前端释放，直接运送药物到人体回盲部后释放，发挥局部或全身治疗作用。实现结肠靶向的方法很多，最有效、最常见的方法之一就是采用 pH 敏感材料包衣的方法来实现。丙烯酸树脂（Eudragit S100）的溶解特性是pH 值＜6.0时不溶解，pH 值＜6.5 时不膨胀，在 pH 值＞7.0 的环境中溶解，以 Eudragit S100 为结肠包衣材料，可使药物有效地在结肠病患部位释放。

小肠定位制剂的主要实现途径也是包衣（即肠溶衣），常见的小肠定位包衣材料有肠溶型丙烯酸树脂、虫胶、纤维醋法酯、羟丙甲纤维素酞酸酯、肠溶型欧巴代等。

四、作为脉冲式、自调式给药制剂材料，实现智能化给药

脉冲式释药技术是通过外部因素的变化而脉冲式释药，外部因素有温度、磁性、超声、电的变化等；自调式技术是通过体内自身信息反馈机制达到自动控制药物释放的目的，不需要任何外界干涉。智能化材料可以对温度、pH值、体内葡萄糖浓度变化等感应并应答，通过改变高分子链的结构单元、序列分布、相对分子质量及其分布、支化、立体结构、聚集态结构控制药物的释放，实现脉冲式、自调式给药，目前在药物制剂中使用最多、最成熟的智能化材料是温度敏感材料和pH敏感材料。

热敏水凝胶可随温度的变化发生可逆性的膨胀和收缩，膨胀和收缩的程度、速率、转变的温度对药物的释放都有重要影响。目前，国外已将聚-N-异丙基丙烯酰胺作为抗青光眼药物的载体材料，在低温时，药物被夹入缠结的聚-N-异丙基丙烯酰胺分子链中或被封闭在交联的聚合物凝胶内，此时，聚-N-异丙基丙烯酰胺凝胶在水中溶胀，大分子链因氢键及水合而伸展，当温度从室温升到32℃时，氢键被破坏，凝胶发生急剧的脱水，大分子链聚集而收缩，澄明的聚异丙基丙烯酰胺溶液出现浑浊，此时发生了相转变，药物缓慢释放。

胰岛素的自调式给药系统是一种能够响应体内葡萄糖浓度变化的葡萄糖敏感型体系。该给药系统应用了pH敏感型材——聚酸酯，将胰岛素混合在该材料中做成制剂，外层再包裹葡萄糖氧化酶，即可制成自调式释药系统。该制剂进入人体后，葡萄糖氧化酶会与体内葡萄糖作用产生葡萄糖酸，引起pH值的下降，葡萄糖浓度越高，pH值越低，当下降到聚酸酯敏感的pH值时，制剂表面聚酸酯开始逐渐溶解释放部分胰岛素以调节血糖，当葡萄糖水平下降至正常后，体内pH值升高，剩余制剂将不再溶蚀释放药物。通过这种方式可以达到自动调节血糖的目的，减少了胰岛素依赖性患者的用药次数，实现了智能化给药。

此外，药用高分子材料还可以作为包装材料。常见的药用包装材料以合成塑料为主，包括高密度聚乙烯、聚丙烯、聚氯乙烯、聚苯乙烯、聚偏二氯乙烯等；一些水不溶性的药用高分子材料可作为新型给药装置的组件，如高密度聚乙烯、聚对苯二甲酸乙二醇酯、聚苯乙烯、聚丙烯、聚氯乙烯、聚碳酸酯、氯乙烯等。

特别要说明的是，很多药用高分子材料的作用不是单一的，而是"一材多用"，如羟丙甲纤维素既可以作为骨架缓控释材料，又可作为胃定位黏附材料；壳聚糖既可以作为水凝胶材料，又可作为靶向制剂材料。

第三节 药用高分子材料发展概况

一、药用高分子材料发展的历史沿革

药用高分子材料的发展可以分为三个阶段。

1. 第一阶段（人类的远古时代至20世纪30年代） 这一阶段是人类"无意识"地应用药用高分子材料的阶段。早在远古时期，天然高分子材料就作为药用辅料的重要组成部分被广泛应用。我国东汉著名医家张仲景在《伤寒论》和《金匮要略》中曾记载采用动物胶汁和淀粉糊等药用天然高分子材料作为中药制剂的赋形剂。千百年来，中药制剂及辅料的特点之一就是"药辅合一"，植物药中大量的纤维、淀粉，动物药中的蛋白质、胶汁，蜂蜜中的多糖等都是药用天然高分子材料。直到20世纪初，纤维素、淀粉、多糖、蛋白质、胶质和黏液汁依然是传统制剂中不

可缺少的赋形剂、崩解剂、填充剂、黏合剂。虽然高分子的概念形成较晚，但药用高分子材料的出现和使用却伴随了整个药物制剂发展史。

2. 第二阶段（20 世纪 30 年代至 20 世纪 60 年代） 这一阶段产生了一大批至今仍有重要意义的药用高分子材料，如聚氯乙烯、聚乙烯、聚丙烯、聚苯乙烯、聚碳酸酯等。1920 年德国人史道丁格（Standinger）发表了具有划时代意义的论文"论聚合"，提出了"高分子""长链大分子"的概念，这一概念在法拉第学术会议上得到广泛认同，他所预言的"含有某些官能团的有机物可以通过官能团间的反应而聚合"（比如聚苯乙烯、聚甲醛等）后来都得到了证实。1930 年，史道丁格发现了高聚物溶液的黏度与相对分子质量之间的关系，推动了当时塑料等工业的蓬勃发展。为了表彰史道丁格在高分子领域中的卓越贡献，瑞典皇家科学院于 1953 年授予他诺贝尔化学奖，史道丁格成为高分子科学的奠基人。

随着对高分子科学概念的认可，大批化学家投入到聚合物的合成和新材料的研发领域，20 世纪 30 年代合成了聚维酮，40 年代醋酸纤维素产生并应用于片剂的包衣，50 年代亲水性水凝胶用于缓控释制剂，60 年代以药用高分子材料为原料的微囊诞生，此后大批合成及天然改性药用高分子材料的出现为药物制剂的发展奠定了坚实的基础。

3. 第三阶段（20 世纪 60 年代至今） 这一阶段是药用高分子材料学与药物制剂学有机融合并推动药物制剂快速向前发展的时代。随着高分子材料在缓控释、靶向制剂中的广泛应用，药用高分子材料所特有的某些属性如渗透性、吸附性、生物相容性、生物可降解性、生物黏附性等越来越多地被开发出来。不仅如此，高分子科学还从理论上解决了制剂发展中的许多问题，如从润湿理论、扩散理论、吸附理论和黏结理论等四个方面解释了高分子材料与人体组织黏膜间的相互作用。此理论不但使生物黏附材料在胃、眼、口腔、鼻等黏膜给药系统得到广泛应用，也为缓控释、靶向和智能化给药提供了更多的材料选择。

近 10 年来，药用高分子材料与药物制剂相互融合、相互促进的步伐明显加快，从常规制剂到药物传输系统，从普通水凝胶到智能化给药，药用高分子材料在蛋白质转运、纳米制剂、基因药物上的应用再次证明它存在的价值和不可替代性，美国、日本、欧洲每年有数十种新的药用高分子材料上市并应用于药物制剂，文献杂志上介绍的新材料、正在开发的新产品以及取得的专利更是不计其数。专家预言，21 世纪新型高分子材料所具有的特殊性能将成为研发新制剂、新剂型的核心技术。

二、我国药用高分子材料的发展现状

国外药用高分子材料的发展起步于 20 世纪中期，经过半个多世纪的发展，逐渐形成了专业化的研发机构、规模化的生产能力以及较完善的质量标准体系。我国药用高分子材料的研究和开发起步较晚，与国外相比存在较大差距，主要表现在：观念落后，没有充分认识到药用高分子材料在药物制剂发展中的作用；专业的研发机构少，缺乏具有高分子化学、药学、临床医学等综合知识结构的复合型人才和专业队伍；药用高分子材料的品种、规格单一，尚未形成系列化产品；生产能力不能满足市场需求；专业化药用高分子材料生产企业少，很多企业在生产药用辅料的同时，又生产食品添加剂、化工产品。改革开放以后，特别是近 20 年，中国的经济发展速度逐渐加快，科技发展日新月异，药用高分子材料的发展也取得了一些成就，主要表现在以下几个方面。

1. 新材料不断涌现 近年来，我国自主研发、生产的药用高分子材料逐年增加，如微晶纤维素、低取代羟丙纤维素、羟丙甲纤维素、交联羧甲纤维素钠、羧甲淀粉钠、丙烯酸树脂、聚甲基氰基丙烯酸、乳酸-羟基乙酸共聚物等。对一些国际上需求量大、但还无法实现大批量生产的可生物降解材料，我国政府正加大投入，立项研发，力争通过实验室小试、中试，摸索生产放大工艺，在较短时间内生产出质量稳定的可生物降解材料，使我国的生产水平跻身世界先进行列。

2. 生产能力不断提高　随着国内制药企业对药用高分子材料需求量的不断上升，很多产品的年产量已过万吨，药用淀粉系列产品、各类纤维素及丙烯酸树脂、聚乙二醇、卡波姆等常见的药用高分子材料国内已有多家企业生产，并且产量逐年增加。一些市场需求大、应用前景广、但国内尚不能生产或产量不能满足市场需要的品种，我国已投入巨资建设产业基地，扩大生产能力。

3. 原有产品应用范围不断扩大　以聚维酮为例，从它诞生的那天起，就一直活跃在医药领域。聚维酮除作为血浆代用品外，还广泛用于片剂、颗粒剂、注射剂、口服液剂、膜剂等剂型中，充当黏合剂、包衣材料、致孔剂、助溶剂、稳定剂、成膜材料等。它与纤维素衍生物、聚丙烯酸类化合物是目前国际上公认的最重要的三大药用辅料。

4. 对现有产品进行改性，拓宽应用领域　通过物理、化学和机械等方法使高分子材料原有性能得到改善称为高分子材料的改性。近年来，通过高分子改性提高药物制剂质量的例子数不胜数，淀粉通过预胶化处理，其崩解度大大提高，且不受崩解液 pH 的影响；纤维素通过改性，其溶解性、黏合性、可压性、包衣性能、药物的释放性能得到极大改善；聚乳酸的改性提高了水溶性；乙烯-醋酸乙烯共聚物的改性提高了对药物释放能力的控制；泊洛沙姆的改性有利于对亲水亲油性能的调节。高分子材料改性后，在材料原有性能的基础上，增加了新的功能。

5. 部分药用高分子材料已制定国家标准　目前，药用高分子材料正处于快速发展阶段，《中国药典》（2020 年版）四部中将多种高分子材料作为药用辅料列入正文，包括甲基纤维素、乙基纤维素、羟丙甲纤维素、羟丙纤维素、纤维醋法酯、玉米朊、泊洛沙姆、淀粉、预胶化淀粉、琼脂、聚乙二醇、聚维酮、糊精等，其性状（包括颜色、气味、相对密度等）、鉴别、检查（包括酸值、黏度、粒度、干燥失重、重金属、砷盐等）、微生物限度以及结构的稳定性和应用的安全性已有国家质量标准作保证。

三、药用高分子材料的发展趋势

近年来，化学药物的开发越来越艰难，新药上市数量在逐年下降，常规剂型在国际市场上的销量停滞不前，但采用新材料制成的口腔速崩片、胃漂浮片、结肠靶向制剂和植入剂等新型产品的需求量逐年增加。专家认为，未来的国际医药市场将是新制剂、新剂型的天下，而新制剂、新剂型的开发除了与新技术、新设备密切相关外，很大程度依赖于新型高分子材料的应用。

1. 符合临床需要和制剂发展需求的药用高分子材料将得到重点开发　这方面突出体现在智能高分子材料、可生物降解高分子材料和生物黏附性材料的开发和应用上。智能高分子材料通过系统协调材料内部的各种功能，对环境感知并应答，目前，高分子均聚物、接枝或嵌段共聚物、互穿聚合物网络等智能高分子载体材料均可作为 pH 值、温度、电场、光及葡萄糖浓度等的响应体系，智能高分子材料是实现自调式给药的重要载体和途径；可生物降解高分子材料具有良好的生物相容性、稳定的生物降解速率、优良的物化性能，尤其是在药物缓释体系中释放速率稳定，对药物性质的依赖较小（即缓释速率主要由高分子的降解速率决定），是癌症、心脏病、高血压等患者长期服用药物的理想载体；生物黏附性材料能明显提高药物的生物利用度，具有较强的缓控释及靶向功能。另外，两亲性高分子材料和离子型聚合物也有较好的开发和应用前景。

2. 多学科融合，促进药用高分子材料的发展　促进学科发展的一个普遍规律是学科的相互渗透和融合。分子印迹技术是近年来集高分子合成、分子设计、分子识别、仿生生物工程等众多学科优势发展起来的一门边缘学科分支，以此为基础形成的分子印迹聚合物（molecularly imprinted polymers，MIPs）是在三维空间构象和结合位点上与某一特定分子（模板分子、印迹分子）完全互补的聚合物。可用于分子印迹的"分子"很广泛，如药物、氨基酸、糖类化合物、核酸、激素、辅酶等，制备MIPs时，先将模板分子和功能单体通过共价键或者非共价键作用形成复合物，然后加入交联剂使之与"模板分子-功能单体"复合物相互聚合形成聚合物，最后用物理或者化学方法除去聚合物网络中的模板分子和多余的功能单体，这样聚合物网络中便留下了与模板分子在体积和形状上完全匹配的空穴。

MIPs作为药用高分子材料已在缓控释给药系统、靶向给药系统、环境敏感型释药系统中应用，MIPs还可作为多肽和蛋白质载体、环糊精-MIPs药物载体。通过改变MIPs的组成可以调节制剂的释放速率。MIPs的特点是具有高度的选择性和亲和能力，虽然分子印迹技术在给药系统中的应用才刚起步，但MIPs已经在制备各种药物传递系统中显示出独特的优势，利用MIPs设计的具有生物识别功能的智能型药物传递系统将会在疾病治疗中发挥越来越重要的作用。

3. 生产专业化，产业规模化，产品系列化　到20世纪末为止，中国专门从事药用辅料生产的企业很少，这与我国10多亿人口的大国相比极不相称，美国Colorcon（卡乐康）公司、德国Meggle（美剂乐）集团、法国Roquette Freres（罗盖特）公司和瑞士Novartis（诺华）公司等一些发达国家的药用高分子材料的生产早已形成规模。我国药用高分子材料的生产要在全球同行业占有一席之地，就必须设置专门的研发机构，培养专业的研发队伍，朝着专业化的目标发展。在占领市场的同时，开发系列化产品，如丙烯酸树脂系列、乙基纤维素系列、羟丙甲纤维素系列、微晶纤维素系列、卡波姆系列、泊洛沙姆系列等，形成自己的特色，或形成某个专门用途的系列产品，如温敏系列药用高分子材料、pH敏系列药用高分子材料、结肠定位系列药用高分子材料、包衣系列药用高分子材料、腔道给药系列药用高分子材料等，以满足市场需要。

4. 多组分复合材料的研究与开发　随着临床医学的发展，药物制剂对高分子材料提出了更高的要求，单一药用高分子材料所具有的性质和特点已经不能满足制备工艺的需要，而通过现有成熟的药用高分子材料制成共混聚合物、嵌段共聚物、接枝共聚物是解决问题的方法之一。药用高分子材料经过物理共混或化学反应后，其形态结构、界面性质、力学性能、膨胀性、黏性、渗透性、玻璃化转变温度等物理化学性质均会产生变化，从而使其更具精密性、功能性、智能性，可以充分满足不同剂型的特殊需要。以共混聚合物为例，目前报道较多的有乙基纤维素/N烯酸树脂共混聚合物、海藻酸钠/聚氨酯共混聚合物、聚丙交酯/丙交酯-聚乙二醇共混聚合物、聚乙烯醇/胶原共混聚合物等。在海藻酸钠/聚氨酯共混聚合物制备微球的过程中，随着聚氨酯在共混溶液中质量分数的改变，微球的含水量、圆整度和溶胀速率都会发生变化，通过调整两者的比例可以满足微球的成型需要及药物在体内的释放速率需求。

第四节　药用辅料相关法规简介

药用辅料系指生产药品和调配处方时使用的赋形剂和附加剂，是除活性成分以外，在安全性方面已进行合理评估，并且包含在药物制剂中的物质。在现代的制剂工业，从包装到复杂的药物传递系统，都离不开辅料。药用高分子材料除了作为常规药用辅料外，因其独特的高分子特性，常作为缓控释材料、靶向材料等用于药物制剂，是药用辅料的重要组成部分。由于辅料在制剂中的比例较大，因而对药品的安全性、有效性和质量可控性都会产生重要影响，优良的辅料不仅能够调节药物的释放速率、提高稳定性，而且还能提高药物的生物利用度。

由于历史原因，辅料的生产和使用一直没有得到足够的重视。2006 年中国齐齐哈尔第二制药厂生产的亮菌甲素注射液误投入二甘醇，导致多人死亡，在社会上引起强烈反响。其实，历史上的"二甘醇"事件在美国、印度、尼日利亚、孟加拉国、海地都曾发生过。2022 年 10 月印度再次发生"二甘醇"事件，导致 69 名儿童死亡，这是自 1972 年以来印度发生的第六起大规模含二甘醇药物中毒事件。2012 年权威媒体对非法厂商用皮革下脚料熬制成工业明胶，以代替食用明胶用于制备药用胶囊进行了曝光。"毒胶囊"中重金属铬含量严重超标，对人体健康危害极大。经调查，案件涉事企业多达 28 家，其中不乏知名药企，查明涉案胶囊 5 亿余粒，召回铬超标胶囊（剂）药品 12.3 亿余粒，查封涉案企业生产线 94 条，社会影响极其恶劣。这些事件都折射出药用辅料在生产、流通、监督等领域中存在的诸多问题。纵观"齐二药"与"毒胶囊"事件，是企业法律法规意识淡漠、执行力度不强、职业道德沦丧导致的一系列悲剧，专家一致认为加强药用辅料相关法律法规建设、完善药用辅料标准体系、加大药用辅料监管力度迫在眉睫。

一、《中华人民共和国药典》简介

《中华人民共和国药典》（简称《中国药典》），是国家药品标准的重要组成部分，是国家药品标准体系的核心。第一版《中国药典》于 1953 年颁布，至今国家已经颁布 11 版药典。2020 年 7 月 2 日，国家药品监督管理局、国家卫生健康委发布公告，2020 年版《中国药典》自 12 月 30 日起正式实施。2020 年版《中国药典》共收载药用辅料 335 种、药用辅料指导原则 3 个；与 2015 年版药典相比，2020 年版药典新增药用辅料品种标准 65 个，新增药用辅料指导原则 2 个。新版药典的实施在一定程度上满足了药品质量监管和制剂发展的需要，进一步促进和完善了我国药用辅料标准体系的建设，推动了产业升级。

二、《中华人民共和国药品管理法》简介

《中华人民共和国药品管理法》（简称《药品管理法》），全面系统地规定了对药品及其有关材料的管理。现行《药品管理法》于 1984 年制定，2001 年和 2019 年进行了修订。《药品管理法》指出，"生产药品所需的原料、辅料，必须符合药用要求"，"直接接触药品的包装材料和容器，必须符合药用要求"。药用高分子材料作为药用辅料或包装材料理应符合《药品管理法》的所有规定，作为药物制剂人员，不但要了解和遵守国家药品立法的重要意义，而且要懂得如何更好地去执行。

三、《药用辅料注册申报资料要求》简介

为规范药用辅料注册申报，原国家食品药品监督管理局注册司于 2005 年 6 月 21 日结合有关规定颁布了《药用辅料注册申报资料要求》（简称《要求》）。在此之前，药用辅料注册一直没有单独的规章，也没有专门明确的注册申报资料要求。该《要求》包括六章内容，对新的药用辅料、进口药用辅料、已有国家标准的药用辅料、已有国家标准的药用空心胶囊、胶囊用明胶和药用明胶、药用辅料补充申请和药用辅料再注册申报资料要求做出了相关规定。

四、《药用辅料生产质量管理规范》简介

为加强药用辅料生产的质量管理，保证药用辅料质量，原国家食品药品监督管理局在充分征求各方面意见的基础上，于 2006 年 3 月 23 日制定（颁布）了《药用辅料生产质量管理规范》，

该规范包括 13 章，分别是：第一章总则；第二章机构、人员和职责；第三章厂房和设施；第四章设备；第五章物料；第六章卫生；第七章验证；第八章文件；第九章生产管理；第十章质量保证和质量控制；第十一章销售；第十二章自检和改进；第十三章附则。

　　这是我国第一次由国家行政部门颁布的药用辅料生产质量管理规范，该规范将对药用辅料的生产质量起到重要的保障作用。

五、《加强药用辅料监督管理有关规定》简介

　　为进一步加强药用辅料的管理，规范药品生产企业及药用辅料生产企业的生产行为，增强药品生产企业产品质量责任意识，堵塞药用辅料生产及使用管理过程中的漏洞，2012 年 8 月 1 日，原国家食品药品监督管理局出台《加强药用辅料监督管理有关规定》（简称《规定》）。《规定》涵盖了五个方面共十八条规定，通过依法公开药用辅料的注册、生产、流通及管理的相关信息，最大限度地发挥政府、行业及社会各种力量和不同角色的作用，调动社会资源加强和完善药用辅料的管理。

思考题

　　1. 请以"工欲善其事，必先利其器"为启示，谈谈药用高分子材料对于现代药剂学发展的重要意义。

　　2. 从中药制剂的角度探讨药用高分子材料都是生物惰性的吗？

　　3. 与低分子药用辅料相比，药用高分子材料有哪些突出的特点和作用？

　　4. 从药用高分子材料发展的历史沿革，谈谈我国药用高分子材料的发展有哪些特点。

　　5. 结合国内外药用辅料在生产、流通等领域存在的突出问题，说明完善药用辅料相关法规的重要性。

高分子化合物相对分子质量巨大，结构特殊，决定了其具有很多优良的性能。本章首先介绍高分子的基本概念和结构，包括近程结构、远程结构和聚集态结构；其次介绍高分子材料的物理化学性能，特别是关系到制剂加工处理的溶解、溶胀、凝胶化、玻璃化转变、黏弹性、力学强度和渗透性等性质；最后介绍高分子的合成及其主要化学性质，并探究高分子材料的老化机理。这些知识将为药用高分子材料在各类制剂中的应用奠定基础。

第一节　高分子的基本概念

一、高分子的概念

1. 高分子的定义　高分子化合物简称高分子，其相对分子质量通常在$10^4 \sim 10^6$范围内。由于这类高分子的相对分子质量远远大于一般的有机化合物，二者相比，理化性质有本质上的区别。

在高分子化合物中，聚合物的数量最多，也是最常见的。聚合物（polymer）是指由多个重复单元以共价键连接而成的链状或网状大分子，其分子链中包含许多简单、重复的结构单元。需指明的是，高分子化合物不一定是聚合物，聚合物也不一定就是高分子。例如，蛋白质的相对分子质量很大，但它是许多种不同的氨基酸按特定的生物密码排列并缩合的产物，没有聚合物特有的重复性，因此蛋白质是高分子化合物，而不是聚合物。另外，聚合物有高聚物与低聚物之分，例如，寡糖是 10 个以下单糖的缩聚物，属于低聚物；聚乙烯则是由许多—CH_2—CH_2—重复连接而成的高聚物，式中符号~~~~代表碳链骨架，略去了端基。

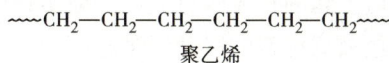

$$\sim\sim CH_2—CH_2—CH_2—CH_2—CH_2—CH_2 \sim\sim$$
聚乙烯

2. 高分子结构和化学组成　高分子的分子链很长，一般以缩写的结构式表达，比如聚乙烯的缩写式为：

$$\left[\!\!\left[CH_2—CH_2 \right]\!\!\right]_n$$

在高分子化学中，称合成聚乙烯的原料乙烯为单体，括号内的—CH_2—CH_2—为结构单元，也叫重复结构单元（简称重复单元），或称作链节（link）。n 表示聚合度（degree of polymerization，DP），即聚合物分子所含重复单元的数目，是衡量高分子相对分子质量大小的一个指标。高分子的聚合度为一平均值，因为高分子化合物由许多长短不一的大分子组成，从组成上讲，是同系物的混合物，所以，高分子的相对分子质量也是一平均值，用$\overline{M_r}$表示。

多数情况下，单体与聚合物之间的关系很简单，除了乙烯聚合得到聚乙烯外，情形相似的还有丙烯聚合得到聚丙烯，苯乙烯聚合得到聚苯乙烯等，这些聚合物的重复结构单元化学组成与单体一致。但是，有些聚合物重复结构单元的化学组成与单体并不一致，比如，尼龙-66（聚己二酰己二胺）的单体分别为己二酸[HOOC(CH$_2$)$_4$COOH]和己二胺[H$_2$N(CH$_2$)$_6$NH$_2$]，重复单元由—CO(CH$_2$)$_4$CO—和—NH(CH$_2$)$_6$NH—两种结构单元组成，结构单元与单体的化学组成不同，与重复结构单元也不相同，见下式：

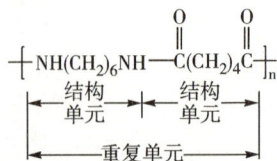

$$\left[\!\!\!-\text{NH(CH}_2)_6\text{NH}-\overset{\displaystyle O}{\overset{\|}{C}}\text{(CH}_2)_4\overset{\displaystyle O}{\overset{\|}{C}}-\!\!\!\right]_n$$

由一种单体聚合而成的聚合物称为均聚物（homopolymer），如聚乙烯。由两种以上单体共聚而成的聚合物称为共聚物（copolymer），如乙丙共聚物（即乙烯-丙烯共聚物）等，共聚物分子中的单体单元可以存在多种排列方式（详见第二节结构单元的序列结构）。

3. 高分子材料的一般性能　以高分子化合物为基础的实用材料称为高分子材料，如橡胶、塑料、纤维等。在高分子化合物中加入一些添加剂，可改善高分子材料的实用性能和成型加工性能，这种添加剂可以是低分子的，例如填料、增塑剂、稳定剂、阻燃剂等，也可以是另外的聚合物，例如橡胶-塑料共混体系。

高分子合成材料具有许多优良特性，例如，质轻并具有较高的力学强度。力学性质是弹性与黏性的综合体现，在一定条件下可以发生相当大的可逆力学形变；在溶剂中，表现出溶胀特性，形成介于固态与液态的中间态，如果在溶剂中溶解，其溶液具有较高的黏度，在适当条件下可以加工成纤维和薄膜材料；高分子材料还有抗腐蚀、耐磨及对射线有抵抗力等特点。

二、高分子的命名

这里介绍的是高分子中聚合物的命名。聚合物的命名方法很多，往往一种聚合物有几个名称，1972年国际纯化学和应用化学联合会（IUPAC）提出了以化学结构为基础的IUPAC命名法，此法系统、严谨、直观，可有效改善命名领域曾经混乱的状态。但是，目前普及面有待提高，尤其在高分子材料的应用领域。以下介绍几种常见的命名方法。

1. 习惯命名法　天然高分子化合物常用俗名，如淀粉、纤维素、天然橡胶、蛋白质等。多数天然高分子的习惯名称与其最初或主要来源有关，如甲壳素、阿拉伯胶、瓜尔豆胶和海藻酸等；改性天然高分子的命名与其衍生化的官能团有关，一般是在原天然产物名称前加上引入基团的名称作前缀，如羧甲基淀粉、羟丙纤维素和甲基纤维素等。

合成高分子化合物的命名来源于单体名称，这种命名在一定程度上反映了高分子的化学结构特征，比较简便，也最常用。

由一种单体合成的高分子可在单体名称前冠以"聚"字而命名，如聚乳酸、聚丙烯等，由两种单体通过缩聚反应合成的高分子可在两种单体形成的重复单元名称前冠以"聚"字，如对苯二甲酸和乙二醇的缩聚产物叫"聚对苯二甲酸乙二（醇）酯"，己二酸和己二胺的缩聚产物叫"聚己二酰己二胺"。由两种单体通过链式聚合反应合成的共聚物则习惯在两单体名称后加"共聚物"作后缀，如乙烯和乙酸乙烯酯的共聚产物叫"乙烯-乙酸乙烯酯共聚物"。还可以根据聚合物结构中特征基团按类别命名，如聚酯、聚酰胺、聚醚、环氧树脂、聚氨酯、聚有机硅氧烷，其具体品种有更详细的名称。

2. 系统命名法　IUPAC 提倡在学术交流中尽量使用系统命名法。系统命名由以下几部分组成：①前缀"聚"字；②取代基的位置和名称；③重复单元基本结构的名称。即聚＋取代基位次＋取代基名称＋单体对应的重复结构单元名称，如：

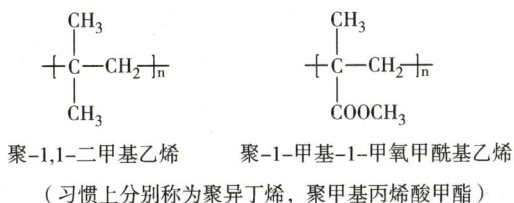

$$+\!\!\underset{CH_3}{\overset{CH_3}{\underset{|}{\overset{|}{C}}}}\!\!-\!CH_2\!\!+_n \qquad +\!\!\underset{COOCH_3}{\overset{CH_3}{\underset{|}{\overset{|}{C}}}}\!\!-\!CH_2\!\!+_n$$

聚-1,1-二甲基乙烯　　聚-1-甲基-1-甲氧甲酰基乙烯

（习惯上分别称为聚异丁烯，聚甲基丙烯酸甲酯）

某些由结构简单的单体合成的聚合物，不需要标出取代基位次，所以与习惯名称相同，如聚氯乙烯、聚苯乙烯既是习惯命名也是系统命名。

3. 商品名称　常用聚合物一般都有商品名称，因为商品名都很简洁，使用方便，有的还能反映聚合物的结构特征，有的是根据应用领域来命名，有的则是根据外来语来命名。大多数纤维和橡胶采用商品名称。

如"涤纶"是聚对苯二甲酸乙二醇酯的商品名，另外，从聚己二酰己二胺的商品名"尼龙-66"中，很容易让人记忆其组成特点，同类产品还有尼龙-1010 等。同一高聚物产品，不同国家或厂商可能有不同的商品名称，如我国把涤纶（英国叫法）叫作的确良，把尼龙（美、英叫法）叫作锦纶等。我国习惯以"纶"字作为合成纤维的后缀，例如维尼纶是聚乙烯醇缩甲醛、腈纶是聚丙烯腈、氯纶是聚氯乙烯、丙纶是聚丙烯、锦纶是尼龙-6 等。

对专业人员来说，以英文缩写字母来表示聚合物更方便，例如用 PVC 表示聚氯乙烯，用 PE 表示聚乙烯，用 PMMA 表示聚甲基丙烯酸甲酯等。

三、高分子的分类

高分子的种类繁多，其分类有多种方法。

1. 按来源分类　高分子按其来源可分为三类：①天然高分子化合物，如淀粉、蛋白质、纤维素等；②半合成高分子化合物，是天然高分子化合物的分子结构经化学改造后的产物，如由纤维素和硝酸反应得到的硝化纤维素，由纤维素和乙酸反应得到的乙酸纤维素等；③合成高分子化合物，如乙烯聚合得到的聚乙烯，由苯乙烯聚合得到的聚苯乙烯等。

2. 按性能和用途分类　高分子化合物主要用作材料，根据其性能和用途，将高分子化合物分成塑料、纤维和橡胶三大类。此外还有与日常生活关系非常密切的涂料、黏合剂、离子交换树脂等。

（1）塑料（plastics）　以合成或天然高聚物为基本成分，配以一定的助剂（如填充剂、增塑剂、稳定剂、着色剂等），经加工塑化成型，并在常温下保持其形状不变的材料称为塑料。塑料按其受热行为可分为热塑性塑料和热固性塑料。热塑性塑料可溶解、熔融，加热时变软以至流动，冷却变硬，在一定条件下可以反复加工成型，这种可逆过程属于物理变化，例如聚乙烯、聚丙烯、聚氯乙烯等；热固性塑料则不溶解、不熔融，在一定温度及压力下可加工成型，不能反复加工，固化过程不可逆，属于化学变化，例如酚醛树脂、脲醛树脂等。

（2）纤维（fiber）　具有一定强度的线状或丝状高分子材料称为纤维。其直径一般很小，仅为长度的千分之一或更低，受力后形变较小（一般为百分之几到百分之二十），在较宽的温度范围内（-50～150℃）其机械强度变化不大。纤维的 $\overline{M}_r$ 较小，一般为几万，有很高的结晶能力。纤维分为天然纤维和化学纤维。天然纤维分植物纤维、动物纤维及矿物纤维，植物纤维是天然纤维的主要来源，存在于叶、种子和果实里；动物纤维分发毛纤维和腺体纤维，如绵羊毛、骆驼毛、兔毛等。化学纤维又分为改性纤维与合成纤维，改性纤维如用碱和二硫化碳处理后，在酸液中纺丝得到人造丝（即黏胶纤维）；合成纤维是将单体经聚合反应制得的树脂经纺丝而成的纤维，常见的纤维有聚酯纤维（又称涤纶）、聚酰胺纤维（如尼龙-66）等。

（3）橡胶（rubber）　　橡胶是具有可逆形变的高弹性聚合物材料。在室温下富有弹性，在很小的外力作用下能产生较大形变，外力消失后能恢复原状。一般橡胶材料还具有较高的强度，较好的气密性、防水性、电绝缘性及其他优良性能。聚异戊二烯（异戊橡胶）、硅橡胶、聚丁二烯（顺丁橡胶）等是常见的合成橡胶，与天然橡胶一样需要硫化后才能使用。

塑料、纤维和橡胶三大类材料之间并没有严格的界限。有的高分子既可作纤维，也可作塑料，如聚氯乙烯既是典型的塑料，又可制成纤维（氯纶）；若将聚氯乙烯配入适量增塑剂，还可制成类似橡胶的软制品。橡胶在较低温度下也可作为塑料使用。

3. 根据高分子主链结构分类　　根据主链结构高分子可分为有机高分子、元素有机高分子、无机高分子三类。

（1）有机高分子　　该类大分子的主链结构一般由碳原子或由碳、氧、氮、硫、磷等在有机化合物中常见的原子组成。主链只由碳原子构成的高分子称为均链高分子，如大部分的烯烃类和二烯烃类高分子。主链中含有碳原子及氧、氮、硫、磷等原子的高分子称为杂链高分子，如聚醚、聚酯、聚酰胺等。有一些高分子主链中虽然不含碳原子以外的元素，但若有芳环结构，亦归属杂链高分子，如酚醛树脂。

（2）元素有机高分子　　是指大分子主链结构中不含碳原子，主要由硅、硼、铝等原子和氧、氮、硫、磷等原子构成，但侧基却由有机基团，如甲基、乙基、芳基等构成，如聚二甲基硅氧烷，即有机硅橡胶。

（3）无机高分子　　是指主链和侧链结构中均无碳原子。其中主链由同一种元素的原子构成的称为均链无机高分子物质，如链状硫；主链由不同种元素的原子构成，称为杂链无机高分子物质，如聚氯化磷腈、聚氯化硅氧烷等。

第二节　高分子的结构

高分子的结构按研究单元不同可分为高分子链结构与高分子聚集态结构两大类。链结构是指单个高分子的结构和形态，即分子内结构。又包含两个层次：近程结构和远程结构。近程结构是指分子链中较小范围的结构状态，包括高分子结构单元的化学组成、构造与构型，构造是指链中原子或基团的种类和排列顺序，构型是指链中原子或基团在空间的排列方式。远程结构是指整个分子链范围内的结构状态，包括分子的大小与形态，是整个分子链的结构。聚集态结构即凝聚态结构，是指高分子材料整体的内部结构，包括晶态结构、非晶态结构、取向态结构和织态结构等。聚集态结构中的前三者描述高分子聚集体中的分子之间是如何堆砌的，而织态结构则属于更高级的结构。

一、高分子链的近程结构——一级结构

高分子链的化学组成决定了材料的化学特性并影响材料的聚集结构，是高分子最基础的微观结构，与结构单元直接相关，所以高分子近程结构又称一级结构。

（一）结构单元的键接结构

键接结构指的是在高分子链中结构单元之间的连接方式。在缩聚和开环聚合中，结构单元的

键接方式一般都是明确的，但在加聚过程中，结构不对称的单体其键接方式可以不同，可以形成头-头（或尾-尾）键接和头-尾键接，这里把有取代基的碳端称作"头"，把亚甲基端称作"尾"。如聚氯乙烯（PVC）存在以下键接方式：

头-头（或尾-尾）键接

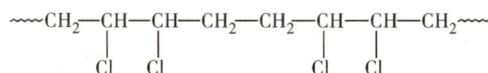

$$\sim\sim CH_2-CH-CH-CH_2-CH_2-CH-CH-CH_2\sim\sim$$
$$\qquad\qquad | \quad\; | \qquad\qquad\quad | \quad\; |$$
$$\qquad\qquad Cl \;\; Cl \qquad\qquad\; Cl \;\; Cl$$

头-尾键接

$$\sim\sim CH_2-CH-CH_2-CH-CH_2-CH_2-CH\sim\sim$$
$$\qquad\qquad | \qquad\quad | \qquad\qquad\quad | \qquad\; |$$
$$\qquad\qquad Cl \qquad\; Cl \qquad\qquad\; Cl \qquad Cl$$

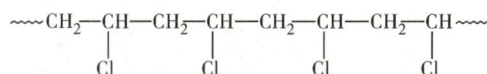

两种键接方式可同时存在于一个分子链中，形成无规键接。这种由于结构单元的连接方式不同产生的同分异构体也称为构造异构体。

大量的实验表明，在自由基或离子型聚合的产物中，大多数采取头-尾键接方式，如聚氯乙烯中 86％的结构单元按头-尾键接。

键接方式不同对高分子材料性能可产生明显影响。如用作维尼纶的聚乙烯醇，只有头-尾键接时其链上的羟基才可与甲醛缩合，生成聚乙烯醇缩甲醛；当为头-头键接时，羟基不易缩醛化，使其链上保留过多的羟基，这是造成尼龙纤维缩水性强、强度差的主要原因。

（二）结构单元的序列结构

相对于均聚物而言，共聚物的结构要复杂得多。不同种类的结构单元可以存在多种排列方式，也就是存在多种序列结构。以 M_1、M_2 两种单体形成的二元共聚物为例，按其连接方式可以分为以下几种类型：

交替共聚物：$\sim\sim M_1-M_2-M_1-M_2-M_1-M_2-M_1-M_2$

无规共聚物：$\sim\sim(M_1)_x-(M_2)_y-(M_1)_{x'}-(M_2)_{y'}\sim\sim$

嵌段共聚物：$\sim\sim M_1-M_1-M_1-M_2-M_2\sim\sim$

接枝共聚物：

$$\sim\sim\underset{\substack{|\\M_2M_2M_2}}{M_1M_1M_1}\sim\sim\underset{\substack{|\\M_2M_2M_2}}{M_1M_1M_1}\sim\sim\underset{\substack{|\\M_2M_2M_2M_2}}{M_1M_1M_1M_1}$$

药物制剂常用的一种表面活性材料泊洛沙姆就是聚氧乙烯和聚氧丙烯的嵌段共聚物。

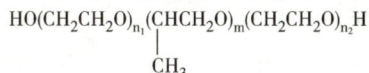

$$HO(CH_2CH_2O)_{n_1}(CHCH_2O)_m(CH_2CH_2O)_{n_2}H$$
$$\qquad\qquad\qquad\qquad |$$
$$\qquad\qquad\qquad\quad CH_3$$

其理化性质及功能与各链段的长度，即与 n_1、n_2 和 m 的数值大小密切相关。例如，当 n_1、n_2 分别等于 100，m 等于 50 的泊洛沙姆是水溶性的，而 n_1、n_2 分别为 10，m 为 100 时则是非水溶性的。

共聚物的序列结构可以用核磁共振、紫外、红外、X 射线、差热分析等方法进行测定分析。

（三）结构单元的立体构型

构型是指分子中原子或基团在空间的排列方式，可分为旋光异构和顺反异构两种。

1. 旋光异构　旋光异构一般是指由于手性碳上所连的原子或基团在空间的排列方式不同而产生的异构现象。手性碳是指连有 4 个不同原子或基团的碳原子，通常用"＊"对手性碳加以标记。当高分子的结构单元中含有 1 个手性碳原子时，该结构单元有两种空间排列，高分子链就有两种旋光异构的结构单元。随着高分子链中旋光异构单元的排列方式不同，将会出现三种构型，例如结构单元为—CH_2—*CHR—的高分子：

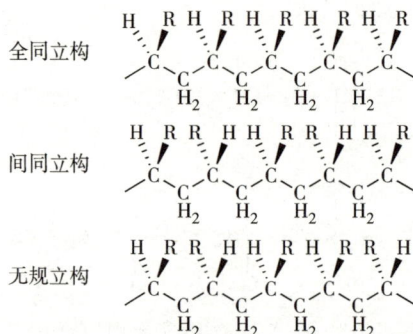

假如高分子链全部由一种旋光异构单元键接组成，这种构型称为全同立构；高分子链若由两种旋光异构单元交替地键接而成，则称为间同立构；高分子链若是由两种旋光异构单元无规地键接而成，则称为无规立构。全同立构和间同立构统称为有规立构。

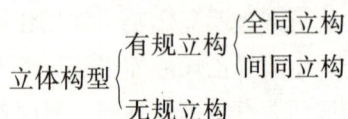

$$立体构型 \begin{cases} 有规立构 \begin{cases} 全同立构 \\ 间同立构 \end{cases} \\ 无规立构 \end{cases}$$

若将高分子链拉直在一平面上使主链上碳原子呈锯齿状排列，全同立构的取代基 R 位于平面的同一侧，间同立构的取代基 R 交替地排列在平面的两侧，无规立构的取代基 R 无规地分布在平面的两侧。

高分子的立体构型会对材料的性能产生极大的影响。例如，全同立构或间同立构的聚丙烯，结构规整性高则易于结晶，可以纺丝制成纤维，而无规聚丙烯（室温为液态）却是一种橡胶状的弹性体。

对于小分子而言，旋光异构体的旋光性不同，但对于多数高分子，旋光性是不存在的，这是由于在整个高分子链中内消旋和外消旋相互抵消的结果。

2. 顺反异构　对于双烯类单体的 1,4- 聚合产物，由于聚合物分子内双键上的基团在双键两侧排列的方式不同，产生顺式和反式两种构型，这种现象称为顺反异构或几何异构。例如由 1,3- 丁二烯发生 1,4- 聚合，得到的聚 -1,3- 丁二烯可出现以下两种构型：

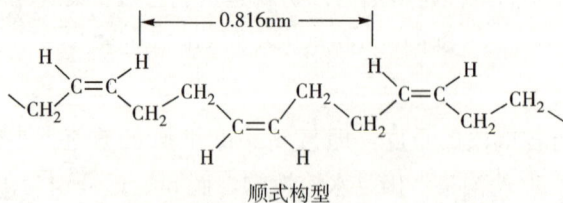

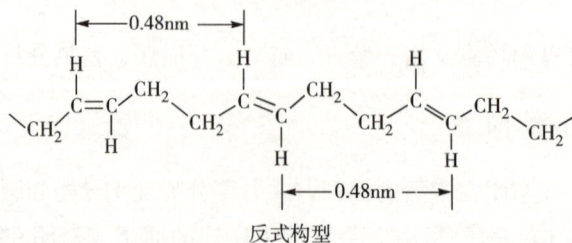

顺式构型

反式构型

顺反异构对聚合物的性能也有很大影响。如顺式的聚 -1,3- 丁二烯，分子链之间的距离较大，在室温下是一种弹性很好的橡胶；反式的聚 -1,3- 丁二烯分子链的结构比较规整，容易结晶，在室温下是一种弹性很低的塑料。

全同立构和间同立构的高聚物以及全顺式或全反式的高聚物称为等规高聚物。实际上，大多数的高聚物不可能达到100%的规整性，它们规整的程度可以用等规度来表示，等规度指的是高聚物中含有等规结构的百分率。

（四）高分子链的几何形状

高分子化合物的分子形状可分为三种：线型、支化型和体型。支化高分子又有无规、梳型和星型支化之分，如图2-1所示。

线型　　　　无规支化　　　　梳型支化　　　　星型支化　　　　交联网络

图2-1　高分子链的支化与交联结构示意图

研究支化高分子的结构较困难，通常，支化的程度用支化度表示。支化度可用单位体积中支化点的数目或支化点间的链段的平均相对分子质量来表征，但这两个参数的测定比较困难，因此也可用具有相同 $\overline{M_r}$ 的支化高分子同线型高分子的均方半径之比（G）或特性黏数之比（g^b）来表征，支化度是统计平均值。

$$g^b = \frac{[\eta]_{支化}}{[\eta]_{线型}} \qquad g^b < 1 \qquad\qquad (2-1)$$

许多实验结果表明，多数支化高分子的 $b=1/2$；对于梳型支化分子，$b=3/2$。

支化对高分子材料的性能影响较大。例如高压聚乙烯（低密度聚乙烯），由于支化破坏了分子的规整性，使其结晶度大大降低，而低压聚乙烯（高密度聚乙烯）是线型分子，易于结晶，故在密度、熔点、结晶度和硬度等方面都高于前者。

高分子链之间通过化学键键接形成三维空间网状结构称为化学交联结构。交联与支化有着本质的区别，支化的高分子能够溶解，而交联的高分子不溶解也不熔融，只有当交联度不太大时能在溶剂中溶胀。例如聚异戊二烯橡胶可溶于汽油，硫化后在线型聚异戊二烯分子链之间产生硫桥交联而成的聚异戊二烯橡胶，则不溶于汽油。交联度小的橡胶（含硫量小于5%）有较好的弹性；交联度较大的橡胶（含硫量大于30%）则几乎无弹性，变成硬而脆的物质。

交联度可以用单位体积内交联点的数目或相邻两个交联点之间的链段的相对平均质量来表征。另外测定高聚物的溶胀度或力学性能也可以近似地评价交联度的大小。

二、高分子链的远程结构——二级结构

高分子链远程结构研究的是整个高分子链范围内的结构状态，包括高分子链的长短和高分子链的构象，是在一级结构基础上产生的分子构象异构，所以又称二级结构。

（一）高分子的相对分子质量

高分子除 $\overline{M_r}$ 比小分子的 M_r 大几个数量级外，其链长还可达 $10^2 \sim 10^3$ nm。M_r 的巨大差异导致高分子化合物性质的巨大变化，是量变到质变的飞跃。

除了有限的几种蛋白质大分子以外，无论是天然的还是合成的高分子，其 M_r 都是不均一的，此特点称作高分子 M_r 的多分散性。即使是均聚物，也是同系物的混合物。高分子的 $\overline{M_r}$ 只有统计意义，用实验方法测定的 $\overline{M_r}$ 只是统计平均值。另外，高分子的 $\overline{M_r}$ 还会因测定方法的不同而不同，因此，若要确切地描述高分子的 $\overline{M_r}$，除应给出 $\overline{M_r}$ 的统计平均值外，还应给出 M_r 的分布。

1. 统计平均相对分子质量　常用的统计 $\overline{M_r}$ 的方法根据测量手段的不同分为下列几种：

（1）数均相对分子质量　根据物质中各种 M_r 的摩尔分子数统计的 $\overline{M_r}$ 称为数均相对分子质量（$\overline{M_n}$），定义为：

$$\overline{M_n} = \frac{\sum_i N_i M_i}{\sum_i N_i} = \sum_i N_i M_i \tag{2-2}$$

式（2-2）中，N_i、N_i 分别为相对分子质量为 M_r 和 M_i 的高分子的摩尔数和摩尔分数。M_r 低的组分对 $\overline{M_n}$ 有较大的贡献。

（2）重均相对分子质量　根据各种 M_r 的相对质量统计的 $\overline{M_r}$ 称为重均相对分子质量（$\overline{M_w}$），定义为：

$$\overline{M_w} = \frac{\sum_i W_i M_i}{\sum_i W_i} = \sum_i W_i M_i \tag{2-3}$$

式（2-3）中，W_i、W_i 分别为相对分子质量为 M_r 和 M_i 的高分子的重量和重量分数。M_r 高的组分对 $\overline{M_w}$ 有较大的贡献。

（3）黏均相对分子质量　用稀溶液黏度法测得的 $\overline{M_r}$ 为黏均相对分子质量（$\overline{M_\eta}$），定义为：

$$\overline{M_\eta} = \left(\sum_i W_i M_i^\alpha \right)^{1/\alpha} \tag{2-4}$$

式（2-4）中，α 是高分子稀溶液特性黏度- $\overline{M_r}$ 关系式（即 Mark - Houwink 方程 $[\eta] = kM^\alpha$）中的相对分子质量常数，通常 α 的数值在 0.5～1 之间，在一定的 $\overline{M_r}$ 范围内 α 为常值。

（4）Z 均相对分子质量　按 Z 量统计的 $\overline{M_r}$ 称为 Z 均相对分子质量（$\overline{M_z}$），Z 定义为：

$$Z_i = W_i M_i \tag{2-5}$$

$\overline{M_z}$ 定义：

$$\overline{M_z} = \frac{\sum_i Z_i M_i}{\sum_i Z_i} = \frac{\sum_i W_i M_i^2}{\sum_i W_i M_i} \tag{2-6}$$

对于同一聚合物，各种统计 $\overline{M_r}$ 之间有下列关系：

$$\overline{M_z} \geqslant \overline{M_w} \geqslant \overline{M_\eta} \geqslant \overline{M_n}$$

2. 相对分子质量分布　单用统计 $\overline{M_r}$ 不足以描述一个多分散性的高分子，还应该了解 M_r 分布的情况。高分子 M_r 多分散性一般有下列两种表示方法。

（1）相对分子质量分布曲线　若用 N（M）、N（M）分别表示相对分子质量为 M_r 的高分子按摩尔数和按摩尔分数的分布函数，这样 $\overline{M_n}$ 的定义式可以写成：

$$\overline{M}_n = \frac{\int_0^\infty MN(M)\,\mathrm{d}M}{\int_0^\infty N(M)\,\mathrm{d}M} = \int_0^\infty MN(M)\,\mathrm{d}M \tag{2-7}$$

若用 $N(M)$、$\mathit{N}(M)$ 分别表示相对分子质量为 M_r 的高分子按重量和按重量分数的分布函数，这样 $\overline{M}_w$ 的定义式可以写成：

$$\overline{M}_w = \frac{\int_0^\infty MW(M)\,\mathrm{d}M}{\int_0^\infty W(M)\,\mathrm{d}M} = \int_0^\infty M\mathit{W}(M)\,\mathrm{d}M \tag{2-8}$$

以 $N(M)$ 或 $\mathit{N}(M)$ 对相对分子质量 M_r 作图，可得到高分子 M_r 的数量微分分布曲线（图 2-2）。以 $W(M)$ 或 $\mathit{W}(M)$ 对相对分子质量 M_r 作图，可得到高分子 M_r 的重量微分分布曲线（图 2-3）。

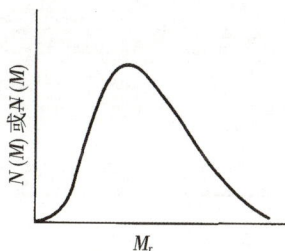

图 2-2　高分子 M_r 的数量微分分布曲线　　　图 2-3　高分子 M_r 的重量微分分布曲线

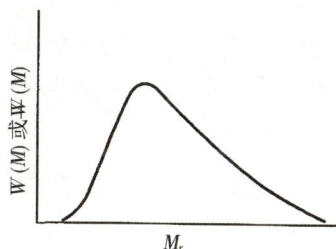

从 M_r 分布曲线上，可以看出 M_r 的分散程度，即分布曲线越宽表明 M_r 分布不均一程度越高，分布曲线越窄表明 M_r 分布比较均一。

（2）相对分子质量分布宽度　有时为了简明地表达，也可采用分布宽度指数来描述相对分子质量为 M_r 的高分子的多分散性，该参数的定义是试样中各个 M_r 与 $\overline{M}_r$ 之间差值的平方的平均值。

如　　　$\sigma_n^2 = \overline{[(M - \overline{M}_n)^2]}_n = \overline{(M^2)}_n - \overline{M}_n^2 = \overline{M}_n \cdot \overline{M}_w - \overline{M}_n^2 = \overline{M}_n^2\left(\dfrac{\overline{M}_w}{\overline{M}_n} - 1\right)$

$$\tag{2-9}$$

$$\sigma_w^2 = \overline{[(M - \overline{M}_w)^2]}_n = \overline{(M^2)}_w - \overline{M}_w^2 = \overline{M}_w \cdot \overline{M}_z - \overline{M}_w^2 = \overline{M}_w^2\left(\frac{\overline{M}_z}{\overline{M}_w} - 1\right)$$

$$\tag{2-10}$$

M_r 分布宽度指数 σ_n^2 和 σ_w^2，可通过测定两种 $\overline{M}_r$，代入式（2-9）、（2-10）计算得到。

假如 M_r 分布均一，则 $\sigma_n^2 = \sigma_w^2 = 0$，$\overline{M}_w = \overline{M}_n = \overline{M}_z$ 高分子试样的多分散性也可采用多分散系数 d 来表征：

$$d = \frac{\overline{M}_w}{\overline{M}_n} \qquad (\text{或 } d = \frac{\overline{M}_z}{\overline{M}_w}) \tag{2-11}$$

d 值一般在 1.5~2.0 之间，$d=1$ 时为单级分散体系。d 愈大，M_r 分布愈宽。

当 $d=1$ 时，$\overline{M}_w = \overline{M}_n = \overline{M}_z$

3. 相对分子质量的测定方法　高分子 $\overline{M}_r$ 的测定方法很多，除利用高分子的化学性质（端基分析法）外，大多数都是利用高分子稀溶液的各种性质来测定的，如热力学性质（蒸气压法、渗透压法），动力学性质（超速离心沉降法、黏度法），光学性质（光散射法），此外还有凝胶渗透色谱法等。各种方法测量的 $\overline{M}_r$ 范围和统计平均意义都不一样，如表 2-1 所示。

表 2-1　高分子 M_r 的测定方法及其大致适用范围

测定方法	适用 $\overline{M}_r$ 范围	M_r 的统计平均意义
端基分析	3×10^4 以下	$\overline{M}_n$
沸点升高	3×10^4 以下	$\overline{M}_n$
冰点降低	3×10^4 以下	$\overline{M}_n$
气相渗透压	3×10^4 以下	$\overline{M}_n$
膜渗透压	$2\times10^4\sim5\times10^5$	$\overline{M}_n$
光散射	$1\times10^4\sim1\times10^7$	$\overline{M}_w$
超速离心沉降平衡	$1\times10^4\sim1\times10^6$	$\overline{M}_w$，$\overline{M}_z$
超速离心沉降速度	$1\times10^4\sim1\times10^7$	各种 $\overline{M}_r$
黏度	$1\times10^4\sim1\times10^7$	$\overline{M}_\eta$
凝胶渗透色谱	$1\times10^3\sim5\times10^6$	各种 M_r

其中黏度法因设备简单、操作简便、耗时少但却具有较高的精度，是一种使用最广泛、最常用的高分子 $\overline{M}_r$ 测定方法。此外，通过黏度测定，还可研究高分子在溶液中的形态、柔性及支化度等。

4. 相对分子质量分布的测定方法　测定 $\overline{M}_r$ 分布的方法大体上可归纳为以下三类。

（1）利用聚合物溶解度对 $\overline{M}_r$ 的依赖性，将试样分成 M_r 不同的级分，从而得到试样的 M_r 分布，例如沉淀分级法、溶解分级法、淋洗分级法。

（2）利用聚合物在溶液中的分子运动性质，得到 M_r 分布，例如超速离心沉降法。

（3）利用高分子尺寸的不同，得到 M_r 分布，例如凝胶渗透色谱法、电子显微镜法。

高分子 $\overline{M}_r$ 及其分散系数对材料性能影响显著，是描述高分子材料的重要指标。例如聚乙烯的 $\overline{M}_r$ 为 1 万时极易被粉碎，只有 $\overline{M}_w$ 在 8 万以上时，才具有较好的使用强度。另外，M_r 的分散系数大的高分子比分散系数小的更容易发生降解，同时强度也相对变小。所以在使用材料时不但要选择合适的材料种类，还需要选择合适的 $\overline{M}_r$ 及其分散系数等指标。

根据高分子末端基团的影响大小，归纳起来，高分子的性能随 $\overline{M}_r$ 的变化有两种情况：①随 $\overline{M}_r$ 的增加而增加，但存在一上限值，如高分子材料的 T_g、抗张强度等；②随 $\overline{M}_r$ 的增加而增加，但不存在上限值，如黏度、弯曲强度等。

（二）高分子链的柔性

高分子的主链虽然很长，但通常并不是伸直的，它可以蜷曲起来，产生各种构象。高分子链通过热运动自发改变自身构象的性质称为柔性。能够在各个层次上任意自由运动，获得最多构象数的高分子链称为完全柔性链；只有一种伸直状态的构象，不能改变成其他构象形式的高分子链则称为完全刚性链。实际上，绝大多数高分子链介于这两种极端状态之间。高分子链的柔性是决定高分子材料许多性质不同于小分子物质的主要原因。

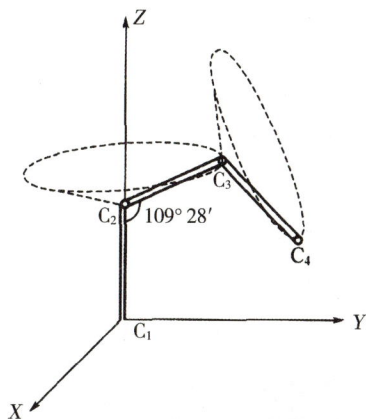

图 2-4 高分子链的旋转构象

1. 高分子链的旋转 在绝大多数的高分子主链中，都存在着许多 σ 单键，σ 单键的重要特点是可以"自由"绕键轴旋转，这种现象称为单键内旋转，如图 2-4 所示。由于单键内旋转而产生的分子在空间的各种立体形态称为构象。一个高分子链中有许多单键，每个单键都能"自由"旋转，因此高分子在空间的构象有无数种。由于分子的热运动，高分子链的构象时刻在变化，其中分子链呈伸直构象的概率极小，而呈蜷曲构象的概率较大。旋转愈自由，蜷曲的趋势就愈大，这种高分子链不规则蜷曲的构象称为无规线团。

2. 高分子链的形态 若把高分子链的稳定构象形式称作高分子链的形态，则各种高分子链表现出的形态是由自身吉布斯能最小为原则所决定的。吉布斯能的大小由熵因素和焓因素共同决定，在不同条件下，这两个因素主导作用不同，导致高分子链的不同形态。链的常见典型形态可以归纳为如下几种。

（1）无规线团链 绝大多数柔性的线型高分子在溶液中或熔融状态下，高分子链都是无规线团状态，这是一种最典型最常见的高分子链形态，见图 2-5（a）。

（2）螺旋链 带有活性基团的功能性高分子，为了减小取代基的空间斥力或为了能够稳定形成分子内氢键，减小分子势能而采取的一种构象，见图 2-5（b），如蛋白质或全同立构的聚丙烯高分子。

（3）伸直链 高分子链充分伸展所形成的锯齿链状，见图 2-5（c），多见于完全刚性的线型高分子，如聚乙炔、拉伸取向的聚乙烯分子链。

（4）折叠链 高分子材料在成型过程中为了有利于形成晶体结构，高分子链采取折叠方式形成有序排列构象，如聚甲醛晶体中的高分子链，见图 2-5（d）。

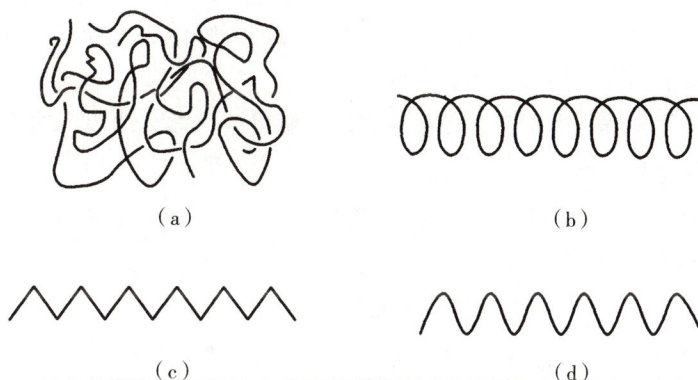

（a）　　　　　　　　　　　　　　　（b）

（c）　　　　　　　　　　　　　　　（d）

图 2-5 高分子链的分子形态

无规线团链可以形成非晶体结构材料，后三种链形成晶体结构材料，非晶体材料和晶体材料的强度、溶解性、物质透过性等物理化学性质具有显著差异。

3. 高分子链的柔顺性 在一个高分子链中，虽然存在着键长、键角和空间位阻效应的限制，但由于其中包含着大量的 σ 单键，因此其可存在的构象数仍然很大。

从统计热力学的角度，度量体系无序程度的热力学函数熵与体系的构象数服从玻尔兹曼公式：

$$S = k \ln W \qquad (2-12)$$

式（2-12）中，S 为熵值，W 为构象数，k 为玻尔兹曼常数。

当高分子链呈伸直形态时，构象只有一种，构象熵等于零。如果高分子链呈蜷曲形态，那么分子可取的构象数将很多，相应的构象熵就增大。由熵增原理，孤立高分子链在没有外力的作用下总是自发地采取蜷曲形态，使构象熵趋于最大，这就是高分子链柔性的实质。

高分子链柔性的大小可以定性地用高分子链的两个末端距离来描述。末端距是指线型高分子链的一端至另一端的直线距离，以 h 表示，如图 2-6 所示。可见高分子链蜷曲越厉害，表示越柔软，末端距 h 越小。

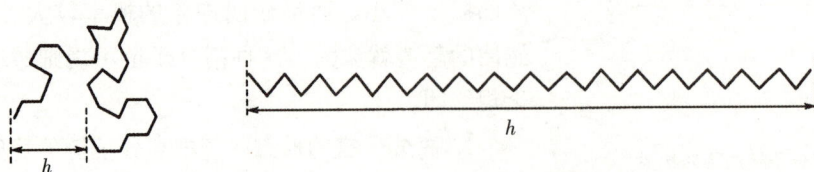

图 2-6 蜷曲的和伸直的高分子链的末端距

由于分子的热运动，构象在不停地变化，末端距也在不断变化，因此末端距应是统计意义上的平均值。在统计学处理时，常求末端距平方的平均值，即均方末端距 $\overline{h^2}$ 来定性表示高分子的柔性。另外，知道高分子的均方末端距 $\overline{h^2}$，也即可得知高分子的体积大小。

影响高分子链柔顺性的因素很多，一般而言，凡是有利于单键旋转的因素，都会使链的柔顺性提高。

（1）主链结构　全部由单键构成的主链，柔顺性较好，如聚乙烯。不同的单键，柔顺性也不同，一般分子链中 σ 键的键长越长，越易旋转，柔性越大。原子半径越大，相应的键越长，有如下顺序：

$$—Si—O—>—C—N—>—C—O—>—C—C—$$

例如 Si—O 键比 C—C 键易于旋转，故聚二甲基硅氧烷分子链的柔顺性很好。

含有孤立双键的主链，双键旁的单键旋转容易，链的柔顺性也较好，如聚-1,3-丁二烯。但含有共轭双键的主链呈刚性，如聚乙炔、聚苯等。

含有芳杂环结构的主链，由于芳杂环不能旋转，所以链的柔顺性差，如芳香尼龙，又叫聚芳香酰胺，拥有非凡强度和刚度。

（2）取代基　取代基的极性越大，相互作用力越强，分子链旋转受阻越严重，柔顺性越差。如下列分子链的柔顺性有如下顺序：

聚丙烯＞聚氯乙烯＞聚丙烯腈

极性取代基在分子链中占的比例越大，分子链旋转越困难，柔顺性越差。如分子链的柔顺性有如下顺序：

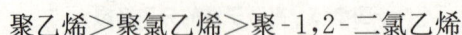

聚乙烯＞聚氯乙烯＞聚-1,2-二氯乙烯

极性取代基的分布对柔顺性也有影响，如聚偏二氯乙烯的柔顺性大于聚氯乙烯，这是由于前者取代基对称排列，分子偶极矩减小，旋转变易。

非极性取代基的体积越大，空间位阻越大，旋转越困难，柔顺性越差，如分子链的柔顺性有如下顺序：

聚乙烯＞聚丙烯＞聚苯乙烯

（3）分子链的规整性　分子链越规整，结晶能力越强，柔顺性越差。一旦高分子结晶，链的柔顺性就表现不出来，从而呈现刚性。如聚乙烯，分子链是柔顺的，但由于结构规整，很容易结晶，所以聚乙烯具有塑料的性质。

（4）支化、交联　若支链很长，尤其是刚性支链，将阻碍键的旋转，分子链的柔顺性下降。

对于交联结构，当交联程度不大时，对链的柔顺性影响不大，如含硫2%～3%的橡胶；当交联度达到一定值时，则大大影响链的柔顺性，甚至可能完全失去柔顺性，如高度交联的环氧树脂等。

（5）分子间作用力　分子间作用力越大，分子链的柔顺性越小。如纤维素，由于分子间存在大量的氢键，使链具有很强的刚性。

（6）温度　温度对高分子链的柔顺性有着重要影响。温度提高，分子热运动能量增加，σ单键旋转变易，构象数增多，柔顺性增强，如顺式聚-1,3-丁二烯，室温下可用作橡胶，冷却至－120℃时，变硬变脆。

此外，柔顺性还与外力、溶剂等因素有关。

三、高分子的聚集态结构——三级结构

高分子的聚集态结构是指高分子链之间的排列和堆砌结构，又称为三级结构，也称为超分子结构。高分子的链结构决定高分子的运动方式和堆砌方式，而高分子的聚集态结构决定高分子材料的性能。从这种意义上来说，链结构只是间接地影响了高分子材料的性能，而聚集态结构直接影响高分子材料的性能。因此高分子聚集态结构的研究具有重要的理论和实际意义。

高分子聚集态结构的形成是高分子链之间相互作用的结果，因此在讨论高分子的各种聚集态结构之前，首先要了解高分子间的相互作用力。高分子之间的作用力包括范德华力和氢键，范德华力包括色散力、诱导力和静电力，是永久存在于一切分子之间的一种吸引力。实验证明，对大多数分子来说色散力是主要的，尤其是非极性或极性小的高分子。色散力的大小与$\overline{M_r}$有关，由于高聚物的$\overline{M_r}$很大，分子链很长，分子间的相互作用力很大，超过了组成它的化学键键能，因此高分子只有液态和固态，没有气态。在高聚物中，分子间作用力起着更加特殊的重要作用，分子间作用力是解释高分子的聚集状态、堆砌方式以及各种物理性质的重要依据。

高分子分子间作用力的大小通常采用内聚能或内聚能密度来表示。内聚能定义为克服分子间作用力，把1摩尔液体或固体气化所需要的能量，表示为：

$$\Delta E = \Delta H_v - RT \tag{2-13}$$

式（2-13）中，ΔE就是内聚能，ΔH_V是摩尔气化热，RT是气化时所做的膨胀功。

内聚能密度（简写CED）是指单位体积的内聚能，表示为：

$$CED = \frac{\Delta E}{\overline{V}} \tag{2-14}$$

式（2-14）中，$\overline{V}$为摩尔体积。

因为高聚物不能气化，所以不能直接测定它的内聚能和内聚能密度，通常采用一些间接的方法，如利用高聚物的良溶剂，以良溶剂的内聚能密度来估计高聚物的CED。

当$CED<290J/mL$时，聚合物为非极性的聚合物，作用力小，可作橡胶；当$CED>420J/mL$时，聚合物分子链上有强极性基团或存在分子间氢键，分子链之间作用力强，有较高强度，常作纤维；CED在$290～420J/mL$之间的聚合物，分子链间作用力适中，可作塑料。由此也可以看到，分子间作用力的大小对于高聚物聚集态结构和性能有很大的影响。

1. 高分子的非晶态结构　非晶态结构是一种重要的凝聚态结构，其分子链不具备三维有序

结构，可以是玻璃态、高弹态、黏流态（或熔融态）及结晶高分子中非晶区的结构。非晶态结构是高聚物中普遍存在的结构。

对于高聚物的非晶态结构，目前主要存在着两种有争议的观点：一种观点认为高分子的非晶态结构是完全无序的，如 Flory 于 1949 年提出的无规线团模型；另一种观点则认为高分子的非晶态结构有可能存在着局部的有序性，并提出了若干局部有序模型。

（1）无规线团模型　无规线团模型认为，非晶态高聚物在本体中分子链的构象与在溶剂（$V_水 : V_丙酮 = 80.45 : 19.55$）中一样，呈无规线团状态，如图 2-7 所示。线团之间相互无规缠结，每个分子线团内都存在许多相邻分子的链段，分子内及分子间的相互作用是相同的，分子链应该是无干扰的。许多实验事实也证明，高分子链无论在本体中还是在溶液中都具有相同的状态，有力地支持了无规线团模型。

（2）局部有序模型　局部有序模型认为，非晶态高聚物有可能存在局部的有序性。其中影响较大的是 Yeh 于 1972 年提出的"折叠链缨状胶束粒子模型"，又简称为两相球粒模型，如图 2-8 所示。两相球粒模型认为，高分子的非晶态是由折叠链构象的"粒子相"和无规线团构象的"粒间相"构成。粒子相又分为分子链相互平行规整排列的有序区和由折叠链的弯曲部分、链端、连接链和缠结点构成的粒界区两部分。有序区的尺寸在 2~4nm，粒界区尺寸为 1~2nm。粒间相则由无规线团、M_r 低的分子、分子链末端和连接链组成，尺寸为 1~5nm。此模型认为一根分子链可以通过几个粒子相和粒间相。

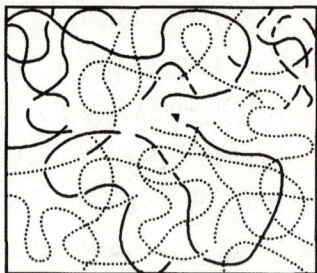

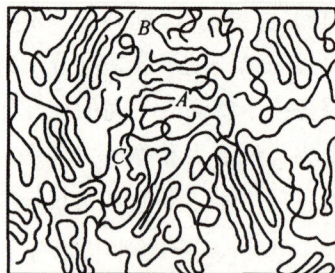

A.有序区；B.粒界区；C.粒间相

图 2-7　非晶态高聚物的无规线团模型　　　　图 2-8　非晶态高聚物的局部有序模型

高分子的非晶态结构究竟是完全无序的，还是局部有序的，目前主要的争论是在无规线团模型和两相球粒模型之间进行。尽管目前尚无定论，但随着研究的深入和理论的发展，加上尖端领域不断涌现的微观检测手段，高分子的非晶态结构最终是可以弄清楚的。

2. 高分子的晶态结构　大量实验证明，只要高分子链本身具有必要的规整结构，并给予适宜的条件，高分子链就可以凝聚在一起形成晶体。高分子的结晶能力与高分子链的规整度有着密切的关系，链的规整度越高，结晶能力越强。高分子链可以从熔体中结晶，从玻璃体中结晶，也可以从溶液中结晶。与一般小分子晶体相比，高聚物的晶体具有不完善、无完全确定的熔点及结晶速度较快等特点。X-射线衍射和色谱证实，一般所谓结晶高聚物都是部分结晶或半结晶的多晶体。

通过对结晶高聚物进行的深入研究，已经建立了多种结构模型，例如，20 世纪 40 年代 Bryant 的缨状微束模型，50 年代 Keller 提出的折叠链模型以及 60 年代 Flory 提出的插线板模型等等，不同观点之间的争论仍在进行之中，尚无定论。

（1）缨状微束模型　又被称为两相结构模型，该模型认为，晶态聚合物中晶区和非晶区相互穿插，同时存在，晶区中的分子链是平行规整排列的，非晶区中的分子链是完全无序堆砌的，每一根高分子链可以同时贯穿好几个晶区和非晶区，如图 2-9 所示。

（2）插线板模型　Flory 提出的插线板模型认为，从一个片晶出来的分子链并不在其邻位处回折到同一片晶，而是在进入非晶区后在非邻位以无规方式再回到同一片晶，也可能进入另一片晶，非晶区中，分子链段或无规地排列或相互有所缠绕，如图 2-10 所示。

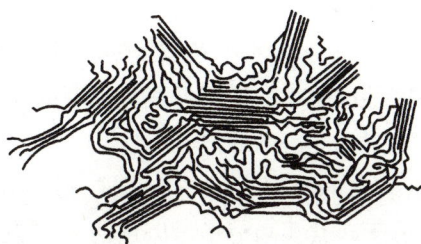

图 2-9　晶态高聚物的缨状微束模型　　　　　图 2-10　晶态高聚物的插线板模型

溶剂对高聚物结晶过程的影响也很显著，有些溶剂能明显促进高聚物的结晶。如聚对苯二甲酸乙二醇酯、聚碳酸酯的结晶速度很慢，只要过冷度稍大，就易形成无定形态。但把它们的无定形透明薄膜浸入适当的有机溶剂中，就会发生结晶作用使薄膜变得不透明。一般认为这是小分子的渗入增加了高分子链的活动能力，从而有利于晶体的生长。

3. 高分子的取向态结构　取向是指大分子在外力作用下择优排列的过程，包括高分子链、链段以及结晶高聚物的晶片、晶带沿外力作用方向择优排列。取向态与结晶态虽然都是有序结构，但有序程度是不同的，结晶态是三维有序，而取向态是一维或二维有序。

按照外力作用方式的不同，取向又分为单轴取向和双轴取向两种类型，如图 2-11 所示。单轴取向是指材料只沿一个方向拉伸，长度增加，厚度和宽度减小，高分子链或链段沿拉伸方向排列，单轴取向后，材料在取向方向上以化学键相连接，而垂直于取向方向上则主要为范德华力，所以材料在拉伸方向的强度远大于垂直方向的强度，呈各向异性。双轴取向是指材料沿两个相互垂直的方向拉伸，面积增加，厚度减小，分子链取平行于拉伸平面的任意方向，双轴取向后，材料在平面上呈现各向同性。

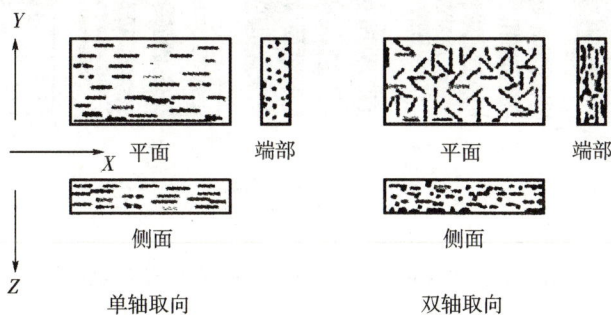

图 2-11　取向聚合物中分子链排列示意图

高分子有两种运动单元，链段和整链，因此非晶态高聚物也有两种取向单元，链段和整链，如图 2-12 所示。链段取向是通过单键的旋转完成的，这种取向过程在高弹态下就可以进行；整链取向需要高分子各链段的协同运动才能实现，这就要求高聚物在黏流态下才能进行。因此链段取向比整链取向容易，在外力作用下，首先发生的是链段取向，然后才是整个分子链的取向。非晶态高聚物的取向态在热力学上是非平衡状态，取向过程快，解取向速度也快，因此发生解取向时，首先发生的是链段解取向，然后才是整链解取向。

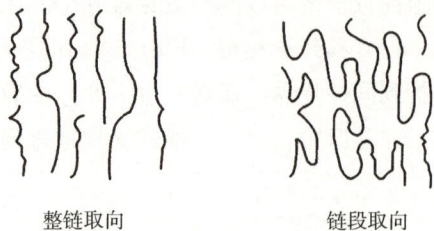

结晶高聚物的取向，除了非晶区中可能发生链段或整链取向外，还可能有晶区的取向。由于结晶高聚物的结构模型存在争论，因此，结晶高聚物的取向过程也有两种相反的看法。按照折叠链模型的观点，结晶高聚物首先发生的是非晶区的取向，然后才是晶区的取向；而按照插线板模型的观点，非晶区中分子链要比晶区中分子链缠结的程度高，因此首先发生晶区的取向。

4. 高分子的织态结构　织态结构是指不同聚合物之间或聚合物与其他成分之间的堆砌排列结构。两种或两种以上高分子的混合物称为共混高分子，共混高分子可以用两类方法来制备：一类称为物理共混，包括机械共混、溶液浇铸共混和乳液共混等；另一类称为化学共混，包括接枝共聚物、嵌段共聚物、聚合物互穿网络等。

高分子的织态结构取决于组分间的相容性，若两组分完全相容，则形成微观上的均相体系，这种结构的材料反而显示不出预期的某些特性来；若两组分完全不相容，则形成宏观非均相体系，这种结构的材料性能较差，没有实用价值；若两组分半相容，则形成微观或亚微观非均相体系，这种结构材料在某些性能上呈现突出的（常超过两种组分）优异性能，正是人们所期望的材料，具有很大的实用价值。

在多数情况下，共混高分子都不能达到分子水平的分散，而是形成非均相体系。在非均相体系中，存在着连续相和分散相，通常含量多的组分构成连续相，含量少的组分构成分散相。依据密堆积原理和实验观察结果，对 A、B 两组分的非均相高分子共混物的形态结构，提出了如图 2-13 的理想模型。开始时 A 组分含量比 B 组分少得多，成球状分散在 B 组分中，随着 A 组分含量的逐渐增加，分散相从球状转变成棒状，当两个组分含量相近时，则成层状结构，两组分均为连续相；A 组分含量继续增加，则 B 组分成分散相。实际上高分子的织态结构比理想模型要复杂得多，通常也没有这样规则。

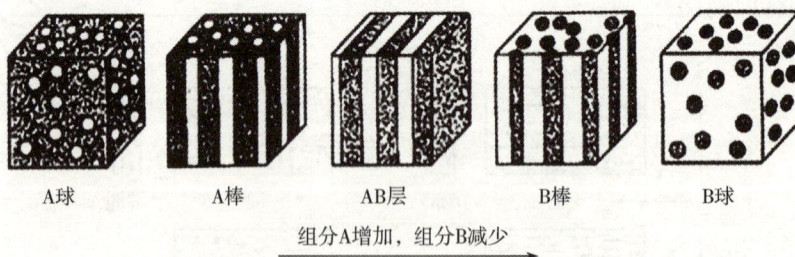

图 2-13　非均相双组分高分子共混物的织态结构模型
（A 组分：白色；B 组分：黑色）

非均相双组分共混聚合物的织态结构，除上述两组分各自形成的两相外，还存在两相的交界区，或称作界面相。界面相内，两种高分子互相渗透扩散，其扩散深度（即界面相厚度）由两相相容性决定，相容性越好，界面相厚度越大。界面相无论是从结构还是从性能上都与单独的两相不同，因此常常把它看作是第三相。

共混是对高分子材料进行改性的常用手段，通过合理设计和巧妙的制备技术，可以实现人们所希望的结构空间和性能都满意的材料，它在药物的缓控释放、智能释放、靶向释放等装置研究上具有重大的理论价值和实用空间。

第三节　高分子材料的性能

一、高分子溶液

（一）高分子的溶解特征

由于高聚物结构复杂、$\overline{M_r}$ 巨大，其溶解过程有以下特点：溶解之前都会发生溶胀，线型高分子溶胀后可以进一步溶解，网状高分子则只能达到溶胀平衡。

溶胀是指溶剂分子扩散进入高分子内部使其体积膨胀的现象。它是高分子化合物特有的现象，其原因在于溶剂分子与高分子尺寸相差悬殊，分子运动速度相差很大，溶剂小分子扩散速度较快，溶剂分子进入高分子内部以后，借助其与分子链间的作用力（溶剂化作用）而使分子链段逐渐舒展，彼此间的距离逐渐增加，宏观上表现为高分子体积逐渐溶胀。当溶胀过程进行到高分子所有的链段都能够扩散运动的时候，溶胀的聚合物逐渐分散成真溶液（图 2-14）。只有在良溶剂中高分子最终才能舒展开，否则，分子链呈蜷曲状，链段之间的空隙小。高分子的溶解性能与高分子所处的状态有关。

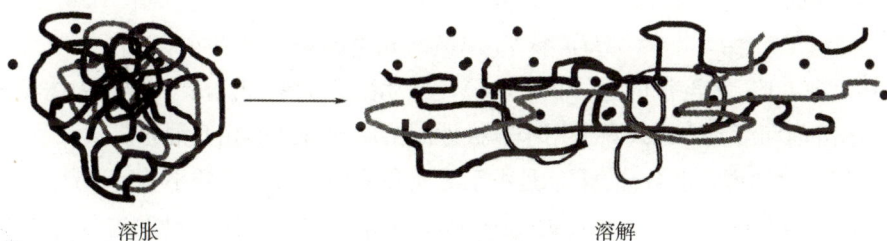

溶胀　　　　　　　　　　　　　　溶解

图 2-14　高分子材料的溶胀和溶解
（注：·代表溶剂分子）

1. 结晶聚合物的溶解　对于晶态的高分子，由于分子间排列规整，堆砌紧密，分子间相互作用力较强，溶剂分子较难渗入晶相，因此晶态聚合物的溶解要比非晶态聚合物困难。结晶聚合物可分为以下两类。

（1）**极性结晶聚合物**　在适宜的强极性溶剂中，往往此类聚合物在室温下即可溶解。如聚酰胺可溶于甲酸、冰醋酸、浓硫酸、苯酚等强极性溶剂，原因在于极性结晶聚合物的非晶相部分与强极性溶剂产生溶剂化作用，发生放热效应，破坏晶格，使之溶解。

（2）**非极性结晶聚合物**　此类化合物溶解往往需要将体系加热到熔点附近，例如高密度聚乙烯（PE，熔点为 135℃）溶解在四氢萘中，温度为 120℃左右；间同立构聚丙烯（PP，熔点为 134℃），溶解在十氢萘中，温度为 130℃。

2. 非晶态聚合物溶解　由于分子间堆砌比较松散，分子间相互作用力较弱，溶剂分子比较容易渗入聚合物内部使之发生溶胀或溶解（相对于结晶态聚合物而言）。交联聚合物由于三维交联网的存在而不会发生溶解。其溶胀程度部分取决于聚合物的交联度，交联度增大，溶胀度降低。

药物制剂制备过程中，经常需要配制高分子溶液。高分子化合物从溶胀到溶解，一般需要较长的时间，可采用适当工艺使其分散，避免黏结成团，还可通过加热和搅拌等方法加快溶解。但不同高分子化合物溶胀所需的条件不同，配制成溶液的方法也不一样。市售药用高分子材料大多呈粒状、粉末状，与溶剂接触时易于聚结成团，应注意材料的分散，使之充分溶胀。水溶性的药用高分子大多易溶于热水，可先用冷水润湿，使颗粒高度分散，然后加热使之溶解。对于像羟丙甲纤维素等在冷水中更易溶解的聚合物，可先用热水润湿和分散，然后用冷水使其溶解。

（二）高分子溶解过程的热力学

高分子的溶解过程是溶质分子和溶剂分子相互混合的过程，恒温恒压条件下，该过程能自发进行的必要条件是吉布斯自由能变化（ΔG_m）小于零，计算式如（2-15）所示。

$$\Delta G_m = \Delta H_m - T\Delta S_m < 0 \qquad (2\text{-}15)$$

式（2-15）中，ΔS_m 为混合熵，ΔH_m 为混合热，T 为溶解时的热力学温度。

因为溶解过程是分子排列趋于混乱的过程，即 $\Delta S_m > 0$，因此 ΔG_m 的正负取决于 ΔH_m 的正负和大小。

极性高分子在极性溶剂中溶解时，由于高分子与溶剂分子的强烈作用而放热，即 $\Delta H_m < 0$，则 $\Delta G_m < 0$，高分子可以溶解。

非极性高分子溶解过程一般是吸热的，即 $\Delta H_m > 0$，所以要使非极性高分子溶解，即 $\Delta G_m < 0$，必须满足 $\Delta H_m < T \cdot |\Delta S_m|$，也就是说升高温度 T 或减小 ΔH_m 才有可能使体系自发进行。根据 Hildebrand 溶度公式：

$$\Delta H_m \approx V_{1,2} (\delta_1 - \delta_2)^2 \varphi_1 \varphi_2 \qquad (2\text{-}16)$$

式（2-16）中，$V_{1,2}$ 为溶液的总体积（mL），δ 为溶度参数（J/cm³）$^{1/2}$，φ 为体积分数；下标 1 和 2 分别表示溶剂和溶质。此式只适用于非极性的溶质和溶剂的相互混合。

由式（2-16）可知道，混合热 ΔH_m 是由于溶质和溶剂的溶度参数不等而引起的，ΔH_m 总是正值，如果溶质和溶剂的溶度参数越接近，则 ΔH_m 越小，也更能满足自发进行的条件，一般 δ_1 和 δ_2 的差值不宜超过 1.5。

溶度参数数值等于内聚能密度的平方根，内聚能密度就是单位体积的内聚能。公式如（2-17）所示。

$$\delta_1 = \left(\frac{\Delta E_1}{V_1}\right)^{1/2} \qquad\qquad \delta_2 = \left(\frac{\Delta E_2}{V_2}\right)^{1/2} \qquad (2\text{-}17)$$

式（2-17）中，ΔE 为内聚能（J）；V 为体积（cm³）。

内聚能是克服分子间作用力，把 1 摩尔凝聚体气化所需要的能量。溶剂的溶度参数通过 Clapeyron 和热力学第一定律算出溶剂的摩尔气化能 ΔE，然后由式（2-18）求得。

$$\Delta E = \Delta H_{vap} - RT \qquad (2\text{-}18)$$

式（2-18）中，ΔH_{vap} 为气化热，RT 为转化为气体的膨胀功。

聚合物的溶度参数可用黏度法或溶胀度法测定，黏度法是将聚合物溶解在各种溶度参数与聚合物相近的溶剂中，分别在同一浓度、同一温度下测定这些聚合物溶液的特性黏度，因聚合物在良溶剂中舒展最好时，其特性黏度最大，故把特性黏度最大时所用的溶剂的 δ 值看作该聚合物的溶度参数。溶胀度法是在一定温度下，将交联度相同的高分子分别放在一系列溶度参数不同的溶剂中使其溶胀，测定平衡溶胀度。聚合物在溶剂中溶胀度不同，只有当溶剂的溶度参数与聚合物溶度参数相等时，溶胀最好，溶胀度最大。因此，可把溶胀度最大的溶剂所对应的溶度参数作为该聚合物的溶度参数。表 2-2 和 2-3 分别是一些高分子和溶剂的溶度参数。

表 2-2　一些高分子的溶度参数　$(J/cm^3)^{1/2}$

高分子名称	δ	高分子名称	δ
聚二甲基硅氧烷	14.9	聚氨基甲酸酯	20.5
聚乙烯	16.2	聚甲醛	20.7~22.5
聚丙烯	16.6	聚对苯二甲酸乙二酯	21.9
聚丁二烯	17.6	醋酸纤维素	22.3
聚苯乙烯	18.6	聚偏二氯乙烯	25
聚醋酸乙烯酯	19.2	尼龙-66	27.3
聚碳酸酯	19.4	聚丙烯腈	25.6~31.5
聚氯乙烯	19.8	聚乙烯醇	25.8~39.0

表 2-3　溶剂的溶度参数　$(J/cm^3)^{1/2}$

溶剂	δ	溶剂	δ	溶剂	δ
己烷	14.9	乙醚	15.1	丙烯腈	21.3
环已烷	16.8	乙酸乙酯	17.5	丙醇	24.4
四氯化碳	17.6	四氢呋喃	18.6	乙酸	25.8
甲苯	18.2	乙醛	20.0	甲酸	27.6
苯	18.8	环己酮	20.3	乙醇	26.0
三氯甲烷	19.0	丙酮	20.5	甲醇	29.6
二氯甲烷	19.8	二甲亚砜	26.6	乙二醇	32.1
二硫化碳	20.4	水	47.8	甘油	36.2

（三）溶剂的选择

配制高分子溶液首先遇到的问题是如何选择溶剂。相似相溶原则、溶度参数相近原则和溶剂化（氢键）原则是选择高分子溶剂的三个基本原则。

1. 极性相似相溶原则　极性高分子化合物可溶于极性溶剂中，非极性高分子则可能溶于非极性溶剂中，两者的极性大小越接近，相溶的可能性越大。例如，强极性的聚丙烯腈能够溶解于二甲基甲酰胺等强极性溶剂中；非极性的天然橡胶和丁苯橡胶都能很好地溶解于汽油、苯和甲苯等非极性溶剂。

2. 溶度参数相近原则　由式（2-16）可知，δ_1 和 δ_2 的差越小，ΔH_m 越小，越有利于溶解，这就是溶度参数相近原则。天然橡胶 $[\delta=17.0\ (J/cm^3)^{1/2}]$ 可溶于甲苯 $[\delta=18.2\ (J/cm^3)^{1/2}]$ 和四氯甲烷 $[\delta=17.6\ (J/cm^3)^{1/2}]$ 中，但不溶于乙醇 $[\delta=26.0\ (J/cm^3)^{1/2}]$；醋酸纤维素 $[\delta=22.3\ (J/cm^3)^{1/2}]$ 可溶于丙酮 $[\delta=20.5\ (J/cm^3)^{1/2}]$ 而不溶于甲醇 $[\delta=29.6\ (J/cm^3)^{1/2}]$。此规律适用于非极性或弱极性非晶态聚合物。通常，聚合物与溶剂两者的溶度参数相差值在 1.5 以内时常常可以溶解。有时在单一溶剂中不能溶解的聚合物可在混合溶剂中发生溶解，混合溶剂的溶度参数 δ 可由下式计算。

$$\delta_{混}=\varphi_1\delta_1+\varphi_2\delta_2 \qquad (2-19)$$

式（2-19）中，φ_1 和 φ_2 分别为两种纯溶剂的体积分数；δ_1 和 δ_2 分别为两种纯溶剂的溶度参数。

3. 溶剂化原则　若溶剂与高分子之间有强偶极作用或有生成氢键的情况时，应该按照溶剂化原则判断其溶解性。例如聚氯乙烯的 [$\delta = 19.8$ $(J/cm^3)^{1/2}$] 与三氯甲烷 [$\delta = 19.0$ $(J/cm^3)^{1/2}$] 及环己酮 [$\delta = 20.3$ $(J/cm^3)^{1/2}$] 均相近，但聚氯乙烯可溶于环己酮而不溶于三氯甲烷，究其原因，是因为聚氯乙烯是亲电子体，环己酮是亲核体，两者之间能够产生类似氢键的作用。而三氯甲烷与聚氯乙烯都是亲电子体，不能形成氢键，所以不相溶。高分子按官能团可分为弱亲电子性高分子、给电子性高分子、强亲电子性高分子及氢键高分子（表 2-4），同样溶剂按其极性不同也可分成弱亲电子性溶剂、给电子性溶剂、强亲电子性溶剂或强氢键溶剂三类（表 2-5）。亲电子性溶剂能和给电子性高分子进行"溶剂化"而易于溶解；同理，给电子溶剂能和亲电子性高分子"溶剂化"而利于溶解。

表 2-4　一些高分子的极性分类

给电子性高分子	弱亲电子性高分子	强亲电子高分子
聚乳酸	聚氯乙烯	聚丙烯酰胺
聚乙氧醚	聚乙烯	聚丙烯酸
环氧树脂	聚丙烯	聚丙烯腈
聚酰胺	聚四氟乙烯	聚乙烯醇
聚对苯二甲酸乙二醇酯		蛋白质
聚碳酸酯		

表 2-5　一些溶剂的极性分类

给电子性溶剂	弱亲电子性溶剂	强亲电子性溶剂
丁酮	二氯甲烷	水
环己酮	三氯甲烷	乙醇
乙醛	四氯化碳	乙腈
乙醚	己烷	乙酸
醋酸乙酯	环己烷	甲酸
四氢呋喃	甲苯	丁醇
二甲基甲酰胺	二硫化碳	苯酚

　　实际上溶剂的选择相当复杂，按以上原则从理论上进行筛选后，符合三个原则的那些溶剂并不一定就能溶解该高分子化合物，因为，除以上原则外，还涉及溶剂对于聚合物的化学惰性，所以，最终能否作溶剂仍需通过实验来确定。即使能溶解，也还需考虑其安全性（低毒、不易挥发、不易燃烧等）和经济成本（资源充足、易于回收等）。

（四）凝胶

1. 凝胶的基本特征　凝胶（gel）是指溶胀的三维网状结构高分子，即聚合物分子间相互连接，形成空间网状结构，而在高分子链段间隙中又填充了液体介质（在干凝胶中介质可以是气体），这样一种分散体系称为凝胶。

凝胶是介于固体和液体之间的一种特殊状态，它既显示出某些固体的特征，如无流动性，有一定的几何外形,有弹性、强度等。但另一方面它又保留某些液体的特点,例如离子的扩散速率在以水为介质的凝胶(水凝胶)中与水溶液中相差不多。

2. 凝胶的分类　根据高分子交联键性质的不同,把凝胶分为两类,即化学凝胶和物理凝胶。大分子通过共价键连接形成网状结构的凝胶叫化学凝胶,一般在合成高分子时加入交联剂进行聚合,或者通过线型或支化型高分子链中官能团相互反应形成这种共价键。以化学键交联的凝胶不能熔融更不会溶解,结构非常稳定,称为刚性凝胶,大多数合成凝胶属这一类型。大分子间通过非共价键(通常为氢键或范德华力)相互连接形成的凝胶叫物理凝胶,因这类凝胶具有弹性,又叫弹性凝胶。大多数天然凝胶是依靠高分子链段相互间可形成氢键而交联的,如多糖类、蛋白质凝胶等,这种氢键会因加热、搅拌等而被破坏,使凝胶变成溶胶,冷却或停止搅拌后溶胶又可变回凝胶,所以说,物理凝胶是可逆的。

另外,根据凝胶中液体介质含量的多少又分为冻胶(jelly)和干凝胶(xerogel)两类。冻胶指液体含量很多的凝胶,含液量常在90%以上,冻胶多数由柔性大分子构成,具有一定的柔顺性,网状结构中的溶剂不能自由流动,呈弹性半固体状态,平常所说的凝胶实际指的就是冻胶。液体含量少的凝胶称为干凝胶,其主要成分是固体。干凝胶很容易转化为冻胶,干凝胶在吸收极性相似的液体溶胀后即可转变为冻胶,如明胶能吸收水而不能吸收苯,橡胶能吸收苯而不能吸收水。

3. 凝胶的制备　制备凝胶主要是高分子溶液胶凝,即取一定量的高分子物质置于适当的溶剂中溶解、静置、冷却,使其自动胶凝,生成凝胶。

4. 胶凝作用及其影响因素　高分子溶液在适当条件下转变为凝胶的过程称为胶凝作用(gelation)。如明胶水溶液、琼脂水溶液,在温热条件下为黏稠性流动液体,当温度降低时,高分子溶液即形成立体网状结构,分散介质(多数是水)被包含在网状结构中,形成了不流动的半固体状物。影响胶凝作用的因素主要有浓度、温度和电解质。每种高分子溶液都有一个形成凝胶的最低浓度,低于此浓度则不能形成凝胶,高于此浓度可加速胶凝。利用升、降温来实现胶凝过程是常用的一种方法,如明胶水溶液。也有的高分子溶液在升温时分散相发生交联而形成凝胶,低温变成溶液,如泊洛沙姆的胶凝就属于这种情况。与前两种因素相比,电解质对胶凝的影响比较复杂,有促凝作用,也有阻凝作用,其中阴离子起主导作用,规律显示,当盐的浓度较大时,Cl^-和SO_4^{2-}一般会加速胶凝,而I^-和SCN^-的作用相反,起阻滞胶凝作用。

5. 凝胶的性质

(1) 溶胀性　凝胶最显著的特征是溶胀。凝胶吸收液体或蒸气使体积或重量明显增加的现象称为凝胶的溶胀。溶胀后重量、体积明显增加,高吸水树脂吸水以后体积可以膨胀几百倍,乃至上千倍。凝胶的溶胀分为有限溶胀和无限溶胀两种类型。凝胶吸收液体后,凝胶网状结构被撑开,体积膨胀,凝胶吸收越来越多的液体,网状结构最终碎裂并完全溶解于液体之中成为溶液,这种溶胀称为无限溶胀。若凝胶只吸收有限量的液体,凝胶的网状结构只被撑开而不解体,这种溶胀称为有限溶胀。溶胀进行的程度可用溶胀度来衡量,一定温度下,单位质量或体积的凝胶所能吸收液体的最大量称为溶胀度(swelling capacity)。

$$Q = \frac{m_2 - m_1}{m_1} \qquad 或 \qquad Q = \frac{V_2 - V_1}{V_1} \qquad (2-20)$$

式(2-20)中,Q代表溶胀度;m_1、m_2代表溶胀前后凝胶的质量;V_1、V_2代表溶胀前后凝胶的体积。

溶胀度受以下主要因素影响:液体的性质、温度、电解质及pH值。液体的性质不同,溶胀度有很大差异，凝胶的溶胀对溶剂是有选择性的，只有在亲和力很强的溶剂中才显现，如丙烯酰胺凝胶是典型的亲水凝胶，在有机溶剂中几乎不溶胀。另外，增加温度有可能使有限溶胀转化为无限溶胀。介质的 pH 值对蛋白质的溶胀作用影响很大，当介质的 pH 值等于蛋白质等电点时，其溶胀程度最小，pH 值一旦偏离等电点，其溶胀程度就会增大。电解质中的阴离子对凝胶的溶胀作用也具有影响，各种阴离子对溶胀作用的影响由大到小的次序是：

$$CNS^->I^->Br^->NO_3^->Cl^->Ac^->SO_4^{2-}$$

排在 Cl^- 以前的各种离子能促进溶胀，Cl^- 以后的各种离子抑制溶胀。此外，凝胶的溶胀程度还取决于高分子化合物的链与链之间的交联度，交联度越大，溶胀度越低。

（2）脱水收缩性（离浆） 高分子溶液胶凝后，凝胶的结构并没有完全固定，凝胶内分子链段间的相互作用继续进行，链段不断蠕动，自发地相互靠近，挤出液体使网状结构更为紧密，这种液体从凝胶网孔中"自动"流出的现象称为脱水收缩或离浆（图 2-15）。析出的液体是稀溶胶或称为高分子稀溶液；另一层仍为凝胶，只是浓度相对增高。一般情况下，弹性凝胶的脱水作用是个可逆过程，即是膨胀作用的逆过程；但是刚性凝胶的脱水收缩作用是不可逆的。

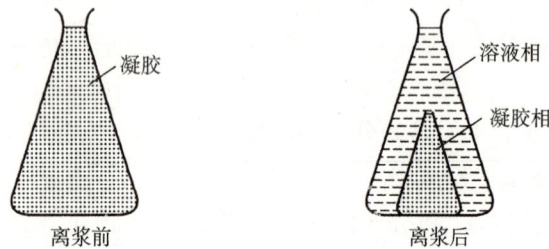

图 2-15 离浆现象

（3）触变性 物理凝胶受外力作用变成流体（溶胶），外部作用力停止后，又逐渐恢复成半固体凝胶结构，这种凝胶与溶胶相互转化的过程，称为触变性。具有触变性的原因是在振摇、搅拌或其他机械力的作用下，凝胶的网状结构被破坏，链状结构互相离散，体系出现流动性。静止时链状结构又重新交联形成网状结构。凝胶的触变性被广泛应用于药物制剂，具有触变性的凝胶药物，只要振摇几下，立即就由凝胶变成液体，使用方便。例如某些滴眼液，滴的时候呈溶胶状，易滴出，滴入眼睑后呈凝胶状，延长了药物在眼内的滞留时间，药效因此得到提高。

（4）透过性 凝胶具有与液体相似的性质，可以作为扩散介质。物质（看作粒子）在凝胶中的扩散行为受构成凝胶的网状高分子浓度及网状高分子交联度的影响。当网状高分子浓度较低时，主要由扩散粒子和溶剂的相互作用控制，与在溶液中的扩散行为相似。但是，当网状高分子浓度较高时，则粒子扩散还受网状高分子结构的限制，即凝胶浓度增大和交联度增大时，物质的扩散速率都将变小，因交联度增大使凝胶骨架空隙变小，物质透过凝胶骨架时要通过这些迂回曲折的孔道，孔隙越小，受阻程度越大，扩散系数降低越明显。凝胶中溶剂的性质和含量也会影响凝胶的透过性，溶胀度高的凝胶平均孔径比较大，有利于粒子透过，含水的孔道有利于水溶性物质透过。另外聚电解质（也叫高分子电解质）凝胶对离子的扩散与透过是有选择性的。总之，通过调节以上各种影响因素都可起到控制物质在凝胶中的透过速率。

（5）吸附性 刚性凝胶的干胶大都是具有多孔结构，比表面积很大，所以表现出较强的吸附能力。弹性凝胶，如明胶、纤维素等，在水或水蒸气中都发生吸附，弹性凝胶的吸附能力一般比刚性凝胶弱得多。这是因为弹性凝胶干燥时高分子链收缩成紧密结构，而不是多孔结构。吸附时，收紧的分子链被撑开，极端情况下甚至会断开分子链间的交联，形成溶液或溶胶，所以很难将弹性凝胶的吸附与溶胀截然分开。

6. 水凝胶　目前，在缓控释制剂中，利用凝胶的性质来控制药物的释放已取得很大成果。特别是一些亲水凝胶，由于其特殊的透过性能和良好的生物相容性已在医药领域得到广泛应用。

（1）水凝胶的特征及分类　水凝胶（hydrogels）是亲水性高分子通过化学键、氢键、范德华力或物理缠结形成的交联网络，不溶于水但能够吸收大量的水而显著溶胀，多数水凝胶网络中可容纳高分子自身重量数倍至数百倍的水，同时保持固态形状。水凝胶这种强烈的吸水能力是由于其结构中通常含有大量的-OH、-CONH-、-CONH$_2$、-COOH 和-SO$_3$H 等亲水基团。水凝胶一般都是柔软而具弹性的，这一特性使它与生物体有着很多的相似性，因此，大多数水凝胶具有生物相容性。水凝胶的另一重要特性是，它会因溶剂的性质、温度、pH 值等的细微变化，或者光、电等的刺激而发生体积的突变，常将这一现象称为相变，在相变点，只要外部条件稍微变化，凝胶体积则变化 10～1000 倍。这一特性使水凝胶在给药系统中得到广泛应用，通常可根据水凝胶的体积膨胀或收缩，控制药物的释放。

水凝胶根据性质可分为电中性水凝胶和离子型水凝胶，离子型水凝胶又分为阴离子型，如褐藻酸、透明质酸、聚丙烯酸、聚丙烯酰基丙磺酸等；阳离子型，如壳聚糖、聚乙烯吡啶等；同时带有正电荷及负电荷的两性型离子在氨基酸中普遍存在，如甘氨酸等。

根据环境变化的类型，环境敏感水凝胶又分为以下几种类型：温敏水凝胶、pH 敏水凝胶、盐敏水凝胶、光敏水凝胶、电场响应水凝胶、形状记忆水凝胶等。

（2）水凝胶在药物传送系统中的应用　水凝胶能响应环境刺激改变结构，以此来控制药物的释放。

①温度响应型水凝胶：温度响应型水凝胶是其体积随温度变化而改变，分为两类，一类是随温度升高，水凝胶分子链亲水性增加，因水合作用分子链伸展，水凝胶体积增加；另一类是随温度升高，水凝胶分子链亲水性减弱，发生蜷曲，使水凝胶体积收缩。水凝胶体积发生突变的温度叫低临界溶解温度（lower critical solution temperature，LCST）或相变温度。聚 - N - 烷基系列凝胶具有低温溶胀、高温收缩的性质，这是由于氮原子上的孤对电子与水分子形成氢键，低温下这种氢键较稳定，形成了以交联网为骨架的水凝胶，高温时氢键突然断裂，水分子被排出，致使体积突然收缩。目前在药物控制释放系统中应用较多的聚丙烯酰胺系列就是温度响应型的高分子凝胶。表 2-6 所示的是在 5.5～72℃范围内的温度响应型水凝胶。某些水凝胶的相转变温度随其组成而变化，如 N-异丙基丙烯酰胺-甲基丙烯酸丁酯共聚物、丙烯酰基-L-脯氨酸甲基酯-甲基丙烯酸羟乙酯共聚物等。水凝胶在相变温度以下时为溶胀状态，在相变温度以上为收缩状态。凝胶收缩时，凝胶表面形成致密层抑制药物释放，凝胶溶胀时，因致密的表面层溶胀，引起药物释放。

表 2-6　温度响应型凝胶及相转变温度

名称	相转变温度（℃）	名称	相转变温度（℃）
聚乙烯基甲基醚	38.0	聚 - N - 甲基 - N - 异丙基丙烯酰胺	22.3
聚 - N - 乙基丙烯酰胺	72.0	聚 - N - 丙烯酰哌啶	5.5
聚 - N - 乙基甲基丙烯酰胺	50.0	丙烯酰基 - L - 脯氨酸甲基酯	24
聚 - N - 异丙基丙烯酰胺	30.9		

②pH 敏感型水凝胶：pH 敏感型水凝胶的体积随环境 pH 值、离子强度变化而变化。聚电解质水凝胶三维网络中具有可解离成离子的基团，其网络结构和电荷密度随介质 pH 值的变化而变

化，并对凝胶的渗透压产生影响；同时由于离子的存在，离子强度的变化也引起体积变化。一般来说，含有酸性或碱性侧基的水凝胶具有 pH 值响应性。随着介质 pH 值、离子强度的改变，酸碱基团发生电离，导致网络内高分子链段间氢键的断裂，引起不连续的体积变化。

多肽等药物在胃中 pH 值低的区域会失活，而消炎药等抗炎症药物对胃的刺激性很大，因而，希望这些药物能在小肠内选择性地释放，并被生物体吸收。为此，可利用碱性敏感水凝胶（分子链侧链上含有在碱性介质中能够解离的基团，如丙烯酸类聚合物）与药物形成复合物，当胃中 pH 值约 1.4 时，凝胶状的丙烯酸单元上的羧基不解离，不离子化，凝胶处于收缩状态，抑制药物释放，但在肠中 pH 值为 6.8～7.4，则发生离子化，高分子链上羧酸根阴离子间的排斥作用，使水凝胶溶胀，将所包含的药物释放出来。

水凝胶还能通过响应外界的物理刺激来控制药物释放，如电场、磁场、超声波和各种光等信号。

二、高分子材料的物理性能

（一）高分子的物理状态

高分子的性能因其聚集态结构不同而有差异，即使同一聚集态的同一高聚物，因其使用温度及所受外力的不同，其性能也截然不同。例如，在某一温度下，该高聚物是流动的，可以塑制成型，而在较低的温度下则具有弹性，在更低的温度下又变得僵硬。这是因为高分子的分子运动形式不同而产生的结果。高分子由于 $\overline{M_r}$ 大、结构复杂，所以它的分子运动与低分子有着本质的区别。

1. 高分子分子热运动的特点

（1）运动单元的多重性 高分子具有长链结构，分子链长短不一，通常长链上还带有不同的侧基，再加上支化、交联、取向、结晶等因素，所以高分子的分子运动有链的整体运动、链段、链节、侧基、晶区、非晶区运动等多重性。

（2）分子运动的时间依赖性 高分子的热运动是一个松弛过程，该过程缓慢，具有时间依赖性。在一定的外力和温度条件下，聚合物从一种平衡状态通过分子热运动达到相应的新的平衡状态总是需要相对于低分子物质长得多的时间才能完成，完成该过程所需要的时间称为松弛时间。

（3）分子运动的温度依赖性 高分子运动对温度非常敏感。升高温度对分子热运动是有利的，一方面使热运动能量增加；另一方面使高分子体积膨胀，能增加分子链和其他单元活动的空间，有利于加速运动，缩短松弛时间。

2. 高分子的热转变 在非晶态高聚物内部，高分子处于不同的运动状态（图 2-16），温度较低时，没有足够的能量使聚合物的整个分子链段移动，只有个别原子能在平衡位置周围进行很小的偏移运动，具有虎克弹性行为，形变在瞬间完成，当外力除去后，形变又立即恢复，此时的结构具有硬、脆且抵抗变形的特点，这种力学状态与无机玻璃相似，称为玻璃态。当温度升高，热运动能量增加，达到某一温度后，虽然整个高分子链仍不能移动，但链段已能自由运动，分子的形态可以发生变化，在此温度范围内聚合物受到较小的应力就可产生很大的形变。当外力解除以后，由于存在松弛过程，必须经过一段时间后形变才能最终复原。在此温度范围内聚合物表现为柔软而具有弹性的固体，所以称为高弹态。常温下力学性质处于高弹态的高聚物用作橡胶材料。

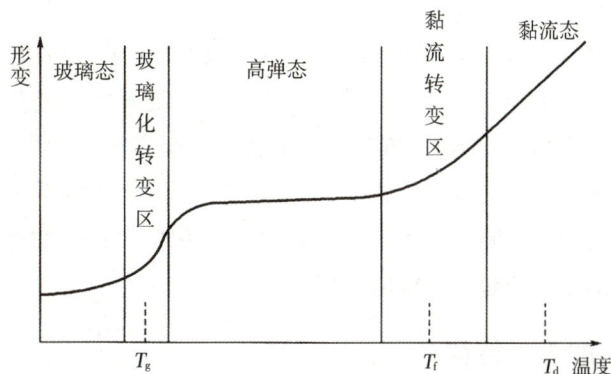

图 2-16　非晶态高聚物的温度一形变曲线

当温度继续升高，直至整个分子链发生运动时成为黏流态，此时的聚合物也被称熔体，该状态下的高聚物虽有一定的体积，但无固定的形状，呈黏性液态，力学强度极差，稍受力就可变形，因而有可塑性。常温下处于黏流态的高聚物材料可作为胶黏剂等使用。交联聚合物由于分子链间有化学键连接，不能发生相对位移，不出现黏流态。

（1）玻璃化转变温度　玻璃态向高弹态转变的温度，即链段开始运动或冻结的温度，称为玻璃化转变温度，以 T_g 表示。当高聚物发生玻璃化转变时，它的许多物理性能都会发生急剧变化，对于 $\overline{M_r}$ 足够大的高聚物，在温度高于 T_g 时是橡胶，具有高弹性，而在低于 T_g 的温度下则成为坚硬的固体——塑料。因此，T_g 是高聚物的特征温度之一，可作为表征高聚物的指标。所谓橡胶和塑料是按它们的 T_g 在室温以上还是在室温以下而言的。T_g 在室温以上的高聚物是塑料，T_g 在室温以下的高聚物是橡胶。

链段运动是通过主链上的 σ 单键旋转来实现的，因此，凡是能影响高分子链柔性的因素，都对 T_g 有影响。能减弱高分子链柔性或增加分子间作用力的因素，都可使 T_g 升高，如主侧链刚性大、位阻大、规整度大、含极性基团或氢键多、结晶度高等。而能增加高分子链柔性的因素都能使 T_g 降低，如加入增塑剂或溶剂、引进柔性基团等。例如，聚氯乙烯的 T_g 为 87℃，室温条件下是一种硬质塑料。当加入 20%～40% 的增塑剂邻苯二甲酸二辛酯后，其 T_g 降至 −30℃，室温条件下呈高弹态，弹性大大增加，可作为橡胶代用品。增塑剂的作用就是增加高分子之间的距离，使高分子内的单键在较低温度下就能"自由"旋转，分子链段就能运动，所以 T_g 降低。表 2-7列出一些常见聚合物的玻璃化温度。

表 2-7　一些常见聚合物的玻璃化温度

聚合物	$T_g/℃$	聚合物	$T_g/℃$
聚二甲基硅氧烷	−123	尼龙-6	50
聚乙烯	−120（−68）	聚乙烯醇	85
聚丁二烯	−90	聚氯乙烯	87
聚异戊二烯	−73	聚苯乙烯	100（105）
聚甲醛	−50（−85）	聚丙烯腈	104（130）
聚氟乙烯	−20	聚四氟乙烯	128
聚丙烯	−10（−18）	聚甲基丙烯酸	224

注：括号内的数字由不同检测方法所得。

（2）黏流温度　高分子材料从高弹态开始转变为黏流态的温度称为黏流温度，用 T_f 表示。

聚合物 $\overline{M_r}$ 越大，T_f 越高，黏度也越大。

（3）**熔点**　结晶态聚合物熔融时的温度称为熔点，以 T_m 表示。高结晶度聚合物不存在 T_g，也不存在高弹态平台，而只出现 T_m。温度低于 T_m 时，晶态聚合物表现普通弹性，高于 T_m 时则直接转变为黏流态。聚合物的 T_m 随结晶度的降低而逐渐降低，聚合物内非晶态部分的力学特征逐渐显现，当结晶度很低时，其形变-温度曲线与一般非晶态聚合物非常接近。

（4）**热分解温度**　高聚物材料开始发生交联、降解等化学变化时的温度，用 T_d 表示。它提示的是高聚物材料成型加工不能超过的极限温度。

（二）高分子材料的力学特征

1. 高分子材料的力学概念

（1）**应力与应变**　当材料受外力作用而又不产生惯性位移时，物体对于外力所发生的形变称为应变（strain）。材料宏观变形时，其内部产生与外力相等、方向相反的力称为应力（stress），即反作用力，其大小反映了发生形变的物体内部的紧张程度。对于理想的弹性固体，应力与应变成正比，即服从虎克定律，其比例常数称为弹性模量（modulus of elasticity，E），或杨氏模量（Young's modulus），简称模量。

$$弹性模量（E）＝应力/应变$$

弹性模量单位为 N/m^2，模量的倒数为柔量，是材料变形容易程度的一种表征。玻璃、聚乙烯和 20% 明胶冻的 E 值分别为 7×10^{11}、2×10^9 和 2×10^6，即 E 值越小，弹性越大，刚性越小。

（2）**硬度和强度**　硬度表示材料表面抵抗其他较硬物体压力时的性质，是衡量材料在一定条件下的软硬程度指标，用以反映材料承受应力而不发生形状变化的能力。一般经常测定的是贝氏硬度，方法是把一定直径的钢球，在规定的负荷下压入试样中，并保持一定时间，然后以试样上压痕直径来计算单位面积所承受的力。

在药剂学加工过程中常见的强度有以下几种。

①拉伸强度：是在规定的温度、湿度和加载速度下，在试样上沿轴向施加拉力直到试样被拉断为止。断裂前试样所承受的最大载荷 P 与试样截面积之比称为拉伸强度。

②弯曲强度：是在规定条件下对标准试样施加静弯曲力矩，取试样断裂前的最大载荷 P，按式 2-21 计算弯曲强度。

$$\sigma_f = 1.5\frac{pl_0}{bd^2} \tag{2-21}$$

式（2-21）中，l_0、b、d 分别为试样的长、宽、高。

③抗冲击强度：是衡量材料韧性的一种指标，一般是指试样受冲击载荷而破裂时单位面积所吸收的能量。

在各种实际应用中，强度是材料力学的重要指标。影响聚合物实际强度的因素主要包括聚合物的结构因素和环境因素两个方面。结构因素有分子主链键能和分子间结合力的强弱、结晶度和取向度的高低、$\overline{M_r}$ 的高低、支化和交联、共聚和共混等。环境因素有温度和外力作用速率、增塑剂和填料的影响等。

2. 高聚物的高弹性
是由于高聚物极大的 $\overline{M_r}$ 使得高分子链有许多不同的构象，而构象的改变导致高分子链有其特有的柔顺性。链柔性在性能上的表现就是高聚物的高弹性。与一般固体物质相比，橡胶类弹性的特征如下：①弹性形变大，可达 1000%，而一般金属材料的弹性不超过 1%；②弹性模量小，高弹模量只有 $10^2\sim10^5\,N/m^2$，而一般金属材料的弹性模量可达 $10^{10}\sim10^{11}\,N/m^2$；

③弹性模量随温度上升而增大，而一般钢材则相反。

3. 高分子的黏弹性 是高分子材料的又一重要的力学特征，指高聚物材料不但具有弹性材料的一般特性，同时还具有黏性流体的一些特性。其实质是聚合物力学的松弛行为，理想的弹性体受到外力作用后，其形变可在瞬间恢复原态，所以可忽略时间因素的影响；理想的黏性体受到外力作用后，形变随时间而线性变化。黏弹体则介于上述二种情况之间，其表现在于它有突出的力学松弛现象。假设有某种高分子材料，在外力作用下拉长一定时间，然后松开、静置，使应力消除，弹性高分子材料有回复趋势，但长度比拉长之前变长了。高分子材料处于拉伸状态的温度越高、时间越长，则高分子材料变长的现象就越明显。高分子材料的黏弹性表现主要有蠕变、应力松弛和内耗。

（1）蠕变 蠕变是指在一定温度、一定应力作用下，材料的形变随时间的延长而增加的现象。所有高分子材料在形变时都有蠕变现象，蠕变和应力松弛一样，都是因为分子间的黏性阻力使形变和应力必须有一段时间才能建立平衡，因此，蠕变是松弛现象的另一表现形式。对于线型高分子，形变可无限发展且不能完全回复，保留一定的永久形变；对交联聚合物，形变可达到一个平衡值。

蠕变是一种复杂的分子运动行为。高分子的结构、环境温度及作用力大小等都影响蠕变过程，其中分子链的柔性影响最大。高分子的蠕变性能反映高分子材料尺寸的稳定性或者形变的大小。例如橡胶制品要经过硫化交联，即通过分子间交联阻止分子链的流动，避免不可逆形变，保证制品良好的弹性。

（2）应力松弛 在温度、应变恒定条件下，材料内的应力随时间延长而逐渐减小的现象称为应力松弛。如日常用的松紧带，用久之后感觉变"松"的现象就是橡胶应力松弛的表现。

（3）内耗 当应力的变化和形变的变化一致时，没有滞后现象，每次形变所做的功等于恢复原状时获得的功，所以没有功的消耗。如果形变的变化落后于应力的变化，发生滞后损耗现象，则每次循环变化中要消耗功，称为内耗。高分子的内耗大小不仅与其本身的结构有关，同时还受温度的影响，温度升高，内耗增加。

第四节 高分子的合成及其化学反应

本节讨论的高分子合成主要指由单体合成高聚物的反应，简称聚合（polymerization）。此外，还介绍常见高分子化合物的主要化学性质，探究高分子材料的老化机理。

一、高分子的合成

合成高聚物的反应类型很多，按反应机理，可分为链锁聚合（chain polymerization）、逐步聚合（step polymerization）和开环聚合（ring-opening polymerization）；按活性中心分类，则可分为自由基聚合和离子型聚合，离子型聚合进一步分为阳离子型聚合和阴离子型聚合；按参与聚合的单体种类数，又可分为均聚（homopolymerization）和共聚（copolymerization）；还可以根据单体与聚合物在化学组成上是否相同，将聚合反应分为加聚反应（polyaddition reaction）和缩聚反应（condensation polymerization）。例如，由乙烯合成聚乙烯，既属于加聚反应，同时也是均聚；由己二酸和己二胺合成尼龙-66，既属于缩聚反应，也是共聚；而由6-氨基己酸合成的尼龙-6，则为缩聚，也属于均聚。发生缩聚反应的特点是有小分子副产物放出，加聚反应则没有。

（一）链锁聚合

链锁聚合是指聚合反应一旦开始，反应便自动一连串地进行下去的聚合。

1. 链锁聚合的一般特征　链锁聚合的特点是反应一旦被引发，就会自动地像链一样一环扣一环地连续发生，并在瞬间形成 $\overline{M_r}$ 很大的分子。由于反应速度很快，所以，反应时间的长短对聚合物 $\overline{M_r}$ 的大小影响很小，但是，单体的转化率会随反应时间的延长而提高。

链锁聚合，一般需要添加引发剂（initiator），一个大分子的形成需经过三个阶段：链引发、链增长和链终止。链锁聚合包括自由基聚合和离子型聚合两大类。

2. 自由基聚合　活性中心为自由基的聚合反应称为自由基聚合（radical polymerization）。常见引发剂为受热或光照条件下易分解的有机过氧化物和偶氮类化合物。

若以 I 代表引发剂，M 代表单体，自由基聚合过程可用下列式子表达：

（1）链引发　$I \rightarrow 2R\cdot$

$\qquad\qquad R\cdot + M \rightarrow RM\cdot$

注：$R\cdot$ 为初级自由基，$RM\cdot$ 为单体自由基。

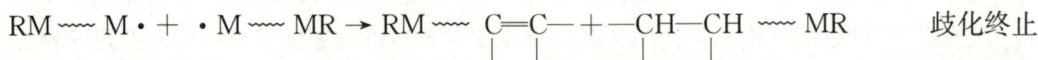

（2）链增长　$RM\cdot + M \rightarrow RMM\cdot$

$\qquad\qquad RMM\cdot + M \rightarrow RMMM\cdot$

$\qquad\qquad \cdots\cdots \rightarrow RM\sim\sim M\cdot$

（3）链终止

$RM\sim\sim M\cdot + \cdot M\sim\sim MR \rightarrow RM\sim\sim M—M\sim\sim MR$　　　　　　　　偶合终止

$RM\sim\sim M\cdot + \cdot M\sim\sim MR \rightarrow RM\sim\sim C{=}C— + —CH—CH\sim\sim MR$　　歧化终止

由两个链自由基结合在一起，形成稳定大分子的反应叫偶合终止；一个链自由基失去 1 个链端上的 $\beta H\cdot$ 形成双键，另一个链自由基从对方获得 1 个 $H\cdot$ 形成饱和链端的反应叫歧化终止。这是自由基聚合自身终止反应的两种方式。

（4）链转移　$RM\sim\sim M\cdot + AB \rightarrow RM\sim\sim MA + B\cdot$

各级链自由基在反应过程中还可能发生链转移，形成新的活性中间体。AB 代表链转移剂，通常是一些溶剂、单体或引发剂等小分子化合物，有的也可能是大分子。链自由基从这些分子上夺得一个原子（多数情况是氢原子），原链自由基被终止，形成稳定的大分子，同时产生新的自由基，新的自由基可继续新一轮的链增长。链转移会降低聚合物的聚合度，但不影响聚合反应的速度，因为链转移的发生并没有减少活性中心的数目，仅仅是活性中心发生转移，所以，称此类反应为链转移。

（5）阻聚反应　聚合反应体系中若存在某些能与各级自由基形成稳定分子或稳定自由基的物质时，会使聚合反应的速度降低，甚至减小为零。因为这些稳定分子或稳定自由基不能继续发生链增长或链转移，这类反应被称为阻聚反应，这些物质叫作阻聚剂（inhibitor）。阻聚剂的存在可使聚合反应的发生阻滞，也可用来终止聚合反应，所以，对聚合反应影响很大，尽管该反应本身不是聚合的基元反应。以阻聚机理分类，常见的阻聚剂有三种类型。

①加成型阻聚剂：包括醌类、芳族硝基类、酚类、芳胺类以及某些杂质，如空气中的氧等。正因为氧有明显的阻聚作用，所以，聚合体系中有氧存在时，聚合反应会出现阻滞现象。为此，大部分聚合反应都需要在排除氧的条件下进行，一般是充入惰性气体，以排除反应容器中的空气。

②链转移型阻聚剂：包括 1,1-二苯基-2-(2′,4′,6′-三硝基苯) 肼基 (DPPH)、苯酚和芳胺等，其中，DPPH 为自由基型的高效阻聚剂，极少量的 DPPH（浓度低于 10^{-4} mol/L）就可使醋酸乙烯完全阻聚，其阻聚机理是通过链转移消除自由基。

③电荷转移型阻聚剂：如氯化铜、三氯化铁等。其阻聚机理为链自由基从相应的氯化物分子中获得一氯原子，形成中性分子，从而链自由基被终止。

(6) 引发剂　多数自由基聚合的反应温度在 40～100℃，所以，选择自由基聚合的引发剂时，要考虑的重要因素之一是其分解温度是否适合聚合的反应条件。常用的引发剂分为热解型和氧化还原型两大类，前者主要有偶氮类和过氧类化合物，比如偶氮二异丁腈（AIBN）和过氧化二苯甲酰（BPO）。

AIBN 溶于有机溶剂，难溶于水，适合本体聚合、溶液聚合及悬浮聚合。其特点是分解均匀，只产生一种自由基，无副反应，较稳定。另外，其分解速度较慢，属低活性引发剂，已广泛应用于实验室制备和工业生产。但有一定的毒性，80～90℃急剧分解，100℃时则有爆炸的危险，分解产生自由基的反应如下：

$$(CH_3)_2C - N = N - C(CH_3)_2 \xrightarrow{45\sim65℃} 2(CH_3)_2C\cdot + N_2 \uparrow$$

（ABIN）

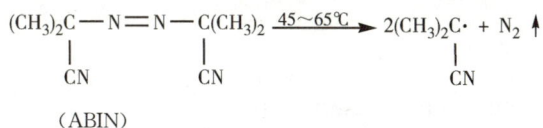

BPO 属油溶性引发剂，难溶于水。受热时分两步分解，分解速度慢，活性低，但引发率高，贮藏安全，无毒，是实验室和工业生产常用的引发剂。

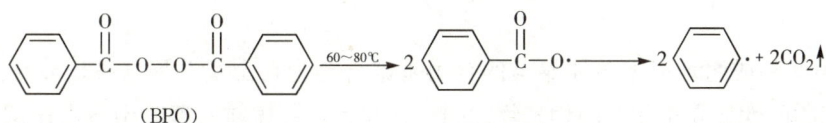

（BPO）

①引发剂的活性：引发剂的活性大小直接影响聚合反应的速度和聚合物的 $\overline{M_r}$ 分布。通常用半衰期（$t_{1/2}$）或分解速度常数表达。所谓 $t_{1/2}$ 是指在某一温度下引发剂分解一半所需要的时间，$t_{1/2}$ 越短，表明该引发剂越活泼。例如，习惯上，将 60℃的条件下，$t_{1/2}<1$ 小时的引发剂界定为高活性引发剂，1 小时$\leq t_{1/2} \leq 6$ 小时的为中等活性引发剂，而 $t_{1/2}>6$ 小时的为低活性引发剂。并非 $t_{1/2}$ 越小越好，因为引发剂分解太快时，局部初级自由基浓度过高，会造成低级链自由基浓度也偏高，提前发生链终止的概率增加，最终导致 $\overline{M_r}$ 分布增宽，影响聚合物的质量。

②引发剂的引发率：不是所有引发剂分解后产生的初级自由基都能有效地引发单体聚合，所以，一般将引发单体聚合的自由基数与分解的总的自由基数之比称为引发率。引发率的大小不仅与引发剂自身有关，还与聚合体系相关。

③引发剂的选择：首先根据聚合反应采用的方法来确定选择油溶性还是水溶性的引发剂，若采用本体聚合、有机溶液聚合和悬浮聚合，应选用偶氮类和过氧化物类引发剂，而水溶液聚合和乳液聚合则选择过硫酸盐类的水溶性引发剂。然后根据聚合温度选择 $t_{1/2}$ 或活化能与之相适应的引发剂。

(7) 聚合物的 $\overline{M_r}$　影响聚合物 $\overline{M_r}$ 的主要因素有：①聚合物的 $\overline{M_r}$ 与单体的浓度 [M] 成正比；②与引发剂浓度 [I] 的平方根成反比，因为 1 摩尔自由基聚合的引发剂可分解成 2 摩尔自由基；③$\overline{M_r}$ 与温度 T 成反比，因为提高温度，引发剂分解速率增加，反应体系的自由基浓度增加，发生链终止的概率加大，尤其是发生聚合的早期，所以，控制适当的聚合温度是非常重要的，低温下可以得到 $\overline{M_r}$ 较高的聚合物。

（8）实例　现以氯乙烯的聚合为例。

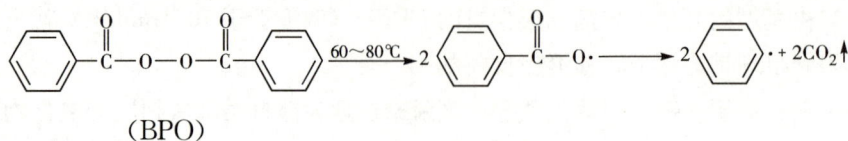

（BPO）

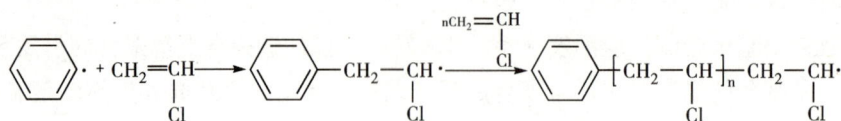

偶合终止

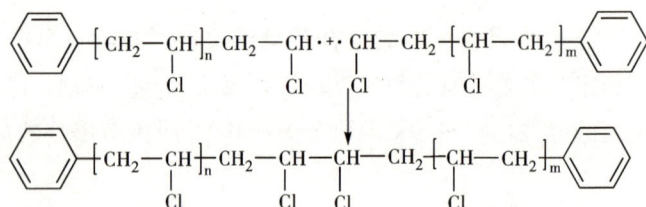

歧化终止

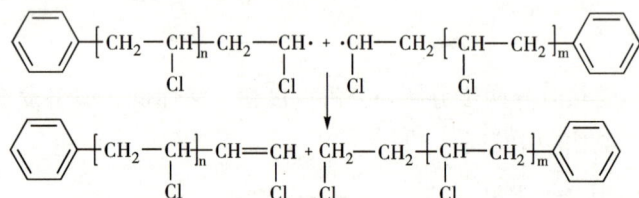

3. 自由基共聚　由两种或两种以上单体参与的自由基聚合称为自由基共聚（radical copolymerization）。所得共聚物的性能介于相关的均聚物之间，并与各种单体在共聚物中所占比例和在共聚物分子中的分布状态相关，而共聚物中各种单体的排列和比例与各种单体的相对活性、浓度、投料比及投料方式有关。

活性相近的单体较容易发生共聚。通过共聚、改变投料配比，可以得到许多性能与均聚物不同的新型材料，如乙丙共聚物、丁苯橡胶等都是性能优良的高分子材料。有些单体不能均聚，却能与一些其他单体共聚，例如，顺丁烯二酸酐就不能均聚，但可以和苯乙烯单体发生共聚。均聚物的种类毕竟有限，其性能无法满足药剂多样化的需求，共聚反应是改善聚合物性能的常规手段，而改善的程度取决于参与共聚的单体种类、所占比例及结构单元的排列方式。由两种单体合成的共聚物叫二元共聚物，三种单体参与共聚的叫三元共聚物，以此类推。

自由基共聚的机理与均聚相似，形成高聚物也须经过链引发、链增长和链终止三个阶段，只是情况更复杂一些。根据单体在共聚物分子链中的排列方式，可将共聚物划分为交替共聚物（alternation copolymer）、无规共聚物（random copolymer）、嵌段共聚物（block copolymer）和接枝共聚物（graft copolymer）四大类。

（1）交替共聚（alternating copolymerzation）　一般相对活性接近的单体比较容易形成交替共聚物，如苯乙烯-顺丁烯二酸酐共聚物即属于交替共聚。

（2）无规共聚（random copolymerzation）　由两种单体自由基聚合的共聚物多数属于这种类型，比如乙丙无规共聚物的制备。

由于共聚时单体的活性不同，活性强的单体接入大分子的速率更大，形成共聚物。随着共聚反应的进行，共聚体系的单体组成不断改变，即单体的组成处于动态，不活泼单体在共聚反应体系中所占的比例越来越大，剩下的低活性单体可能生成均聚物。所以，共聚物是组成非常不均一的混合物。组成不均一会影响共聚物的各项物理、力学和机械性能，是共聚物产业中有待解决的问题。

（3）嵌段共聚（block copolymerzation）　这类聚合物为线型大分子，大分子链中两种结构单元各占一长段，每一长段由数百乃至数千个单体结构单元构成，如苯乙烯-丁二烯嵌段共聚物，被称为 AB 型嵌段共聚物。合成时，两种单体分批加入，先加入一种单体进行聚合，反应到一定程度时再加入第二种单体。可用下列式子表示：

链引发

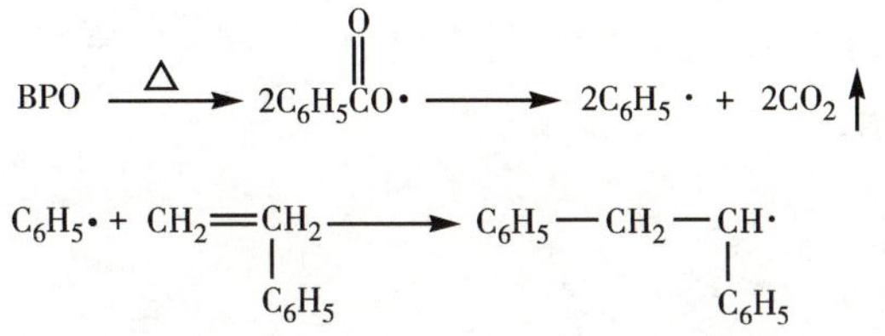

$$BPO \xrightarrow{\Delta} 2C_6H_5\overset{\overset{O}{\|}}{C}O\cdot \longrightarrow 2C_6H_5\cdot + 2CO_2\uparrow$$

$$C_6H_5\cdot + CH_2=CH_2 \longrightarrow C_6H_5-CH_2-\underset{\underset{C_6H_5}{|}}{CH}\cdot$$

链增长

$$C_6H_5-CH_2-\underset{\underset{C_6H_5}{|}}{CH}\cdot \xrightarrow{\underset{\underset{C_6H_5}{|}}{nCH_2=CH}} C_6H_5\left[CH_2-\underset{\underset{C_6H_5}{|}}{CH}\right]_n CH_2-\underset{\underset{C_6H_5}{|}}{CH}\cdot \xrightarrow{mCH_2=CH-CH=CH_2}$$

$$C_6H_5\left[CH_2-\underset{\underset{C_6H_5}{|}}{CH}\right]_n CH_2-\underset{\underset{C_6H_5}{|}}{CH}\left[CH_2-CH=CH-CH_2\right]_{m-1}CH_2-CH=CH-CH_2\cdot$$

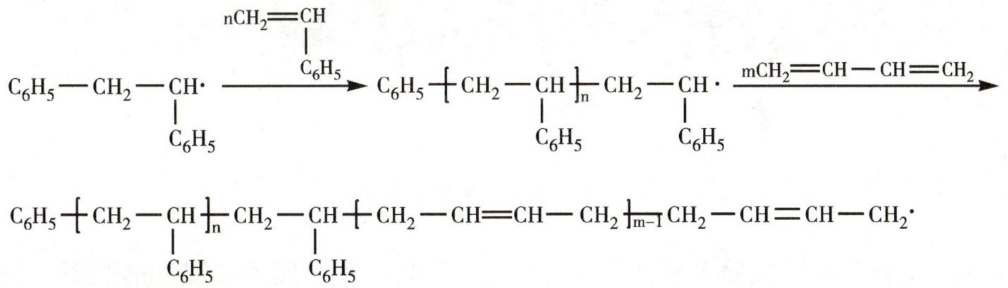

链增长的实际情况比表示的还要复杂，因为 1,3-丁二烯聚合时有 1,4-聚合和 1,2-聚合外，前者还包括顺式聚合和反式聚合。

链终止后的产物分子结构可如图 2-17，表示为：

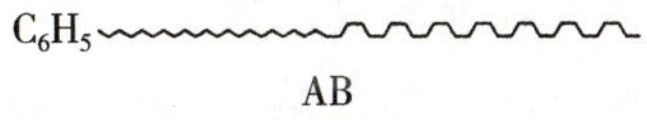

$$C_6H_5\text{~~~~~~~~~~~~~~~~}$$
AB

图 2-17　苯乙烯-丁二烯嵌段共聚物分子结构示意图

不同形状的曲线代表由不同单体结构单元组成的链段。

（4）接枝共聚（graft copolymerzation）　此类共聚物为支链大分子，合成时，通常是在已合成的大分子链上接枝由另一种单体单元构成的侧链，如抗冲聚苯乙烯。可用下列式子表示：

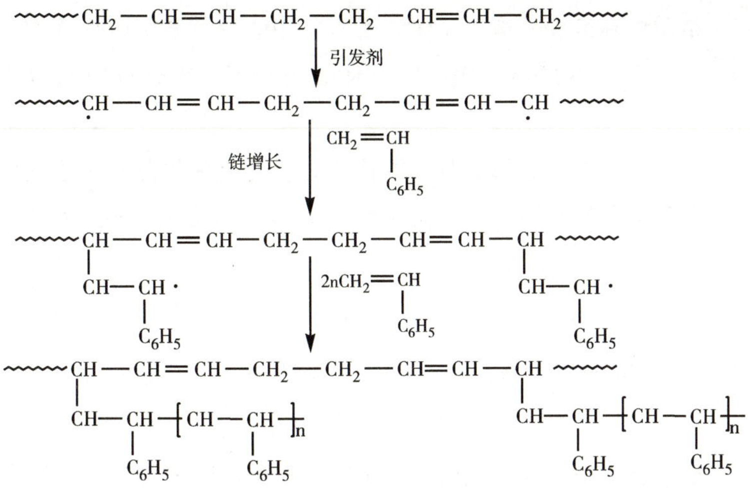

$$\text{~~~}CH_2-CH=CH-CH_2-CH_2-CH=CH-CH_2$$

↓ 引发剂

$$\text{~~~}\underset{\cdot}{CH}-CH=CH-CH_2-CH_2-CH=CH-\underset{\cdot}{CH}\text{~~~}$$

链增长　　$CH_2=CH$
　　　　　　 $|$
　　　　　　 C_6H_5 ↓

$$\text{~~~}CH-CH=CH-CH_2-CH_2-CH=CH-CH\text{~~~}$$
$$\underset{\underset{C_6H_5}{|}}{CH}-CH\cdot \qquad\qquad \underset{\underset{C_6H_5}{|}}{CH}-CH\cdot$$

↓ $2nCH_2=CH$
　　 $|$
　　 C_6H_5

$$\text{~~~}CH-CH=CH-CH_2-CH_2-CH=CH-CH\text{~~~}$$
$$\underset{\underset{C_6H_5}{|}}{CH}-CH\left[CH-CH\right]_n \qquad \underset{\underset{C_6H_5}{|}}{CH}-CH\left[CH-CH\right]_n$$

如果用不同形状的波纹线代表由不同结构单元构成的链段，接枝共聚物可如图2-18，表达为：

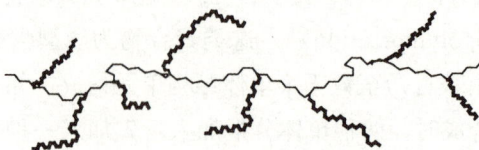

图 2-18　接枝共聚物示意图

接枝共聚时，支链的增长在原有聚合物分子长链中"穿梭"进行，接枝共聚物分子链之间呈"编织"状，如图2-19所示。

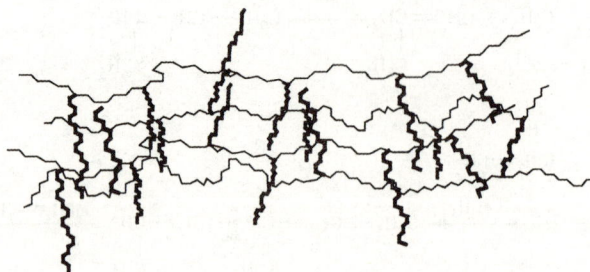

图 2-19　接枝共聚物示意图

广义上讲，接枝共聚物也属于聚合物的共混物，这种编织状属于共混物的织态。处于织态的高分子材料，其分子间是一种非键合的网络状态。由于"编织"过程中支链与其他高分子链之间并没有形成化学键，所以，与交联的网状高分子材料的性能有所不同，其弹性更好。形成织态高分子材料后其力学性能发生改变，原聚合物分子链垂直方向的抗拉强度会明显增加，所以，采用接枝共聚物制成的膜其纵横方向都具有较强的抗拉强度。

接枝共聚物的命名模式为主链接支链，称为某某-某某接枝共聚物，比如，上述的丁二烯与苯乙烯的接枝共聚物可命名为丁二烯-苯乙烯接枝共聚物。

4. 离子型聚合　活性中心为离子的聚合反应称为离子型聚合。活性中心带正电荷的称为阳离子聚合，带负电荷的称为阴离子聚合。聚合时也需要引发剂，也经历链引发、链增长和链终止三个步骤，但是离子型的链终止与自由基聚合的不同，不能发生偶合而终止链增长，需要从溶剂分子或其他分子中获取对应的离子。下面简单介绍阴离子聚合：

能引发阴离子聚合的是一些带负电荷的原子或原子团，通常采用的是烷基金属化合物、碱金属配合物等有机碱及其他强碱。如 RNa、RMgX、ROLi、NR_3 及吡啶等，聚合反应的活性中心需带负电荷。

易发生阴离子聚合的单体是一些乙烯型的单体，其结构特征为双键上有共轭取代基或强的吸电子基，或同碳上有双取代基。双键上取代基吸电子能力越强，单体的活性则越强。吸电子能力从强至弱顺序排列如下：

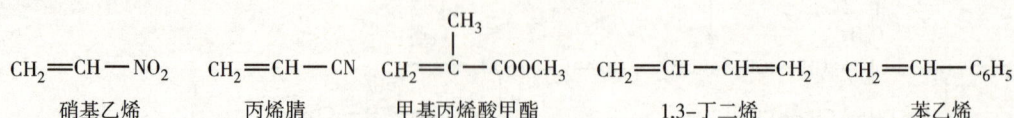

$$CH_2{=}CH{-}NO_2 \qquad CH_2{=}CH{-}CN \qquad CH_2{=}\overset{\overset{\textstyle CH_3}{|}}{C}{-}COOCH_3 \qquad CH_2{=}CH{-}CH{=}CH_2 \qquad CH_2{=}CH{-}C_6H_5$$

　　　硝基乙烯　　　　　丙烯腈　　　　甲基丙烯酸甲酯　　　　　　1,3-丁二烯　　　　　　苯乙烯

阴离子聚合的机理比阳离子聚合稍复杂一些，因引发剂不同，有单活性中心和双活性中心之

分。分别以金属有机碱丁基锂（C_4H_9Li）和金属 Na 引发苯乙烯聚合为例。

例1：

①链引发：

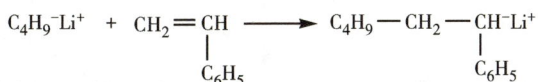

②链增长：

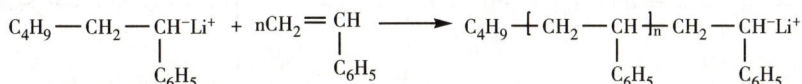

③链终止和链转移：

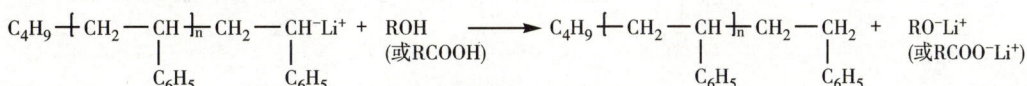

阴离子聚合在无空气、无法获得质子的条件下不发生链终止反应，形成保留活性中心的聚合物，所以，再添加新的单体时，可以继续发生链增长反应（但是，久置链端会发生异构化，活性链失去活性，不能继续引发单体），所以，阴离子型聚合可用于嵌段共聚物的合成。当在聚合体系加入质子化合物时，活性链终止，并发生链转移。

例2：

①链引发：

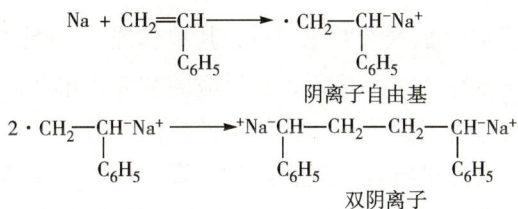

②链增长：

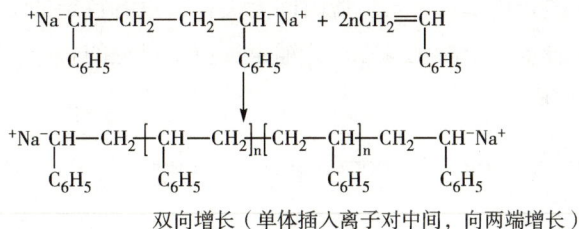

双向增长（单体插入离子对中间，向两端增长）

在适当的时候可加入另一种单体，生成三嵌段共聚物，比如加入 1,3 - 丁二烯单体：

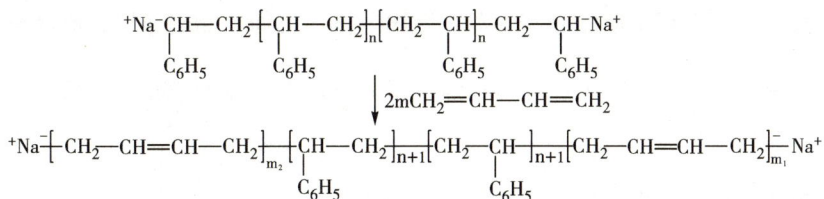

③链终止和链转移：

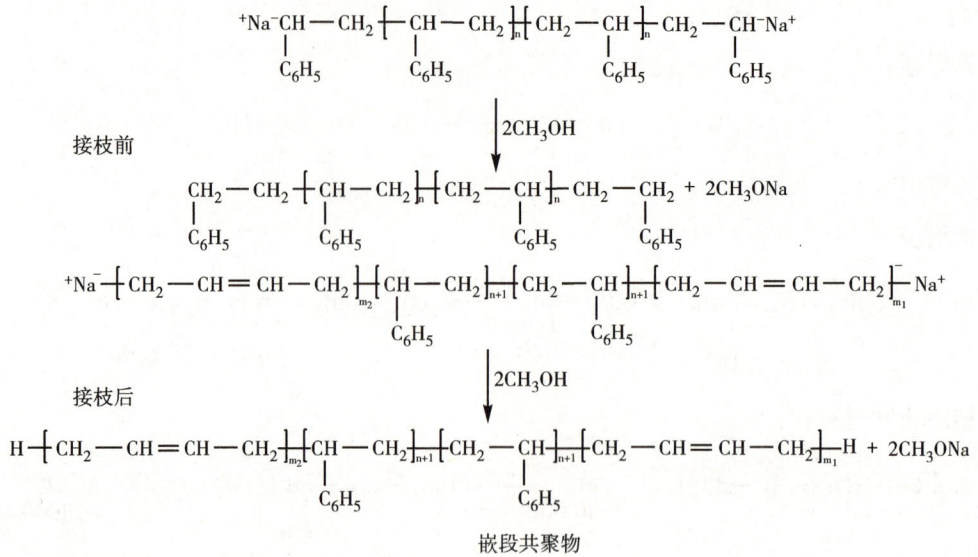

$$^+Na^-CH-CH_2-[CH-CH_2]_n[CH_2-CH]_n-CH_2-CH^-Na^+$$
（结构式，取代基为 C_6H_5）

接枝前

$$CH_2-CH_2-[CH-CH_2]_n[CH_2-CH]_n-CH_2-CH_2 + 2CH_3ONa$$
（取代基 C_6H_5）

$$^+Na-[CH_2-CH=CH-CH_2]_{m_2}[CH-CH_2]_{n+1}[CH_2-CH]_{n+1}[CH_2-CH=CH-CH_2]_{m_1}-Na^+$$
（取代基 C_6H_5）

接枝后

$$H-[CH_2-CH=CH-CH_2]_{m_2}[CH-CH_2]_{n+1}[CH_2-CH]_{n+1}[CH_2-CH=CH-CH_2]_{m_1}-H + 2CH_3ONa$$
（取代基 C_6H_5）

嵌段共聚物

此嵌段共聚物的分子结构示意图见 2-20：

ABA型

图 2-20　嵌段共聚物结构示意图

（二）逐步聚合

逐步聚合主要是缩聚反应（加聚反应较少）。其单体是一些具有多官能团、M_r低的有机物，如二元酸、二元醇、三元醇、二元胺等，其反应的初期，单体之间通过官能团脱水或脱去其他小分子，迅速变成二聚体、三聚体、四聚体等低聚物，所以，此阶段单体消耗快，但是反应液的黏度并不高。当聚合反应进行到一定程度时，聚合体系会突然变得很黏稠。原因是此时M_r与较大的低聚体之间发生缩合，M_r骤然剧增，因为多数情况下，黏度随M_r的增加而增加。

1. 缩聚的特点　①缩聚反应不需要引发剂，形成高聚物的过程中没有经过链引发、链增长、链终止这样的阶段，单体的转化率基本与反应时间无关；②没有特定的活性中心，缩聚是单体官能团之间的反应，一般是脱水、脱卤化氢等；③缩聚反应是可逆的。

2. 缩聚反应的常用单体

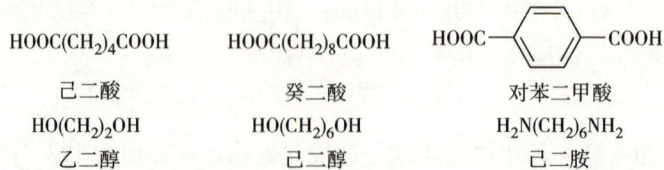

$$HOOC(CH_2)_4COOH \qquad HOOC(CH_2)_8COOH \qquad HOOC-\!\!\!\bigcirc\!\!\!-COOH$$
己二酸　　　　　　　癸二酸　　　　　　　对苯二甲酸

$$HO(CH_2)_2OH \qquad HO(CH_2)_6OH \qquad H_2N(CH_2)_6NH_2$$
乙二醇　　　　　　　己二醇　　　　　　　己二胺

3. 线型缩聚　这类缩聚反应的原料为双官能团单体，例如，酯交换法合成涤纶：

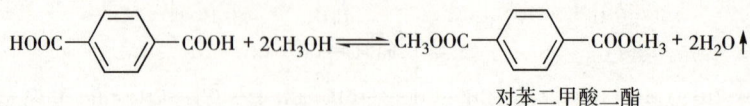

$$HOOC-\!\!\!\bigcirc\!\!\!-COOH + 2CH_3OH \rightleftharpoons CH_3OOC-\!\!\!\bigcirc\!\!\!-COOCH_3 + 2H_2O\uparrow$$
对苯二甲酸二酯

酯交换，蒸出甲醇，使可逆反应向产物方向移动：

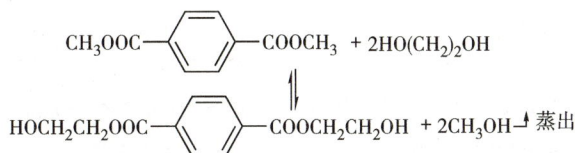

$$CH_3OOC-\!\!\!\bigcirc\!\!\!-COOCH_3 + 2HO(CH_2)_2OH$$

$$HOCH_2CH_2OOC-\!\!\!\bigcirc\!\!\!-COOCH_2CH_2OH + 2CH_3OH\!\!\downarrow\text{蒸出}$$

在 Sb_2O_3 催化下，进行均缩聚：

$$nHOCH_2CH_2OOC-\!\!\!\bigcirc\!\!\!-COOCH_2CH_2OH$$

$$\xrightarrow{Sb_2O_3}$$

$$H\!\!-\!\!\left[OCH_2CH_2OOC-\!\!\!\bigcirc\!\!\!-CO\right]_n\!\!OCH_2CH_2OH + (n-1)HOCH_2CH_2OH$$

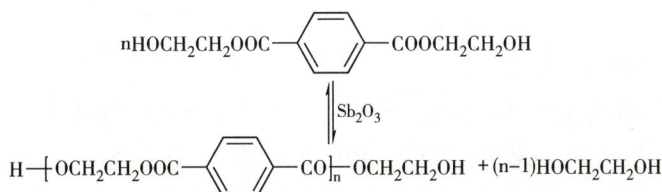

缩聚进行到一定程度时加入适量的单官能团化合物苯甲酸进行封端，可控制 $\overline{M_r}$，同时提高聚合物的稳定性。

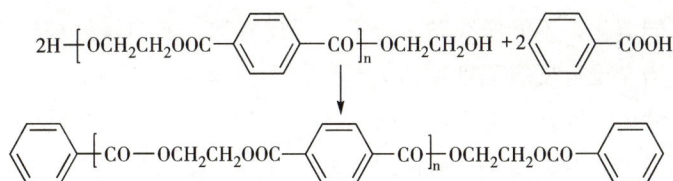

$$2H\!\!-\!\!\left[OCH_2CH_2OOC-\!\!\!\bigcirc\!\!\!-CO\right]_n\!\!OCH_2CH_2OH + 2\!\!\!\bigcirc\!\!\!-COOH$$

$$\downarrow$$

$$\!\!\!\bigcirc\!\!\!-CO\!-\!OCH_2CH_2OOC-\!\!\!\bigcirc\!\!\!-CO\right]_n\!\!OCH_2CH_2OCO-\!\!\!\bigcirc$$

4. 体型缩聚　单体中参与反应的活性点的数目称为官能度，用 f 表示。在缩聚反应中，通常只要参加反应的单体中有一种具有两个以上的官能团（即官能度 $f > 2$），缩聚反应就将朝三个方向发展，形成具有支链或交联结构的体型大分子。生成体型大分子的缩聚反应称为体型缩聚。

（1）官能度与官能团　官能度并不一定等于官能团数，比如，乙烯的加成聚合、环氧丙烷的开环聚合，单体中只有一个官能团，但是，单体的反应活性点数目为 2，所以，单体乙烯和环氧丙烷的官能度 $f = 2$。对于缩聚反应，聚合发生在单体的官能团之间，此时，官能团的数目与官能度一致，比如，尼龙-6 的单体是 6-氨基己酸，单体中有两个官能团，即-NH$_2$ 和-COOH，官能团数和官能度都等于 2。

进行体型缩聚时，最常用的方法是在两种二官能度单体里另加入一定量的多官能度单体，这种多官能度的单体叫交联剂，例如季戊四醇、烯丙基蔗糖、甲醛等都是常用的交联剂。对苯二甲酸与乙二醇的缩聚反应，如果加入少量季戊四醇，就可得到体型缩聚物。在体型缩聚中，交联剂的官能度 $f \geqslant 3$，反应体系中平均每个单体的官能度 > 2，用 $\overline{f}$ 表示，称为平均官能度。

（2）体型缩聚的特点　当体型缩聚反应进行到一定程度时，反应体系的黏度会突然增加，出现凝胶现象，生成的体型缩聚物受热既不能熔融，也不能溶解于任何溶剂，即使浸在"良溶剂"里，也只能发生溶胀。出现凝胶现象时的反应程度被称为凝胶点，用 Pc 表示。聚合反应程度用式（2-22）表示：

$$P = \frac{\text{已反应官能团的物质的量}}{\text{起始官能团的物质的量}} = \frac{2(n_0 - n)}{n_0 \overline{f}} = \frac{2}{\overline{f}}\left(1 - \frac{n}{n_0}\right) = \frac{2}{\overline{f}}\left(1 - \frac{1}{\overline{X}_n}\right) \quad (2\text{-}22)$$

式（2-22）中 n_0 为单体的起始数，n 为反应进行到 t 时，体系中的大分子数。

根据体型缩聚反应的程度将反应进程划分为甲、乙、丙三个阶段，当 $P < Pc$ 时，称为甲阶段，此时生成线型聚合物，产物可溶解也可以熔融。当 $P \to Pc$ 时，称为乙阶段，生成支链型预聚物，产物溶解性能降低，难熔融，但能软化。$P = Pc$ 时，形成凝胶，Mr 可看成无限大，即聚合度 $\overline{X}_n \to \infty$ 由上述反应程度公式推导得出的结果是：

$$Pc = \frac{2}{f} \tag{2-23}$$

当 $P > Pc$ 时，称为丙阶段，生成体型聚合物，此时产物已交联固化，不能溶解也不能熔融。

体型聚合物的制备分两步进行，先制成预聚物，再将预聚物加热，使其进一步缩聚，最终交联成体型高聚物。Pc 是控制体型缩聚反应的重要参数，对实际生产具有重要指导意义。

其黏度可用溶胀法或差示扫描量热法（DSC 法）检测。

（3）体型缩聚物的结构与性能

①分子链在三维方向发生键合：发生三维键合后，高分子的结构更加复杂，呈立体网状。

②不溶：因为交联后的聚合物，不能像同类的线型高分子一样"舒展"地分散在（即溶于）溶剂中，即使是良溶剂，溶剂的小分子也只能缓慢地渗入体型高分子内的空隙里，使其体积膨胀，即溶胀，固体药物制剂的崩解正是利用了体型高分子的这一特性。

③不熔：体型高分子的 $\overline{M_r}$ 是交联前的数百倍，网状结构和巨大的 $\overline{M_r}$ 限制了体型分子的流动性，所以受热也不能熔化，不能像线型大分子一样反复加工成型，故被称为热固性聚合物。如果需要加工成型，应当在聚合反应程度到达 Pc 之前。

④耐热性高，尺寸稳定性好，力学性能强：体型高分子链上的 σ 单键受网状结构的牵制，难旋转，导致其弹性低。由于变形性小，所以尺寸稳定性好。制药过程中，微囊成型后的固化，可以通过交联使微囊定型。

（三）开环聚合

杂环化合物，尤其是三元杂环化合物在一定条件下易开环聚合，多数是离子型聚合，少数为自由基聚合。与其他聚合方式不同的是，开环聚合一般不需加引发剂，开环聚合的驱动力是小环分子自身存在的角张力。

1. 开环聚合通式

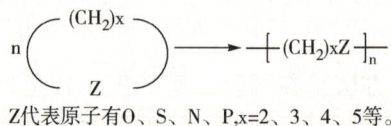

$$n \left(\overset{(CH_2)x}{\underset{Z}{}} \right) \longrightarrow \left[(CH_2)xZ \right]_n$$

Z代表原子有O、S、N、P，x=2、3、4、5等。

2. 常见的开环聚合单体

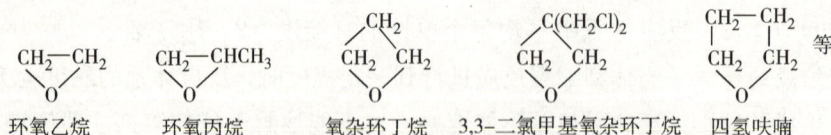

环氧乙烷   环氧丙烷   氧杂环丁烷   3,3-二氯甲基氧杂环丁烷   四氢呋喃   等

3. 开环聚合特征

（1）只发生环破裂，基团或杂原子由分子内连接变为结构单元间连接。

（2）聚合的驱动力是小环内在的角张力，一般不需要加引发剂。

（3）是制备杂链聚合物的有效方法，且无小分子产生，反应条件温和，产物纯度高。

二、高分子的聚合方法

为了保证合成高分子材料的性能和质量，在确定了单体和引发剂等要素后，选择适当的聚合方法显得至关重要。虽然聚合方法有很多种，但最常用且与药剂关系密切的主要有下列几种。

（一）本体聚合

本体聚合（bulk polymerization）是应用最广泛的一种聚合方法，自由基聚合、离子型聚合及加聚、缩聚都可采用此方式。本体聚合不加溶剂和其他介质，单体在光照、加热条件下自身聚合，或只加入少量引发剂。

本体聚合可进一步分成均相聚合与非均相聚合两类，生成的聚合物能溶于各自单体中的称为均相聚合，如聚苯乙烯、聚甲基丙烯酸甲酯（有机玻璃）的合成等，因制得的聚合物呈块状，又称块状聚合。如生成的聚合物不溶于其单体，在聚合过程中不断析出，称为非均相聚合，又叫沉淀聚合，如聚乙烯、聚氯乙烯等的合成。

根据相似相溶原理，本体聚合采用油溶性引发剂，如偶氮类和过氧类引发剂，偶氮类引发剂有偶氮二异丁腈（AIBN）、偶氮二异庚腈（ABVN）、偶氮二异戊腈（AMBN）、偶氮二环己基甲腈（ACCN）、偶氮二异丁酸二甲酯（AIBME）等。过氧类引发剂有过氧化二苯甲酰（BPO）、异丙苯过氧化氢（CHP）、过氧化苯甲酸特丁酯（TBPB）、过氧化二碳酸二环己酯（DCPD）等。相对于过氧类引发剂，采用偶氮引发剂反应更加稳定。

本体聚合的优点为聚合物纯度高，无因溶剂、其他添加剂等残留而引入的杂质，而且聚合设备比较简单，对环境污染少。不足之处是反应体系过于黏稠，反应热难扩散，聚合温度不易控制，容易发生局部过热，造成产品发黄。由于难搅拌，局部引发剂浓度过高，导致聚合物 $\overline{M_r}$ 分布较宽，即 $\overline{M_r}$ 不均匀程度高。另外，自动加速作用大，严重时可导致暴聚。所谓暴聚是指聚合的时候热量来不及散发，导致局部过热，聚合速度突然加快，反应体系的黏度迅速增加而成块，暴聚严重时，可导致产品报废。

（二）溶液聚合

溶液聚合（solution polymerization）指单体加引发剂在溶剂中聚合的方法，可分为两大类：①单体加水溶性引发剂，水作溶剂；②单体加油溶性引发剂和有机溶剂。

采用有机溶剂时，使用的引发剂与本体聚合基本相同。水作溶剂时，采用的水溶性引发剂主要有过硫酸盐、氧化还原引发体系、偶氮二异丁脒盐酸盐（AIBA）、偶氮二异丁咪唑啉盐酸盐（AIBI）、偶氮二异丁咪唑啉（AIP）等。

与本体聚合比较，溶液聚合有明显的长处与不足。

优点：①聚合热易扩散，聚合反应温度和反应速度易控制；②聚合物的 $\overline{M_r}$ 较均匀；③反应后物料易输送；低分子化合物易除去；④能消除自动加速现象；⑤水溶液聚合是用水作溶剂，对环境保护十分有利；⑥可以溶液方式直接得到成品。

缺点：①单体被溶剂稀释，聚合速度慢，聚合物的 $\overline{M_r}$ 较低；②有机溶剂聚合时，有溶剂残留，影响产品纯度；③有机溶剂消耗大，溶剂须回收处理，设备利用率低，成本增加；④大量使用有机溶剂，导致环境污染。

（三）悬浮聚合

悬浮聚合（suspension polymerization）以水为介质，通过强力搅拌并利用分散剂的悬浮作用，把难溶于水的单体分散成无数的小液珠悬浮于水中，即单体在悬浮状态下由油溶性引发剂引发的聚合反应。分散剂是一种同时具有亲油性和亲水性两种相反性质的表面活性剂，能提高和改善固体或液体物料的分散性能。

悬浮聚合发生在悬浮于水中的单体小液珠内，相当于一个小小的本体聚合，所得的聚合物呈小珠状体，不仅易于洗涤、干燥、分离提纯及加工成形，而且在整个合成过程中，反应体系的黏度低，热量容易传递，好控温。此外，由于聚合在强搅拌下进行，单体与引发剂混合均匀，所得产物的 $\overline{M}_r$ 分布较窄。与有机溶液聚合相比，用水作介质，大大降低了生产成本。不足的是仍存在自动加速作用，残留在产品中的分散剂和单体不易除干净，影响产品的透明度和绝缘性及抗老化等性能。

(四) 乳液聚合

乳液聚合 (emulsion polymerization) 以水作介质，加乳化剂，在机械搅拌下，非水溶性的单体在乳浊状态下由水溶性引发剂（少数为油溶性）引发聚合。反应体系由单体、引发剂、水及乳化剂组成。

乳化剂是乳浊液的稳定剂，属表面活性剂，其作用是当它分散在分散质的表面时，形成薄膜或双电层，使分散相带有电荷，同性电荷相斥，阻止分散相的小液滴互相凝结。常用的乳化剂有阿拉伯胶、烷基苯磺酸钠等。

在乳浊液聚合体系中存在三个相：水相、胶束相和油相，见图 2-21。水溶性引发剂和极少量的单体 (0.02%) 溶于水，构成水相，大部分的乳化剂以胶束状存在（因其浓度大于临界胶团浓度），即胶束相，胶束内增溶有少量单体 (2%)，通过搅拌，大多数单体（约 95%）以液滴的形式分散于水中，即油相，液滴表面吸附着乳化剂，聚合在胶束内进行。聚合的全过程可划分为三个阶段，即加速期、恒速期、降速期。

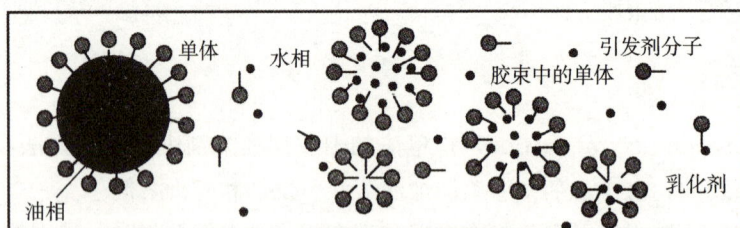

图 2-21　乳浊液聚合体系中存在的水相、胶束相和油相示意图

加速期：水溶性引发剂首先分解并引发溶于水中及部分增溶胶束内的单体进行链增长，水相里少量的单体很快被反应完，但水相中的单体自由基或短链自由基进入增溶单体的胶束中进行链增长，形成新相——乳胶粒子，见图 2-22。

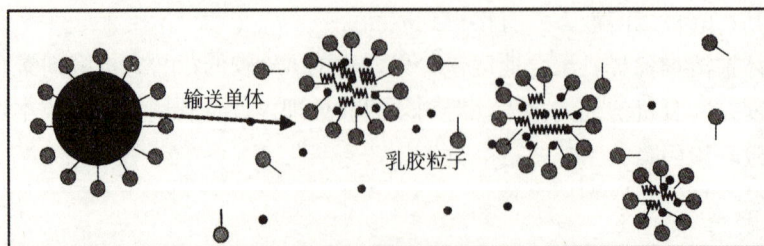

图 2-22　乳胶粒子示意图

形成乳胶粒的过程叫成核过程，或称为乳胶粒形成过程。随着聚合反应的进行，乳胶粒数目增加，聚合加速，聚合度增大，因此，第一阶段称为加速期，又称为乳胶粒形成期。随着转化率

的提高，乳胶粒的体积逐渐增大，单体液滴的体积则逐渐缩小，当转化率达到50％时，单体液滴全部消失，单体全部进入乳胶粒中。乳胶粒中单体和聚合物大约各占一半。

恒速期：聚合过程中，只要单体液滴存在，乳胶粒中的单体浓度可以基本保持不变，加上乳胶粒的数目此时已固定不变，因而，这一阶段聚合速率基本稳定，故称其为恒速期。

降速期：随着聚合反应的继续，胶束内的单体数量已经很有限，主要靠单体液滴通过水相向胶束内输送单体，当单体液滴消失，无单体进一步补充时，聚合速率下降，恒速期结束，聚合进入降速期。这时体系中只剩下水相和单体-聚合物乳胶粒两相，水相中只有引发剂和初级自由基，单体已无补充的来源，链引发、链增长靠消耗单体-聚合物乳胶粒中的单体。因而，聚合速率随单体-聚合物乳胶粒中单体浓度的下降而下降，最后单体完全转变成聚合物，此时，单体-聚合物乳胶粒称为聚合物乳胶粒。

乳液聚合的特点：

优点：①以水做介质，价廉安全；乳液聚合中，聚合物的 $\overline{M}_r$ 可以很高，但体系的黏度却很低，故有利于传热、搅拌和管路输送，适合连续操作的工业化生产；②聚合速率大，利用氧化-还原引发剂可以在较低的温度下进行聚合；③直接使用乳液的材料更宜采用乳液聚合，如乳胶黏合剂、乳液泡沫橡胶和糊用树脂的生产等。

缺点：①需破乳，该工艺较难控制，需要固体聚合物时，乳液需要经凝聚、过滤、洗涤、干燥等工序，与悬浮聚合比较，其生产成本较高；②产品中的乳化剂难以除净，影响聚合物的电性能。

（五）界面聚合

发生在两相之间界面上（或界面有机相一侧）的缩聚反应叫界面聚合（interracial polymerization）。缩聚所需的两种单体分别溶解在两种互不相溶的溶剂中，两相中有一相为水。水相中一般加入二元胺或二元醇和碱，另一相为二酰氯的有机溶液，常用的有机溶剂为四氯甲烷、二氯乙烷、二甲苯、己烷、乙醚、辛烷等。

界面聚合的推广应用，使许多因在高温下不稳定而不能采用熔融缩聚方法的单体顺利地进行缩聚反应，因此扩大了缩聚单体的选择范围。

界面缩聚反应可在搅拌和不搅拌两种情况下进行。

（1）搅拌界面缩聚　在搅拌下进行反应，可得到高产率的粉末状或颗粒状产物，易于分离、洗涤及干燥。一般将二酰氯的有机溶液滴入水相，如果聚合物能溶于有机相，则反应较易进行；如果不溶，则需要剧烈搅拌，增加两相间的互相接触。聚合物在有机溶剂中能溶解时，可以通过蒸去溶剂或加沉淀剂的办法将其分离出来。乳液的破坏可以通过蒸馏、加水溶性的有机溶剂或加盐类化合物的方法来实现，聚合物需充分洗涤至不含盐、乳化剂和未反应的单体为止。搅拌缩聚的产率较高，可达75％～100％。

（2）不搅拌的界面缩聚　如果在反应时不搅拌，生成的聚合物在有机相中也不溶，在界面就会形成缩聚物薄膜。在一定条件下，可得到 $\overline{M}_r$ 较高并具有相当强度的聚合物。若将膜从界面间抽出，可以连续不断地生成聚合物，直至单体全部消耗完。

界面缩聚的特点：此法设备简单，条件温和，操作方便，反应迅速，制备 $\overline{M}_r$ 高的聚合物往往不需要严格的等当量比，可连续性获得聚合物。尤其适用于合成聚酰胺、聚芳酯、聚碳酸酯、聚亚胺酯等。比如，性能优良的药品包装材料聚碳酸酯（PC）是第一个用界面缩聚法进行工业化生产的聚合物。不足的是，界面缩聚要求单体具有较高的活性，需要回收有机溶剂，与同类产品比较，价格昂贵；另外，反应过程中释放的酸（卤化氢）腐蚀设备，且有一定的毒性，非常呛人。所以，应用范围受到限制，至今产量较低。

目前界面聚合法已进入药物微囊制剂领域，例如，将己二胺和药物溶于水相，将癸二酰氯溶于有机相，当己二胺与癸二酰氯在界面发生缩合时，不断搅拌，即可形成包合了药物的微囊。但是此法不适合对酸敏感的药物，因为酰卤类单体遇水都会放出大量的卤化氢气体。

（六）辐射聚合

在电磁辐射下引发的聚合反应叫辐射聚合（irradiation polymerization）。反应机理是应用高能射线辐射单体，使其生成自由基或离子，从而引发聚合反应。高能射线包括 α-射线、β-射线、γ-射线、X-射线和电子束。

大多数由辐射分解引发的聚合反应都属于自由基聚合。辐射聚合的优势是在液相、气相和固相体系均可进行，与普通单体聚合方法的主要差异在于引发方式不同；反应一旦被引发，随后的链增长、链终止与普通聚合方法就没有什么区别。

辐射聚合的特征是：①生成的聚合物比本体聚合的产物更加纯净，因为没有引发剂或催化剂的残留；②聚合反应易于控制；③聚合可在常温或低温下进行，引发聚合的活化能接近于零；④产物的 $\overline{M}_r$ 和 M_r 分布可用剂量率等聚合条件加以控制。

除此之外，辐射还可用于聚合物的改性，将聚合物置于辐射场中，在高能射线（主要是 γ-射线、X-射线和电子加速器等）的作用下，可在固态聚合物中形成多种活性粒子，引发一系列的化学反应，从而可以在多种聚合物内部形成交联的三维网络结构，使聚合物的诸多性能得到改善。例如，聚乙烯醇与天然高分子材料明胶混合，并在适当条件下，以一定剂量的 γ-射线照射，二者之间会发生交联，形成微囊。

三、高分子的化学反应

高分子的化学结构或组成发生变化的过程称为高分子化学反应。

当高分子的链端或侧链上连接有官能团时，在一定条件下（如试剂、光照、加热等），这些官能团可发生与相应的小分子化合物类似的化学反应。例如聚乙烯醇、纤维素侧链和链端上的 —OH，可发生酯化反应，在这些基团转化成新的基团后，原高分子材料的物理性能也随之改变，众多新型的高附加值优质高分子材料由此产生。

由于高分子的 $\overline{M}_r$ 是小分子的数百倍甚至数千倍，"量变到质变"的自然辩证现象在此凸现，巨大的 $\overline{M}_r$ 和庞大的分子体积使高分子的结构及高分子的运动均具有多重性，这些多重性的存在使高分子的化学反应与小分子的化学反应有许多不同。

（一）高分子化学反应的特征

高分子不仅运动速率缓慢，而且蜷曲的分子链和邻近基团对侧链或链端上的官能团产生屏蔽，使试剂进攻受阻，所以，高分子化学反应有以下特点：

（1）反应速率低。

（2）官能团反应不完全，即取代度<1。

（3）因局部的官能团浓度和试剂的浓度与总浓度不一致，链上的官能团反应不均匀。

（4）副反应多，产物不均一。

取代度不同、取代不均匀都对聚合物的物理性能产生影响，如溶解度、T_g、静电作用等。作为药剂辅料，药物的溶出速度、可压性、流动性、成膜性等都会因此发生改变。也正因为如此，为同类药用高分子材料规格多样化的研发提供了充足空间。

（二）高分子反应类型

高分子反应的具体情况虽然复杂，但是，按反应类型划分，主要的反应可分为四大类：官能团反应、交联反应、降解反应及高分子的老化。

1. 官能团反应 聚合物侧链或端基上的 -OH、-COOH、-OCOR、-NH₂、-Cl 等基团发生的反应叫官能团反应（functional group reaction），这类反应常用于天然及合成高分子材料的结构改性，又叫结构修饰。

（1）醚化和酯化

①淀粉的醚化：

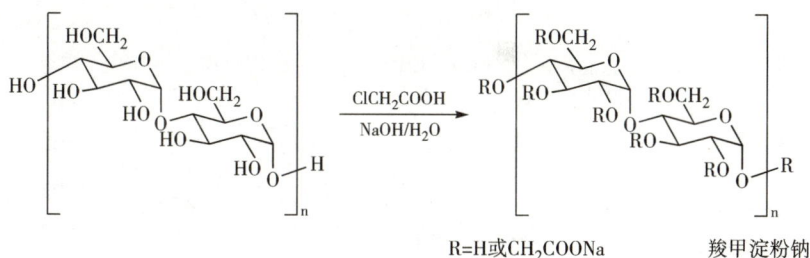

R=H或CH₂COONa　　　羧甲淀粉钠

②纤维素的酯化（也叫酰化）：

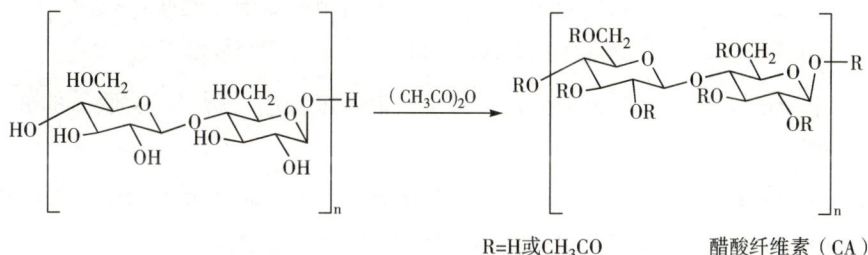

R=H或CH₃CO　　　醋酸纤维素（CA）

（2）醇解和水解

①醇解：聚乙烯醇（PVA）不能直接以相应的"乙烯醇"为单体进行合成，只能以醋酸乙烯为单体采用自由基溶液聚合的方法先得到聚醋酸乙烯酯（PVAc），然后水解得到 PVA。

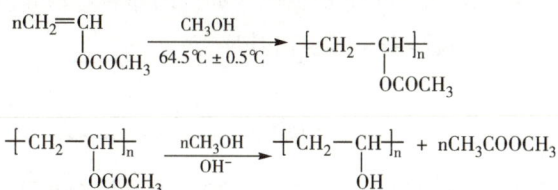

发生以上反应时，反应物与产物的聚合度基本不变。

②水解：甲壳质在碱性条件下水解，脱去乙酰基，释放出氨基（-NH₂），是氨基酰化的逆反应，所得产物叫壳聚糖，是一种结构类似于纤维素的多糖。其反应如下所示：

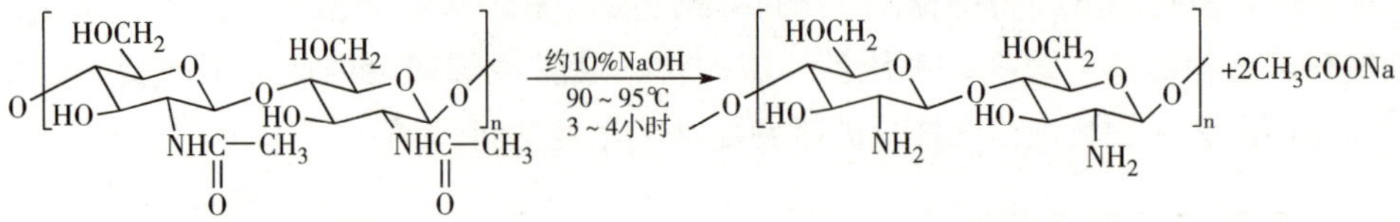

甲壳质   壳聚糖

壳聚糖含有氨基,显碱性,生物相容性良好,在医药、食品领域有广泛的应用,其生物活性的大小与脱乙酰基程度密切相关。碱性水解时,单元之间的部分醚键断裂,所以,聚合度下降。

2. 交联反应　在交联剂或光照、加热等条件下,高分子之间因产生化学键而形成体型或三维网状大分子的反应叫交联反应(cross-linking reaction)。例如,以甲醛作交联剂,交联聚乙烯醇,不同大分子中的-OH 与甲醛形成缩醛,即得到交联的体型大分子:

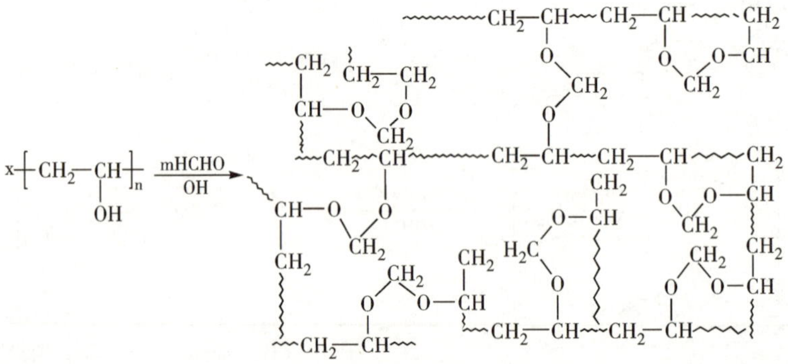

线型的聚乙烯醇可溶于水,交联的聚乙烯醇硬度增加,不溶于水,只能溶胀。交联反应已运用于药物微囊的制备。比如用明胶作微囊的囊材时,可以用甲醛固化囊膜,因为,明胶属于多肽化合物,多肽大分子链上连接有的许多-NH$_2$、-NH-、-OH,能与甲醛缩合。

与官能团反应不同,发生交联反应后,大分子的聚合度骤增,所以,交联体的 $\overline{M}_r$ 是原聚合物的几十倍甚至数百倍。

3. 降解反应　导致高分子 $\overline{M}_r$ 下降的反应叫降解反应(degradation reaction)。降解的原因有多种,常见的有热降解、化学降解和机械降解三种。

(1) 热降解　聚合物受热分解的反应称为热降解(thermal degradation)。多数高分子聚合物的最高使用温度极限为 150℃,高于此温度更易发生降解。热降解分无规降解、解聚和侧基断裂三种方式,以何种方式降解则与聚合物的结构有关。

①无规降解:高分子受热后,大分子链发生任意部位的断裂,聚合度降低,形成低聚物(很少得到单体),这种热降解称为无规降解。属自由基反应:

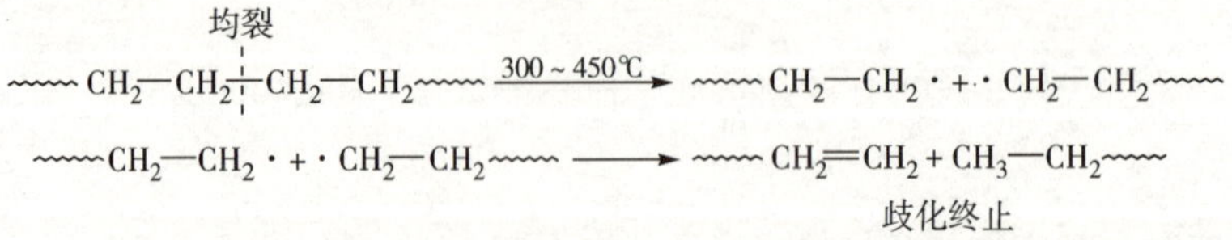

②解聚:高分子受热后,降解反应从链端开始,最终产物 90%～100% 为单体,这种聚合的逆反应称为解聚。

③侧基断裂:高分子受热后,脱去侧基的反应称为侧基断裂降解。如聚氯乙烯、聚偏氯乙烯等,加热时易着色,且会逐渐加深,从一开始的黄色→棕色→暗棕色→黑色,并伴有失重现象,失重的原因是大分子中脱去了 HCl,颜色逐渐加深是因为在大分子链上逐步形成共轭大 π 键,光

谱吸收发生红移而颜色加深。同时，大分子间可能发生交联。

（2）化学降解　聚醚、聚酯和聚酰胺类的高分子在酸或碱的催化下，分子链发生断裂，聚合度降低，这类降解称为化学降解（chemical degradation）。化学降解多数属于缩聚反应的逆反应。如淀粉或纤维素在酸、碱或酶的催化下分解，得到低聚糖。又比如，以聚乳酸制作外科用的缝合线，伤口愈合后不需拆线，其原因就是聚乳酸在生物体内水解为乳酸，乳酸被生物体吸收。

（3）机械降解　高聚物在粉碎、强力搅拌等机械力的作用下发生分子链断裂，聚合度降低，这种使聚合度降低的方式称为机械降解（mechanical degradation）。在合成高聚物时，常通过粉碎方法将聚合度太大的聚合物转化成聚合度适中、$\overline{M}_r$ 分布较均匀的产品。

4. 高分子的老化　高分子材料在使用和贮存过程中，由于受外界的影响，各种性能变坏或降低的现象称为老化（polymer aging）。最常见的老化有材料变脆、颜色变暗，抗拉、抗弯及抗冲击强度降低等。

导致高分子材料老化的主要原因是光照、受热、受潮、氧化、化学试剂侵蚀及外力作用。在此简单介绍两种最常见的老化现象。

（1）光氧老化　光氧老化是指高分子在空气中的光、氧和水的作用下发生光化学裂解的过程。高分子材料在使用过程中或多或少会受到光的照射，因此，长时间光照可产生过氧键，以聚乙烯的光氧老化为例，其机理表示如下：

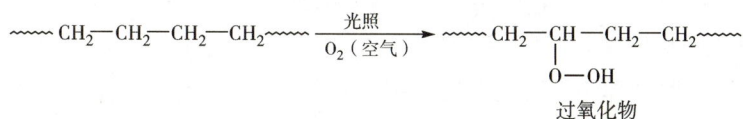

$$\sim\sim CH_2{-}CH_2{-}CH_2{-}CH_2 \sim\sim \xrightarrow[O_2(空气)]{光照} \sim\sim CH_2{-}\underset{\underset{O{-}OH}{|}}{CH}{-}CH_2{-}CH_2 \sim\sim$$

过氧化物

过氧化物不稳定，易进一步分解：

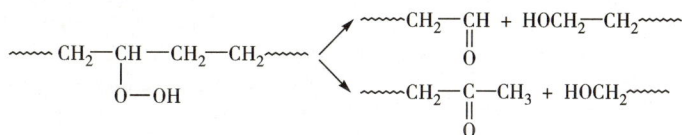

$$\sim\sim CH_2{-}\underset{\underset{O{-}OH}{|}}{CH}{-}CH_2{-}CH_2 \sim\sim \Bigg\langle \begin{array}{l} \sim\sim CH_2{-}\underset{\underset{O}{\|}}{CH} + HOCH_2{-}CH_2 \sim\sim \\ \sim\sim CH_2{-}\underset{\underset{O}{\|}}{C}{-}CH_3 + HOCH_2 \sim\sim \end{array}$$

（2）热氧老化　热氧老化是指高分子材料在热和氧的作用下，其机械性能降低的现象。高分子在空气中长期受热很容易产生过氧键，过氧键不稳定，易发生均裂而产生链自由基，链自由基进一步分解，造成主链断裂，高分子的 $\overline{M}_r$ 降低，高分子材料的各种理化性能因此而改变，机械性能也因此而降低，甚至完全被破坏。

5. 防老化　老化是高分子的特性之一，是高分子材料的通病，是一种不可逆转的变化。所谓防老化（anti-aging），是在合成和使用过程中，为提高高分子材料的耐老化性能，延缓老化的速率，以达到延长使用寿命的目的而采取的措施。防老化可从以下两方面考虑。

（1）改造高分子的结构　对高分子老化过程的研究结果显示，老化的主要原因在高分子结构本身，键能弱的部位容易被氧化，形成过氧键，最终导致高分子链断裂而降解。所以，改善高分子的结构、选择优良高分子材料是防老化的首选措施。

例如，聚四氟乙烯比聚乙烯耐老化，因为 C—F 键比 C—H 键的键能大，氟原子起着保护碳链的作用；聚乙烯比聚丙烯耐老化，因为聚丙烯的碳链上有甲基，甲基碳原子上的氢原子比较容易脱去；此外，主链上有双键的聚合物较容易老化，因为双键上的电子云密度大，易氧化，比如，氯丁橡胶比丁烯橡胶耐老化，是因为氯丁橡胶含有吸电子的氯原子，使双键上的电子云密度降低，因而较耐老化。

（2）添加保护剂　防老化的另一重要措施是在高分子材料的加工过程中添加防老化剂。针对老化的起因，加入光稳定剂和抗氧剂以延缓聚合物的光降解和氧化降解。主要的防老剂有光稳定剂和抗氧剂等。

光稳定剂的主要类型有光屏蔽剂和紫外线吸收剂。

光屏蔽剂具有吸收紫外线的功能，并使光能转变成热能而散发出去，或者能直接反射紫外线，起屏蔽作用。例如，炭黑、氧化锌、钛白粉等都是常用的光屏蔽剂。它们具有价廉、保护作用好的优点，不足的是会使聚合物着色，并影响聚合物的透明度。

光稳定剂也是一些可以吸收紫外线的物质。如邻羟基二苯甲酮衍生物吸收紫外线后，能通过自身分子结构的变化重新成为稳定的结构，使聚合物分子链受到保护。

抗氧剂的作用原理是它与聚合物中由于氧化等作用产生的活性自由基作用，使其失去继续反应的能力。一类是自由基清除剂，常见的是一些酚类和胺类化合物。另一类是过氧化氢分解剂，能使氧化生成的过氧化氢基团分解，生成非自由基，主要是一些含硫化合物（如硫醇、硫醚等）和含磷化合物（如亚磷酸酯类）。

思考题

1. 在自由基反应中，为什么反应速度变快，产物分子量变小？
2. 造成尼龙纤维缩水性强、强度差的主要原因是什么？
3. 为什么松紧带开始比较紧，用过一段时间后越来越松？
4. 为什么塑料拖鞋冬天变得很硬、很滑？
5. 为什么温度响应型水凝胶可作为药物的释放系统？

第三章

药用天然高分子材料及其衍生物

扫一扫，查阅本章数字资源，含PPT、音视频、图片等

药用天然高分子材料最重要的特点是安全、无毒、生物相容性好、价廉，至今仍是制药工业的重要辅料。天然高分子材料通过物理或化学方法加工处理得到的衍生物，品种、规格众多，在流动性、可压性、成膜性、溶解性、黏性等方面均得到进一步改善，同时赋予材料新的功能。

本章分四节，系统地介绍目前常用的药用天然高分子材料及其衍生物的概况、性质及其在药剂学中的应用，主要包括淀粉及其衍生物，纤维素及其衍生物，蛋白质类及其他药用天然高分子材料。

第一节　淀粉及其衍生物

一、淀粉

（一）概述

淀粉（starch）来源广，价格低廉，近年来虽然新的药用辅料不断涌现，但淀粉仍然是药物制剂中最主要的药用辅料之一。《中国药典》（2020 年版）四部收载了小麦淀粉、豌豆淀粉、马铃薯淀粉、玉米淀粉和木薯淀粉共五种淀粉，小麦淀粉由禾本科植物小麦 *Triticum aestivum* L. 的颖果中制得，豌豆淀粉由豆科植物豌豆 *Pisum sativum* L. 的种子制得，马铃薯淀粉由茄科植物马铃薯 *Solanum tuberosum* L. 的块茎中制得，玉米淀粉是由禾本科植物玉蜀黍 *Zea mays* L. 的颖果中制得，木薯淀粉由大戟科植物木薯 *Manihot utilissima* Pohl 的块根中制得。淀粉的生产包括原料的预处理、浸泡、粗破碎、细研磨、分离、脱水、干燥等工序。

淀粉由两种结构的多糖分子组成，即直链淀粉和支链淀粉，其结构单元均为 α-D-吡喃葡萄糖。直链淀粉是葡萄糖单元以 α-1,4-苷键相连形成的线型多糖，$\overline{M_r}$ 为 $3.2\times10^4\sim1.6\times10^5$，聚合度为 $200\sim980$，其化学结构式如下：

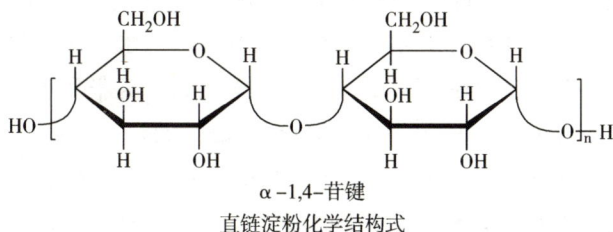

α-1,4-苷键
直链淀粉化学结构式

支链淀粉则是 α-D-吡喃葡萄糖聚合形成的分支状多糖，除支链分支处为 α-1,6-苷键连接

外，葡萄糖单元之间均为 α-1,4-苷键，支链淀粉的结构比较复杂，大约每间隔 30 个 α-1,4-苷键就有一个 α-1,6-苷键，每一个支链由 24～30 个葡萄糖结构单元组成，而且支链上还有支链，所以其 $\overline{M}_r$ 是直链淀粉的数十倍甚至数千倍，为 1.0×10^7～1.2×10^8，聚合度 5×10^4～1×10^6。在各种淀粉中，直链淀粉占 15%～25%，支链淀粉占 75%～85%。支链淀粉的化学结构式为：

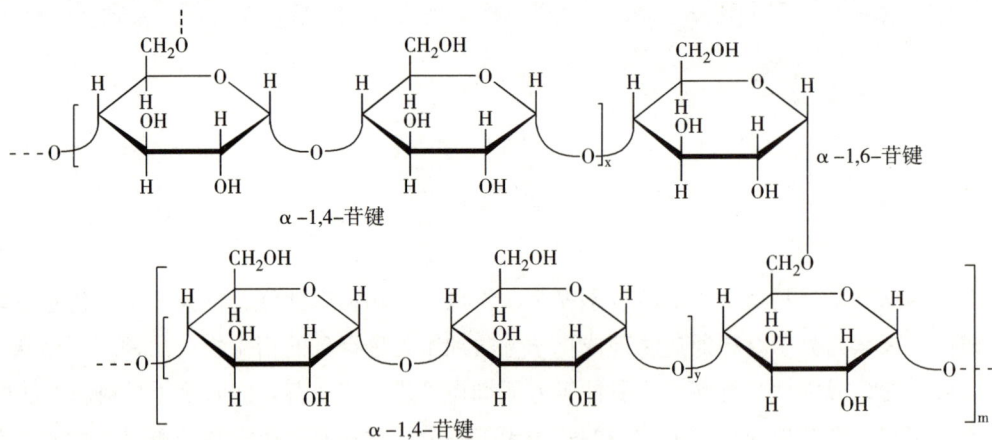

支链淀粉化学结构式

《中国药典》（2020 年版）四部将小麦淀粉、豌豆淀粉、玉米淀粉、马铃薯淀粉、木薯淀粉作为药用辅料列入正文。按药典方法检查，20%（W/V）水溶液 pH 值：小麦淀粉、玉米淀粉、木薯淀粉 4.5～7.0，马铃薯淀粉、豌豆淀粉 5.0～8.0；干燥失重：玉米淀粉不得过 14.0%，小麦淀粉不得过 15.0%，木薯淀粉、豌豆淀粉不得过 16.0%，马铃薯淀粉不得过 20.0%；炽灼残渣：五种淀粉均不得过 0.6%；重金属：小麦淀粉不得过百万分之十，玉米淀粉、马铃薯淀粉、木薯淀粉、豌豆淀粉不得过百万分之二十；微生物限度：五种淀粉每 1g 中需氧菌总数均不得过 10^3 cfu，霉菌和酵母菌总数均不得过 10^2 cfu，均不得检出大肠埃希菌；小麦淀粉总蛋白不得过 0.3%。小麦淀粉、木薯淀粉密封保存，玉米淀粉、马铃薯淀粉、豌豆淀粉密闭保存。

（二）性质

淀粉为白色或类白色粉末，无臭，无味。其性质因来源不同而存在差异，在显微镜下观察，小麦淀粉一般为平圆形的，也有很少是椭圆形的，大颗粒的直径一般为 10～60μm；小颗粒呈圆形或者多边形，直径为 2～10μm；豌豆淀粉多为大椭圆形颗粒，直行为 25～45μm，少部分为不规则或肾形，直径为 5～8μm；马铃薯淀粉呈卵圆形或梨形，直径为 30～100μm，偶见超过 100μm，或圆形，大小为 10～35μm；木薯淀粉呈圆形或椭圆形，直径为 5～35μm；玉米淀粉呈多角形或类圆形，直径为 2～35μm。淀粉流动性、可压性较差。

淀粉粒中的淀粉分子以有序（晶态）和无序（非晶态）两种形式存在，在偏光显微镜下显示双折射现象。所谓双折射是指一束光通过介质入射到（各向异性的）晶体便分解成两束沿不同方向折射的光的物理现象。双折射是晶体的基本光学特性。

1. 溶解性及溶胀性　淀粉不溶于冷水、乙醇或乙醚等，与水的接触角为 80.5°～85.0°，呈微弱的亲水性，能分散在水中。淀粉在 37℃ 的水中迅速溶胀，其溶胀几乎不受 pH 值的影响。在常温常压下，谷类淀粉含水量 12%～15%，薯类淀粉含水量 17%～18%。

常温下，淀粉的分子链以螺旋状存在，链上大量的羟基主要形成分子内和分子间氢键，水分子与淀粉形成氢键的概率很小，尤其是淀粉的结晶区，水分子很难进入，所以，淀粉难溶于冷水、乙醇等溶剂。

2. 淀粉的糊化　淀粉在水中加热至 62～72℃时可糊化，形成稠厚的胶体即淀粉浆，具有一定的黏性。糊化作用的过程和实质是，淀粉与一定量的水共热，淀粉粒受热体积膨胀，水分子首先进入堆砌松散的无序区，与淀粉链段上部分 - OH 形成氢键，当温度升高到一定程度时，有序的晶态部分发生熔融，晶格被破坏，水分子进入其内部，最终淀粉中有序和无序态的淀粉分子间的氢键均断裂，淀粉分子分散在水中形成亲水性的胶体溶液。糊化后的淀粉易受酶的作用，且双折射现象消失，因为淀粉的晶体结构已不存在。

测定淀粉糊化作用的方法有多种，如光学显微镜法、电子显微镜法、光传播法、黏度测定法、溶胀度法和溶解度法的测定等。工业上常用的是黏度测定法、溶胀法和溶解度法测定。

淀粉糊化与淀粉品种有关，小麦淀粉、玉米淀粉、马铃薯淀粉、木薯淀粉的糊化温度分别为 59.5～64℃、62～70℃、48～58℃、62～73℃，且淀粉糊化还与淀粉颗粒的大小、糊化时的水分、酸碱度、所含其他物质有关。一般情况下，对于同一种淀粉而言，淀粉颗粒越大就越容易糊化；水分的量对糊化影响较大，要充分糊化，必须保证水分在 30% 以上；碱性条件有利于淀粉糊化，提高碱量可降低糊化温度，在强碱性条件下，室温即可发生糊化；直链淀粉含量低的淀粉易糊化，直链淀粉含量高的淀粉只有在高温下才能完全糊化；脂类化合物能与直链淀粉形成络合物，其结果是抑制淀粉糊化；相反，盐类化合物和极性高分子有机化合物可以促进淀粉糊化。

淀粉糊化后形成的凝胶久置会老化，即凝胶变得不透明，甚至出现沉淀，此现象称作老化。凝胶老化的原因是淀粉分子链上的 - OH 很多，分子链间形成氢键的倾向大，放置后分子链相互吸引而逐渐靠拢，最终因形成大量的分子间氢键而将水分子慢慢"挤出"，重新恢复致密的三维网状结构所致。

3. 稳定性　淀粉在稀酸作用下发生水解，黏度降低，最终产物为葡萄糖。淀粉遇碘液呈蓝色，受热褪色。淀粉遇碘显色的原因是碘分子进入淀粉分子螺旋状的结构里形成了碘络合物，受热后，淀粉分子链由螺旋状转化成舒展态，络合物消失，冷却后，淀粉分子链又回到螺旋状，重新显色。淀粉的性质较稳定，可与大多数药物配伍。

4. 安全性　淀粉为食用物质，安全无毒。

（三）应用

1. 填充剂　淀粉为最常用的稀释剂、吸收剂，但其可压性较差，因此用量不宜过大，常与可压性较好的糖粉、糊精、乳糖等混合使用。在中药片剂生产中，常将处方中含淀粉量较高的中药材部分粉碎成细粉代替淀粉使用。某些强酸性的药物容易引起淀粉水解，因而这类药物不宜选淀粉作填充剂。

2. 崩解剂　淀粉是最常用的崩解剂，其崩解机理是吸水膨胀和毛细管作用。淀粉用前应干燥，使含水量在 8%～10%，用量为干颗粒的 5%～20%，用量过多会影响颗粒的流动性及片剂的硬度。淀粉加入方法可分为内加法、外加法及内外加法，如采用内加法，湿颗粒的干燥温度以 60℃为宜，若温度过高，可导致颗粒坚硬，影响片剂崩解。

3. 黏合剂　淀粉浆是片剂生产中常用的黏合剂，可均匀润湿药粉，有利于片剂的崩解，对药物溶出影响较小。淀粉浆的制备方法分冲浆法和煮浆法，浓度一般为 8%～15%，常用浓度为 10%，用量根据药物、其他辅料、颗粒松紧等情况而定。淀粉浆适用于对湿热稳定的药物，若处方中含有淀粉等物质时，加入淀粉浆的温度不宜过高，以防淀粉糊化。

4. 助悬剂　淀粉浆可作为混悬剂的助悬剂，增加介质黏度，降低颗粒沉降速度，以提高混悬剂的稳定性。淀粉作助悬剂时，可将淀粉先制成 2% 的淀粉浆，用量为混悬剂的 50%～75%。

5. 微球材料　淀粉可作为制备微球的材料。从淀粉原料到淀粉微球成品一般要经过两步，第一步为淀粉的衍生化处理，此步骤也称为接枝；第二步为淀粉接枝衍生物分子之间交联成球。淀粉微球的载药方式可以分为包埋、吸附和偶联三种方法。淀粉微球作为被动靶向药物载体，其作用机理是通过肝、脾等富含巨噬细胞的网状内皮系统的脏器摄取来达到靶向治疗的目的。除此以外，淀粉微球还主要应用于鼻腔给药、栓塞化疗以及口服肠内靶向释药。淀粉微球能帮助鼻腔内药物的吸收，避免药物对胃肠道的刺激；在放射性治疗中能减小放射性治疗的副作用；在肠道用药中可长时间停留胃肠道特定部位释放药物，增加药物的吸收。

【应用实例】五子衍宗片

处方组成：枸杞子，菟丝子（炒），覆盆子，五味子（蒸），盐车前子；淀粉。

制备方法：取部分菟丝子粉碎成细粉；其余菟丝子与覆盆子加水煎煮，煎液滤过，滤液备用；取五味子、盐车前子、枸杞子用乙醇渗漉，渗漉液回收乙醇，加入上述滤液，减压浓缩至稠膏。加入菟丝子细粉及淀粉适量，混匀，制粒，干燥，压片，包糖衣，即得。

解析：

①五子衍宗片主治肾虚精亏所致的阳痿不育、遗精早泄等，属于半浸膏片。半浸膏片系指部分药材细粉与稠膏混合制粒压制而成的片剂。

②淀粉在处方中作为填充剂和崩解剂。淀粉与菟丝子细粉共同作为填充剂，与稠膏混合，制成颗粒，利于压片；由淀粉、浸膏和饮片细粉压制而成的半浸膏片在体内遇到胃肠液后，淀粉与饮片细粉通过吸水膨胀和毛细管作用，使片剂崩解，以利于片剂中药物成分的吸收。本方中淀粉作为崩解剂时的加入方法为内加法，制粒后干燥温度不宜超过 60℃，以免使颗粒过硬，影响崩解。

二、预胶化淀粉

（一）概述

预胶化淀粉（pregelatinized starch），又称改性淀粉、可压性淀粉，是淀粉通过物理方法加工，改善其流动性和可压性而制得。聚合度为 300～1000。工业生产的预胶化淀粉有多种型号，预胶化玉米淀粉简称 PCS（pregelatinized corn starch）。我国目前供药用的产品为部分预胶化淀粉，国外的预胶化淀粉商品主要有 Starch RX1500。

我国于 1989 年批准使用预胶化淀粉，《中国药典》（2020 年版）四部将预胶化淀粉作为药用辅料列入正文。按药典方法检查，预胶化淀粉 10%（W/V）水溶液 pH 值应为 4.5～7.0；二氧化硫不得过 0.004%；氧化物质检查上清液和沉淀物不得有明显的蓝色、棕色或紫色；干燥失重不得过 14.0%；炽灼残渣不得过 0.5%；重金属不得过百万分之二十；铁盐不得过 0.002%；微生物限度：每 1g 预胶化淀粉需氧菌总数不得过 10^3 cfu，霉菌和酵母菌总数不得过 10^2 cfu，不得检出大肠埃希菌。预胶化淀粉密封保存。

（二）性质

预胶化淀粉为白色或类白色粉末，无臭，无味，外观形状因制法而异。预胶化淀粉 X-射线图谱显示，原淀粉的结晶峰明显消失，因为部分水解后，淀粉原来的有序结构基本被破坏。国产预胶化淀粉的松密度为 0.50～0.60g/mL。预胶化淀粉具有良好的流动性、可压性、润滑性、崩解性，常用于粉末直接压片。

1. 溶解性及吸湿性　预胶化淀粉能溶于温水，不溶于乙醇、乙醚等有机溶剂。取预胶化淀粉 1g，加水 15mL，煮沸，放冷，即成半透明凝胶状物。预胶化淀粉含水量 12%，吸湿性与淀粉接近，25℃及相对湿度（RH）65% 的平衡吸湿量为 13%。

2. 黏性　预胶化淀粉加水有适宜的黏性，黏合作用较淀粉浆略强。预胶化淀粉还具有干燥黏合性，用于粉末直接压片，增加片剂的硬度，降低片剂的脆碎度。

3. 安全性　预胶化淀粉口服安全无毒。

（三）应用

预胶化淀粉作为片剂的辅料，可改善片剂的外观、提高片剂的硬度、加快片剂的崩解与溶出，防止黏冲等不良现象发生。

1. 崩解剂　采用预胶化淀粉作崩解剂的片剂，其崩解作用不受溶液 pH 值的影响，用量为 5%～10%。所压制的片剂外观好、崩解快、溶出好，如阿司匹林片，崩解剂由淀粉改为预胶化淀粉，30 分钟溶出度由 65% 增至 95%。

2. 填充剂　预胶化淀粉可作片剂、胶囊剂的填充剂。采用预胶化淀粉作填充剂，成粒性高，所制成的颗粒圆整性好，并可以改善颗粒的流动性，减少细粉容存的空间，加压后弹性复原率小，可压性良好，不易产生松片、裂片等现象。

3. 黏合剂　预胶化淀粉作为黏合剂，一般用量为 5%～20%，湿法制粒用量 5%～10%，粉末直接压片用量在 50% 以上。此外，预胶化淀粉还用于流化床制粒、高速搅拌制粒。在流化床制粒时，预胶化淀粉与淀粉相比，配浆操作简单，条件易于控制，黏合剂溶液固含量高达 15%，不需要增大喷浆压力也易雾化均匀，喷液量少，生产周期短，颗粒的松密度、流动性较好，所制颗粒压制的片剂崩解快。

预胶化淀粉作为粉末直接压片的干燥黏合剂使用时，应尽量不用或少用硬脂酸镁为润滑剂，以免影响片剂的硬度。

4. 难溶性药物的亲水载体　以预胶化淀粉为载体，将难溶性药物与预胶化淀粉研磨，难溶性药物会以无定形态或超微颗粒形式附着于载体，制成的共研磨混合物，可以提高药物的溶出度及生物利用度。

此外，预胶化淀粉还具有良好的自身润滑性，流动性好于淀粉，可作为片剂的润滑剂使用。

【应用实例】布洛芬片

处方组成：布洛芬；淀粉，预胶化淀粉，微晶纤维素，微粉硅胶，硬脂酸镁，滑石粉，15% 预胶化淀粉浆。

制备方法：将布洛芬、淀粉、预胶化淀粉、微晶纤维素混合均匀，加 15% 预胶化淀粉浆制软材，制粒，干燥，整粒，加微粉硅胶、硬脂酸镁、滑石粉混匀，压片，包衣。

解析：

①布洛芬是非甾体抗炎药。具有疏水性强、熔点较低、质轻等性质。用预胶化淀粉浆制粒，并在处方中加一部分预胶化淀粉，可改善仅以淀粉为填充剂和崩解剂、淀粉浆为黏合剂制备布洛芬片时崩解时限长、溶出度差，以及压片时黏冲等问题。

②处方中用预胶化淀粉浆作黏合剂，黏合性能好，并且可用冷水直接冲浆，操作简单，避免了其黏性受制备时加热条件的限制。

③预胶化淀粉作为片剂的填充剂，使物料易于制粒，颗粒成粒性和可压性好，能增加片剂的硬度和片面光洁度；预胶化淀粉作为片剂的崩解剂，可缩短布洛芬片的崩解时限，提高其溶

解度。

④淀粉、预胶化淀粉、微晶纤维素共同作填充剂；微粉硅胶、硬脂酸镁、滑石粉共同作润滑剂。

三、预胶化羟丙基淀粉

（一）概述

预胶化羟丙基淀粉（pregelatinized hydroxypropyl starch）以羟丙基淀粉为原料，在加热或不加热状态下经物理方法破坏部分或全部淀粉粒后干燥而得的制品。按干燥品计算，含羟丙氧基（-OCH$_2$CHOHCH$_3$）为 2.5%～8.9%。

《中国药典》（2020 年版）四部将预胶化羟丙基淀粉作为药用辅料列入正文。按药典方法检查，预胶化羟丙基淀粉 3%（W/V）水溶液 pH 值应为 4.5～8.0；二氧化硫不得过 0.005%；氧化物不得过 0.002%；含 1,2-丙二醇不得过 0.1%；干燥失重不得过 15.0%；炽灼残渣不得过 0.6%；重金属不得过百万分之二十；铁盐不得超过 0.002%；砷盐不得过 0.0002%；微生物限度：每 1g 预胶化羟丙基淀粉需氧菌总数不得过 10^3cfu，霉菌和酵母菌总数不得过 10^2cfu，不得检出大肠埃希菌。预胶化羟丙基淀粉密闭保存。

（二）性质

预胶化羟丙基淀粉为白色、类白色或淡黄色粉末或颗粒；或为半透明的长条状物或片状物。预胶化羟丙基淀粉具有良好的崩解及黏合作用，也可作空白丸芯的主要材料。

1. 溶解性　预胶化羟丙基淀粉能部分溶于水，在水中溶胀形成透明或半透明的稀稠液体。不溶于乙醇、丙酮、苯等有机溶剂。

2. 糊化性　预胶化羟丙基淀粉糊化温度低，成糊温度随取代度的增加而降低，羟丙基含量每提高 1%（W%），成糊温度降低至少 6.5℃。

3. 黏性　羟丙基化使淀粉对水的亲和力增强，也使淀粉胶粒内部更加松散，糊化过程中更多的水可以进入淀粉颗粒中，使预胶化羟丙基淀粉糊的黏性稳定，沉降性降低，不易老化。

4. 崩解性　预胶化羟丙基淀粉有良好的崩解性能，可明显改善制剂崩解度和表面光亮度，增强片剂硬度。预胶化羟丙基淀粉还可优先结合水分而增强药物的稳定性，在缓释制剂中起到控制药物释放速率的作用。

5. 稳定性　预胶化羟丙基淀粉是非离子醚类结构，稳定性较高，具有在水解、氧化、交联、糊化等化学反应过程中，醚键不易断裂、脱落的优点，受电解质和 pH 的影响较小。

6. 安全性　预胶化羟丙基淀粉在口服制剂中无毒，无刺激性。

预胶化羟丙基淀粉具有糊化温度低、非离子性、透明度高等优点，在多个领域具有相当大的应用潜力，且不同取代度的预胶化羟丙基淀粉决定了产品的多样化。

（三）应用

1. 羟丙基淀粉空心胶囊的材料　羟丙基淀粉空心胶囊是由预胶化羟丙基淀粉加辅料制成的空心硬胶囊。其所制胶囊质硬且有弹性，囊体光洁、色泽均匀、切口平整、无变形、无异臭，分为透明（两节均不含遮光剂）、半透明（仅一节含遮光剂）、不透明（两节均含遮光剂）三种。

胶囊剂是目前药品制造使用最广泛的剂型之一，胶囊外壳材料多为明胶，但因明胶为动物来源，不适宜伊斯兰教和犹太教信仰者使用，此外又受"疯牛病"和"毒胶囊"事件的影响，更加重了民众对明胶胶囊的不信任。近年来利用非明胶材料制备胶囊的相关研究兴起，成功的工业例子是基于预胶化羟丙基淀粉制成的空心胶囊。

羟丙基淀粉空心胶囊所用原料预胶化羟丙基淀粉的羟丙基含量为 $2\%\sim7\%$。《中国药典》（2020 年版）四部将羟丙基淀粉空心胶囊作为药用辅料列入正文。按药典方法检查，羟丙基淀粉空心胶囊的松紧度：应不漏粉，如有少量漏粉，10 粒中不得超过 1 粒，如超过，应另取 10 粒复试，均应符合规定；脆碎度：视胶囊是否破裂，如有破裂，50 粒中不得超过 5 粒；崩解时限：加挡板进行检查，应在 20 分钟内全部崩解；干燥失重：不得过 15.0%；炽灼残渣：不得过 2.0%（透明）、3.0%（半透明）与 5.0%（不透明）；重金属不得过百万分之二十；微生物限度：每 1g 羟丙基淀粉空心胶囊需氧菌总数不得过 $10^3\,cfu$，霉菌和酵母菌总数不得过 $10^2\,cfu$，不得检出大肠埃希菌。羟丙基淀粉空心胶囊密闭保存。

2. 其他　预胶化羟丙基淀粉在食品上可用作增稠剂、黏合剂，在医药工业上可作片剂的崩解剂。

四、羧甲淀粉钠

（一）概述

羧甲淀粉钠（sodium starch glycolate，CMS-Na），又称乙醇酸钠淀粉，为淀粉在碱性条件下与氯乙酸作用生成的淀粉羧甲基醚的钠盐。其化学结构式如下：

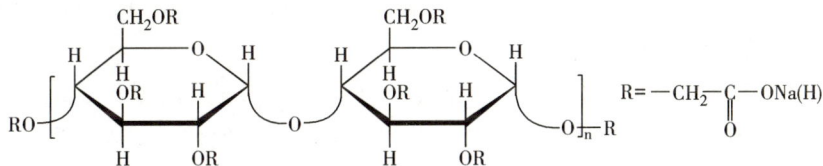

羧甲淀粉钠化学结构式

《中国药典》（2020 年版）四部将羧甲淀粉钠分成 A、B、C、D 四种型号，在偏光显微镜下观察，A、B、C 型应符合马铃薯淀粉显微特征，D 型应符合玉米淀粉显微特征。国内基本上使用 A 型和 D 型的较多，崩解机理主要是高膨胀作用。按 80% 乙醇溶液洗过的干燥品计算，A、B、C、D 四种型号，含钠（Na）含量分别为 $2.8\%\sim4.2\%$、$2.0\%\sim3.4\%$、$2.8\%\sim5.0\%$ 及 $2.0\%\sim4.0\%$。

《中国药典》（2020 年版）四部将羧甲淀粉钠的四种型号均作为药用辅料列入正文。按药典方法检查，羧甲淀粉钠的 1%（W/V）水溶液 pH 值：A、C、D 型为 $5.5\sim7.5$，B 型为 $3.0\sim5.0$；氯化钠：A、B、D 型不得过 6.0%，C 型不得过 1.0%；乙醇酸钠不得过 2.0%；氯乙酸不得过 0.2%；干燥失重：A、B、D 型不得过 10.0%，C 型不得过 7.0%；重金属不得过百万分之二十；微生物限度：每 1g 羧甲淀粉钠需氧菌总数不得过 $10^3\,cfu$，霉菌和酵母菌数总数不得过 $10^2\,cfu$，不得检出大肠埃希菌。羧甲淀粉钠需密封，在干燥处保存。

（二）性质

CMS-Na 为白色或类白色粉末，无臭。

1. 溶解性及吸湿性　CMS-Na 溶于水形成黏稠状胶体溶液，不溶于乙醇、乙醚、氯仿等有机溶剂。CMS-Na 吸水膨胀，膨胀后体积可达到自身体积的 $200 \sim 300$ 倍。CMS-Na 在 25℃、*RH* 为 70％的环境中，平衡吸湿量为 25％。

2. 黏性 CMS-Na 水溶液具有一定的黏性，其黏度大小主要取决于聚合度、取代度及杂质含量、温度、浓度、pH 值等。平均聚合度大、取代度高，水溶液黏度大；提高温度时，特别在杂质含量高时其黏度下降快；在 pH 为 6 时的黏度最大、当 pH＜6 时发生水解，黏度急剧下降，当 pH＞9 时，由于聚合度下降也导致黏度下降。此外，CMS-Na 的胶体溶液不宜长时间存放，因为空气中的细菌分解后产生的 α-淀粉酶使其液化，导致黏度降低。

3. 安全性 CMS-Na 安全无毒，在体内可分解为葡萄糖、乳酸等，小鼠口服 $LD_{50} \geqslant 1g/kg$。

（三）应用

1. 崩解剂 CMS-Na 是优良的崩解剂，崩解迅速均匀，用于湿法制粒压片、直接压片时，常用量 1％～8％。可采用内加法、外加法、内外加法加入。压片时压力对崩解作用影响较小，研究表明，分别采用 CMS-Na、玉米淀粉、羧甲纤维素钠为崩解剂制成的片剂，其崩解时间依次递增，且溶出 50％的时间也以 CMS-Na 最短。

CMS-Na 单独使用或与其他崩解剂合用，均能获得较好效果。如制备中药银黄片时，在原有处方基础上再加入 5％CMS-Na，崩解时间缩短；在黄芩苷分散片中，CMS-Na 与交联聚维酮合用，明显改善崩解效果。

CMS-Na 还可作为口腔崩解片（orally disintegrating tablets，ODT）的崩解剂。口腔崩解片是指将制备好的片剂置于口腔，遇唾液即能迅速崩解或溶解，借吞咽动力，进入消化道的片剂，具有服用方便、吸收快、生物利用度高等特点。如布洛芬口腔崩解片，选用 CMS-Na 为崩解剂，直接压片，所制成的片剂在 40 秒内完全崩解。

以 CMS-Na 为崩解剂的片剂，若贮存温度、湿度过高，则崩解延缓，溶出减慢。

2. 填充剂 CMS-Na 可作片剂的填充剂。如以硫酸钙和高取代度 CMS-Na（2∶1）为填充剂，低取代度 CMS-Na 为崩解剂，硬脂酸镁为润滑剂，制备的分散片在硬度、崩解度、重量差异检查中均符合要求。

3. 其他应用 CMS-Na 还可作为食品的增稠剂、稳定剂，单独使用或与其他增稠剂合用，其总量均不得超过 2％。

【应用实例】调经活血片

处方组成：木香，川芎，醋延胡索，当归，熟地黄，赤芍，红花，乌药，白术，丹参，醋香附，制吴茱萸，泽兰，鸡血藤，菟丝子；羧甲淀粉钠，硬脂酸镁。

制备方法：以上十五味，将木香、川芎、延胡索及处方中部分当归粉碎成细粉；剩余当归与其余熟地黄等十一味加水煎煮，滤过，合并滤液，浓缩，喷雾干燥后得药粉，加入上述细粉和羧甲淀粉钠，混匀，制粒，干燥，加入硬脂酸镁适量，混匀，压片，包糖衣，即得。

解析：

①调经活血片用于气滞血瘀兼血虚所致月经不调、痛经的治疗。方中木香、川芎、延胡索及当归中含有挥发性成分，为避免煎煮受热时挥发性成分散失，本方中这四味药材采用粉碎成细粉。也可以提取挥发性成分，或将提取的挥发性成分制成 β-环糊精包合物，再加于颗粒中，以便于制粒压片，且可减少挥发性成分在贮存过程中的挥发损失。

②本品属于疏水性半浸膏片，处方中羧甲淀粉钠为崩解剂，用量一般为 1.5％，羧甲淀粉钠遇水后吸水膨胀体积可达自身体积的 $200 \sim 300$ 倍，使片剂迅速崩解，受疏水性润滑剂和压力影

响较小，并且能明显缩短崩解时限，增加片剂硬度。硬脂酸镁在处方中为疏水性润滑剂。

五、磷酸淀粉钠

（一）概述

磷酸淀粉钠（sodium starch phosphate），是以薯类淀粉为原料，添加磷酸盐并用氢氧化钠调节 pH 值后，经过滤、干燥、粉碎而得。其化学结构式如下：

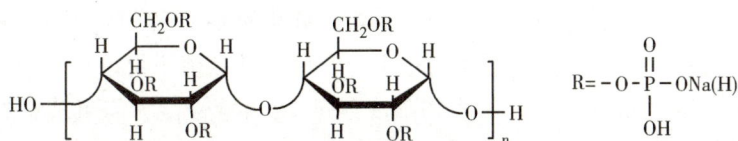

磷酸淀粉钠化学结构式

磷酸淀粉钠分子是构成淀粉的葡萄糖的羟基与磷酸形成的酯，结合状态因制法而异。一分子磷酸与一分子葡萄糖结合成单酯称Ⅰ型磷酸淀粉钠，两分子结合称Ⅱ型磷酸淀粉钠。淀粉分子中仅部分葡萄糖与磷酸结合，磷酸的含量因制法而异。

《中国药典》（2020 年版）四部将磷酸淀粉钠作为药用辅料列入正文。按药典方法检查，磷酸淀粉钠的 1%（W/V）水溶液 pH 值为 4.5～7.0；能通过六号筛的样品量不得少于供试量的 90%，不能通过三号筛的样品量不得过供试量的 0.5%；灰分不得过 0.3%；游离磷酸盐不得过 1.5%；干燥失重不得过 15.0%；二氧化硫不得过 0.004%；铁盐含量不得过 0.002%；氧化物质不得过 0.002%；微生物限度：每 1g 磷酸淀粉钠需氧菌总数不得过 10^3 cfu，霉菌和酵母菌总数不得过 10^2 cfu，不得检出大肠埃希菌。磷酸淀粉钠需密闭，在干燥处保存。

（二）性质

磷酸淀粉钠为白色粉末，无臭。

1. 溶解性与吸湿性　磷酸淀粉钠不溶于水或乙醇。稍有吸湿性，室温下吸湿 18% 成饱和状态，比一般的增稠剂易分散于水中，且稳定。

2. 黏性　磷酸淀粉钠水溶液具有一定的黏度，其水溶性呈半透明类白色的凝胶状物。

3. 糊化　Ⅰ型磷酸淀粉钠遇水在常温下糊化，糊化温度随磷酸结合量的增大而降低，低温状态的稳定性增大，但黏度降低。Ⅱ型磷酸淀粉钠与水一起加热则糊化，通常在同一分子内Ⅰ型和Ⅱ型同时存在，糊化温度（约 60℃）比一般淀粉低，双酯含量多则难糊化。

4. 安全性　磷酸淀粉钠 LD_{50}＞19.24g/kg（小鼠灌胃），无毒，一般认为是安全的。

（三）应用

磷酸淀粉钠在药剂中用作增稠剂、稳定剂、黏合剂等，可用于液体制剂和固体制剂，在液体制剂中起增稠、助悬和稳定等作用，在固体制剂中起黏合、稀释、赋形等作用。磷酸淀粉钠也是食品添加剂，主要使用含Ⅱ型多的制品，以改善黏度、稳定性及分散性，且防老化。用量酌情而定，作增稠剂一般用量为 0.1%～2%。

可用于面制品、焙烤预制粉 1%～2%；果酱 0.02%～0.2%；橘皮果冻 0.1%～0.5%；布丁 1%～2%；冰激凌 0.1%～0.5%；速溶可可 1%～2% 及蛋黄酱、调味酱、沙司、其他果冻类制品等。

六、可溶性淀粉

（一）概述

可溶性淀粉（soluble starch）是淀粉通过酸水解等方法加工，改善其在水中溶解度而制得。玉米、木薯、马铃薯的淀粉都可制成可溶性淀粉。

《中国药典》（2020 年版）四部将可溶性淀粉作为药用辅料列入正文。按药典方法检查，可溶性淀粉 1%（W/V）水溶液 pH 值为 6.0～7.5；氧化物质不得过 0.002%；氯化物不得过 0.2%；硫酸盐不得过 0.1%；干燥失重不得过 13.0%；炽灼残渣不得过 0.5%；重金属不得过百万分之二十；砷盐不得过 0.0002%；微生物限度：每 1g 可溶性淀粉需氧菌总数不得过 10^3 cfu，霉菌和酵母菌数总数不得过 10^2 cfu，不得检出大肠埃希菌。可溶性淀粉密封保存。

（二）性质

可溶性淀粉为白色或类白色粉末，无臭无味，不溶于冷水、乙醇和乙醚。在沸水中可溶解为透明溶液，冷却后不结冰，1%溶液为透明的乳状液体。

可溶性淀粉无还原物质，化学性质稳定。

（三）应用

可溶性淀粉在片剂、胶囊剂等剂型的生产中有广泛的应用。可溶性淀粉比糊精稳定，吸附力强，在制备胶囊剂时，加入可溶性淀粉可以改善药物的流动性。

可溶性淀粉作为赋形剂用于颗粒剂的制备，可以克服糊精黏度大、不易制粒的缺陷，工艺简化，且制备的颗粒剂口感较好，常用于无糖颗粒的制备。

【应用实例】天麻素淀粉微球

处方组成：天麻素；可溶性淀粉，液体石蜡，司盘-80，环氧氯丙烷。

制备方法：取可溶性淀粉溶于 NaOH 溶液，静置除气泡；将天麻素分散于液体石蜡中，滴入上述可溶性淀粉溶液中制初乳。将初乳加入含司盘-80 的油相中，乳化，再加入环氧氯丙烷，交联，离心，取下层微球用醋酸乙酯、无水乙醇、丙酮各洗涤数次，减压干燥，即得。

解析：

①天麻素用于偏头痛、晕眩等脑部疾病的治疗。但其为水溶性药物，常规途径给药脑内药物浓度低，影响其在脑部的作用。因此，制成微球经鼻吸收，以提高其在脑组织中分布含量。

②天麻素淀粉微球采用复乳化交联法制备。可溶性淀粉作为载体材料，具有良好的生物黏附特性，遇到鼻黏液时可高度膨胀，形成凝胶体系，黏附在鼻黏膜表面，延长药物的滞留时间，提高天麻素的经鼻递送效率，从而提高其在脑部的生物利用度，解决了常规剂型释药快、给药频繁及给药剂量大的不足；司盘-80 为乳化剂；环氧氯丙烷为交联剂。

七、糊精

（一）概述

糊精（dextrin）为淀粉在少量酸和干燥状态下经加热改性而制得的聚合物，含水量 5%，$\overline{M}_r$ 为 $4.5×10^3$，价廉，易得。制药工业所用糊精分为白糊精、黄糊精。白糊精几乎无味，黄糊精具有特殊气味。

《中国药典》（2020年版）四部将糊精作为药用辅料列入正文。按药典方法检查，糊精10%（W/V）水溶液酸度检查应显粉红色；氯化物不得过0.2%；硫酸盐不得过0.1%；干燥失重不得过10.0%；炽灼残渣不得过0.5%；重金属不得过百万分之二十；微生物限度：每1g糊精需氧菌总数不得过10^3cfu，霉菌和酵母菌总数不得过10^2cfu，不得检出大肠埃希菌。糊精密封保存。

（二）性质

糊精为白色或类白色无定形粉末，无臭，味微甜。

1. 溶解性及吸湿性　糊精在冷水中溶解较慢，易溶于沸水中，并形成黏胶状溶液，放冷黏度增加，具触变性。不溶于乙醇、乙醚。

2. 黏性　糊精有多种规格，并有相应的黏度。糊精的黏度随着转化深度的加深逐渐降低。糊精溶液的黏度随其老化、凝胶化而增加。

3. 安全性　糊精安全无毒，小鼠静注LD_{50}为0.35g/kg。

（三）应用

1. 填充剂　糊精作为片剂的填充剂常与淀粉混合使用，根据需要确定用量，若用量超过50%，宜采用40%～50%乙醇作润湿剂，制得的颗粒松紧适宜。糊精因具有较强的黏结性，使用不当会使片面出现麻点、崩解或溶出迟缓等现象。

2. 赋形剂　糊精常与糖粉、乳糖等合用作颗粒剂的赋形剂，糊精亦常用于无糖颗粒的制备。以糊精、微晶纤维素、乳糖按一定比例混合，所制得颗粒不仅外观均匀、美观，且具有较高的抗湿能力及良好的溶化性。

附：环糊精

环糊精（cyclodextrin，CD）系淀粉经酶解环合后得到的由6～12个葡萄糖分子连接而成的环状低聚糖化合物。常见的CD由6、7、8个葡萄糖分子通过α-1,4-苷键连接而成，分别称为α-CD、β-CD、γ-CD，其中以β-CD应用最多。

对β-CD进行结构修饰，可改善某些方面的性质。将甲基、羟丙基、羟乙基等基团通过与分子中的羟基进行烷基化反应引入到β-CD分子中，可形成许多品种的β-CD。如甲基β-CD，羟丙基β-CD，糖基β-CD等均易溶于水，为亲水性β-CD衍生物，能包合多种药物，使溶解度增加；乙基化β-CD为疏水性β-CD衍生物，可降低药物溶解度，还可以用作水溶性药物的缓释载体。

包合技术是一种分子被包嵌于另一种分子的空穴结构中，形成包合物的技术。包合主要是一种物理过程，包合材料称为主分子、被包合的药物称为客分子。环糊精作为包合材料，包合药物后可产生的作用有：①防止挥发油挥发；②改善药物的溶解度，提高药物的生物利用度；③液体药物粉末化，便于制剂；④掩盖不良嗅味，减少药物的刺激性和毒副作用。《中国药典》（2020年版）四部将倍他环糊精（β-CD）、羟丙基倍他环糊精（HP-β-CD）、伽马环糊精（γ-CD）和阿尔法环糊精（α-CD）作为药用辅料列入正文。

第二节　纤维素及其衍生物

一、概述

　　纤维素（cellulose）是自然界中储量最大的天然高分子材料，是植物纤维的主要组成之一，具有价廉易得、易生物降解、不造成环境二次污染等特点。作为药剂重要辅料的药用纤维素主要来自棉花。棉花是自然界中纤维素含量最高的植物，棉纤维含纤维素高达90％以上。从棉籽表皮剥下的短纤维称为棉绒（cotton linter），其中长度较长的优质棉绒用于纺织品生产，较短的则作为工业制备纤维素衍生物的重要原料。木材含有40％～50％的纤维素，也是现代工业纤维素的主要来源。

　　利用纤维素分子中含有大量羟基的特点，采取与淀粉改性类似的物理、化学方法，对纤维素分子进行结构修饰，得到一系列的酯化和醚化等改性纤维素高分子材料，称为纤维素衍生物。这些纤维素衍生物已广泛应用于制药领域，成为重要的药辅材料。

（一）纤维素的基本结构与性质

　　1. 纤维素的链结构　　纤维素分子为长链线型高分子化合物，其结构单元是 β-D-吡喃葡萄糖，每个纤维素大分子是由 n（M/162）个葡萄糖互以 β-1,4-苷键连接而成，与直链淀粉相似，没有分支。分子式为 $HO{\left[C_6H_{10}O_5\right]}_n H$，其化学结构式如下：

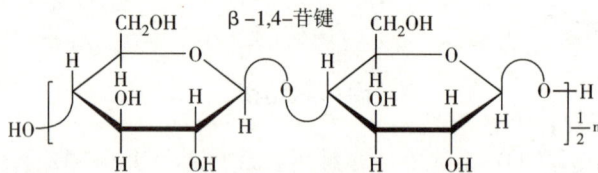

纤维素化学结构式

　　虽然纤维素和淀粉都属于葡聚糖，水解后都能得到 D-葡萄糖，但是，二者的近程结构不同，单元之间的键接方式分别为 β-1,4-苷键和 α-1,4-苷键（支链的含 α-1,6-苷键）。不仅如此，纤维素的大分子之间按绳索状排列，而淀粉大分子各自以螺旋状构象存在，所以，纤维素与淀粉的远程结构也不相同。

　　纤维素的晶格结构主要源于纤维素分子间和分子内存在大量氢键以及范德华力。在纤维素分子链中，结晶区（有序区）与无定形区（无序区）共存。结晶区的纤维素分子链段取向良好，平行排列，彼此靠得很近，分子间的氢键结合力强、密度大。非晶区的纤维素分子链段取向较差，分子排列不规则，分子间的距离较大，氢键数量少，密度小。

　　不论是棉花还是木材所含的纤维素，其天然状态具有几乎相同的平均聚合度，约为 1×10^4，而工业制备纤维素的聚合度因制备方法而异。

　　2. 纤维素的重要性质

　　（1）化学反应性　　纤维素大分子的每个葡萄糖单元含有 3 个醇羟基，显示多元醇的性质，其中 2 个仲羟基（2°OH），1 个伯羟基（1°OH），纤维素的酯化、醚化、接枝共聚以及分子间形成氢键、溶胀等都与纤维素分子中的羟基有关。结构单元中不同的羟基其反应活性不同，且受空间位阻的影响，1°OH 的反应速度比 2°OH 快 3～4 倍，从纤维素分子的构象式可以解释这一现象。

在大分子中 1°OH 比 2°OH 外露，更容易受到试剂的进攻，所以 1°OH 的活性高于 2°OH。另外，纤维素分子链端的两个葡萄糖单元结构也有所不同，链末端 C_4 上多一个 2°OH，链首葡萄糖单元中则在 C_1 上多一个游离的苷羟基，苷羟基的化学活性高于其他醇羟基且数量较多，所以，聚合度较低的纤维素其化学活性较高，是因为苷羟基的数量较多的缘故。

苷羟基可通过异构化转变成醛基，即存在醛式结构葡萄糖与吡喃环葡萄糖之间的动态平衡，因此在一定条件下"应"显醛基的性质，由于高分子链大多呈蜷曲状存在，醛基数量很少，并受到屏蔽，多数情况下不显示醛的化学性质。

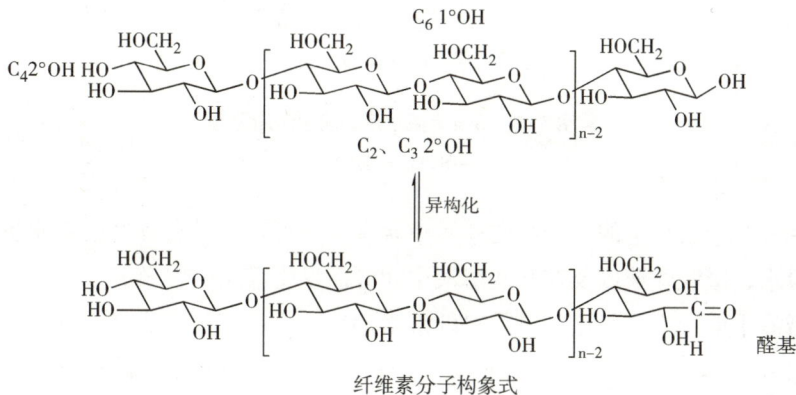

纤维素分子构象式

（2）氢键的作用　纤维素大分子链上分布的大量 -OH，容易在分子内或分子间形成氢键。纤维素的聚合度很大，分子间的氢键力远远大于范德华力和链上（C-O-C）的主价力。常态下，纤维素中结晶相内链段上的 -OH 均形成氢键，在非晶相则有少量未形成氢键的游离 -OH，所以水分子可以进入非晶区。纤维素分子中氢键的破裂与再生，对纤维素材料的性质如吸湿性、溶解度及反应活性等均有影响。

纤维素性能改变的化学途径有两种：一种是破坏纤维素分子内和分子间的氢键，使其强度大大下降，溶剂易浸入而发生溶胀。如纤维素常用碱处理，破坏氢键，使结构变得松弛，纤维素分子间的相互作用变弱，分子链上的 -OH 易于发生酯化、醚化等化学反应。碱处理使氢键削弱，当洗涤去碱后，氢键得以恢复，结晶性回升；第二种是链端苷羟基处的吡喃葡萄糖单元开环，大分子链发生解聚，纤维素的一切性能随之发生变化或消失。

（3）吸湿性　由 X-射线衍射的研究表明，纤维素吸水后和再经干燥，二者的 X-射线衍射图没有改变，说明水分子没有进入晶相，水分子吸附只发生在非晶相。

当水蒸气与纤维素接触时，水分子进入非晶相与游离 -OH 形成氢键，水分子被 -OH 吸附后，纤维素分子间空隙增大发生溶胀，溶胀的结果是出现新的游离 -OH，于是有了新的吸附中心，吸附面积扩大，直到接近晶相区为止，但是不能进入晶相区，这就是纤维素对水的吸附过程。实际上，纤维素对水的吸附应包括吸湿和解湿（脱水）两个过程，在干燥条件下，解湿就是吸湿的逆过程，但是这个过程有其特殊性。同一纤维素在同一温度和同一 RH 下，吸湿时的吸湿量总是比解湿时的吸湿量低，这种情况被称为滞后现象，见图 3-1。其原因是当纤维素吸湿发生溶胀时，水分子进入非晶相，遭到内部应力的阻力（即存在自发保持原有氢键的倾向），吸附中心（即游离 -OH）较少，所以吸湿量较低。而当纤维素解湿时发生收缩，水分子离开非晶相时，同样也遭到内部应力的阻力（即尽力使被吸附的水分子不挥发），吸附中心较多，故吸湿量较高。由此可见，决定吸湿量的主要因素是吸附中心，而不是相对湿度。只有在相对湿度为 0% 或 100% 时，吸湿和解湿才相等，而其他 RH 下都有滞后现象。如纤维素在 RH 为 60% 时，其吸湿量为 5%，干燥后再回到 RH 为 60% 时，其吸湿量为 8%。

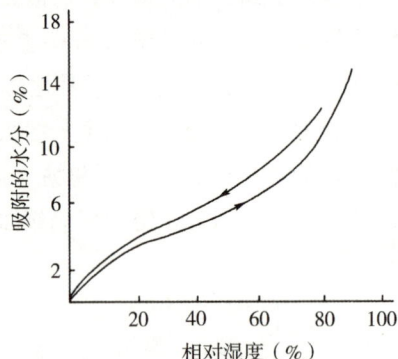

图 3-1　纤维素吸水后的脱水滞后图
→吸水，←脱水

（4）溶胀性　纤维素分子的每个结构单元中含有多个羟基，具有良好的亲水性，能被水很好的湿润，并有吸水、吸收碱液以及在某些溶液中润湿而发生溶胀的性质。

纤维素在碱液中能产生溶胀这一特点对纤维素衍生物合成有很大意义。纤维素的有限溶胀可分为晶相间溶胀（液体只进到晶相间的非晶区，其 X-射线衍射图不发生变化）和晶相内溶胀（纤维素的 X-射线衍射图谱改变，而出现新的 X-射线衍射图谱）。

（5）降解

①热降解：纤维素在受热条件下，可发生水解和氧化降解。在 20～150℃，只发生纤维素的脱水；150～240℃产生葡萄糖基脱水；240～400℃则纤维素分子中的苷键（C-O-C）断裂，生成新的小分子化合物。

②机械降解：纤维素原料经磨碎、压碎或强烈压缩时，可发生降解。受机械作用，纤维素聚合度下降。机械降解后除纤维素分子中的化学键断裂外，还会破坏纤维素的晶体结构及大分子间的氢键，因此，比氧化、水解或热降解的纤维素具有更强的反应能力和较高的碱溶解度。

③水解性：纤维素的主链结构属于醚类，醚类化合物对酸敏感，所以，纤维素分子中的苷键（也属于醚键）在浓酸（常用浓硫酸或浓盐酸）催化或较高温度条件下，发生水解反应。比如，以硫酸处理纤维素，当硫酸的浓度高于 0.285mol/L，酸液温度高于 60℃时，纤维素的聚合度明显下降；当硫酸的浓度低于 0.285mol/L，温度低于 60℃时，纤维素聚合度下降缓慢，降解速率随降解时间的延长由快而变缓。一般情况下纤维素对碱比较稳定，在高温下才可能产生碱性水解。

（二）纤维素衍生物

1. 常用纤维素衍生物的分类　硝酸纤维素（cellulose nitrate）是最早被合成的无机酸纤维酯，诞生于 1832 年，二战期间被用于制造无烟炸药。醋酸纤维素（cellulose acetate）是第一个被采用的有机酸酯，醚类的合成要晚些。由于纤维素结构与淀粉相似，其化学结构修饰方法与淀粉很相近，也是按葡萄糖结构单元中三个 -OH 上的酯化、醚化、交联和接枝等进行分类，经化学结构修饰而成的纤维素衍生物不仅有效改善纤维素在药物制剂中应用，而且显著影响药物传递过程。改性后得到纤维素衍生物种类很多，常用的几种纤维素衍生物的化学结构式见图 3-2。

2. 影响纤维素衍生物性质的主要因素

（1）取代基团的性质　纤维素衍生物的溶解性与引入的取代基团极性有关。引入极性基团的纤维素衍生物易溶于水，如羧甲纤维素钠、羟乙纤维素。引入疏水性基团的纤维素衍生物几乎不溶解于水，如乙基纤维素。

（2）被取代羟基的比例 纤维素酯化和醚化时被取代-OH 的比例一般以取代度（degree of substitute，DS）来表征，DS 值在 0～3 之间。表 3-1 为几种纤维素衍生物取代度与取代基的相对含量。或以摩尔取代数（molar substitution，MS）来表征，指平均每个葡萄糖结构单元与环氧烃反应的摩尔数，此数值可超过 3。

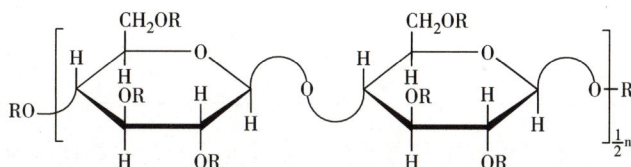

酯类

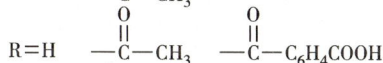

R=H $\quad$—$\overset{\overset{O}{\|}}{C}$—CH$_3$ $\qquad\qquad$ 醋酸纤维素（CA）

R=H $\quad$—$\overset{\overset{O}{\|}}{C}$—CH$_3$ $\quad$—$\overset{\overset{O}{\|}}{C}$—C$_6H_4$COOH $\qquad$ 纤维醋法酯（CAP）

醚类

R=H $\quad$—CH$_3$ $\qquad\qquad\qquad\qquad$ 甲基纤维素（MC）

R=H $\quad$—CH$_2$CH$_3$ $\qquad\qquad\qquad\qquad$ 乙基纤维素（EC）

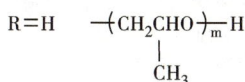 $\qquad\qquad$ 羟乙纤维素（HEC）

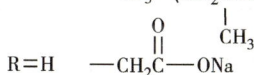 $\qquad\qquad$ 羟丙纤维素（HPC）

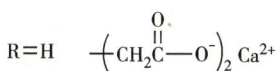 $\qquad\qquad$ 羟丙甲纤维素（HPMC）

R=H $\quad$—CH$_2$$\overset{\overset{O}{\|}}{C}$—ONa $\qquad\qquad$ 羧甲纤维素钠（CMC-Na）

R=H $\quad$—$(\text{CH}_2\overset{\overset{O}{\|}}{C}$—O$^-)_2$Ca^{2+} $\qquad$ 羧甲纤维素钙（CMC-Ca）

醚酯类

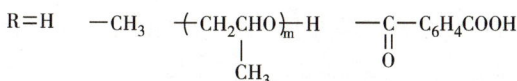 $\qquad$ 羟丙甲纤维素邻苯二甲酸酯（HPMCP）

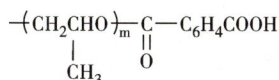

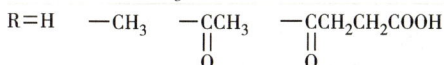 $\qquad$ 醋酸羟丙甲纤维素琥珀酸酯（HPMCAS）

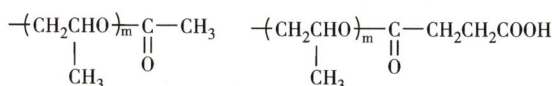

图 3-2 纤维素酯类、醚类及纤维素醚酯类的化学结构式

表 3-1　几种纤维素衍生物取代度与取代基团含量

取代度 (DS)	甲基纤维素 -OCH$_3$ (%)	乙基纤维素 -OC$_2$H$_5$ (%)	羧甲纤维素 -OCH$_2$COOH (%)	羟乙纤维素 -(OCH$_2$CH$_2$)$_n$OH (%)
0.5	9.2	10.3	19.6	16.5
1.00	17.6	23.7	34.1	29.6
1.50	25.4	33.0	45.2	40.1
2.00	32.6	41.3	53.9	48.8
2.50	39.9	48.5	61.0	56.1
3.00	45.6	54.9	66.9	62.2

受取代度影响最大的性质有溶解度和可塑性。取代度低的衍生物比纤维素对水更敏感，以致可以分散在水中。具有非极性取代基的纤维素衍生物，取代度提高，在水中的溶解度降低，另一方面可塑性增加，取代基的链越长，可塑性越大。

（3）重复单元中取代基的均匀度　事实上，要把纤维素中所有的-OH完全酯化或醚化是很困难的。其原因是：①纤维素分子位阻因素的影响，当1个或2个-OH被置换后，空间拥挤会阻碍反应完全。②其反应在多相条件下进行，试剂并不能到达所有的-OH部位，特别是晶相区的-OH部位。③所有可以接近的-OH有不同的反应能力，葡萄糖基上的三个-OH，各具有不同的反应能力，在不同试剂中其反应能力的相对比值也不尽相同。以上因素导致取代基在纤维素衍生物分子链上分布不均匀，所以反应产物中都包含全取代、部分取代及未取代产物。

（4）链平均长度及衍生物的M_r分布　侧链长度及M_r分布对纤维素衍生物的性能有显著的影响，虽然各国药典规定了取代基的含量范围，但在此范围内的含量差异也显著影响药物的释放性能。

二、粉状纤维素

（一）概述

粉状纤维素（powdered cellulose）是纤维素的一种，又称纤维素絮。$\overline{M_r}$约为2.43×10^5，聚合度约为500。

粉状纤维素的制法：在20℃条件下，将植物材料纤维浆用17.5%NaOH（或24% KOH）溶液处理，不溶解的部分（称α-纤维素）经纯化和机械粉碎制得。粉状纤维素的化学结构式如下：

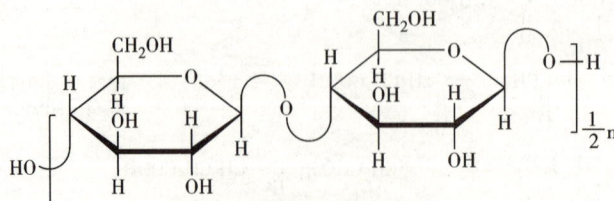

粉状纤维素的化学结构式

《中国药典》（2020年版）四部将粉状纤维素作为药用辅料列入正文。按药典方法检查，粉状纤维素的10%（W/V）水溶液pH值为5.0~7.5；醚中可溶物不得过0.15%；水中可溶物不得过1.5%；干燥失重不得过6.5%；炽灼残渣不得过0.3%；重金属不得过百万分之十。粉状纤维素密闭保存。

（二）性质

粉状纤维素为白色或类白色粉末或颗粒状粉末。具有纤维素的通性，粒度不同，其流动性和松密度不同。粉状纤维素真密度为 $1.5g/cm^3$，松密度为 $0.139\sim0.391g/cm^3$。具有一定的可压性，最大压紧压力约为 50MPa。

1. 溶解性　粉状纤维素在水、丙酮、无水乙醇、甲苯或稀盐酸中几乎不溶，在 5%（W/V）的 NaOH 溶液中微溶。在水中不溶胀，但在次氯酸钠（漂白剂）稀溶液中可溶胀。

2. 粒径和吸湿性　粉状纤维素商品有多种规格，其粒径大小从 $35\sim300\mu m$ 不等，呈粒状者，在 RH 为 60% 时，平衡吸湿量大都在 10% 以下，特细者，吸湿量较大，应密闭保存。

3. 安全性　粉状纤维素无毒、无刺激性。口服不吸收，大部分随粪便排出体外。含有纤维素的制剂吸入或注射时，会导致纤维素性肉芽肿的形成。

（三）应用

粉状纤维素可用作片剂、硬胶囊或散剂的稀释剂、黏合剂及崩解剂，粉状纤维素的流动性不佳，但它有很好的压实性，低结晶度的粉状纤维素可作为直接压片的辅料。

粉状纤维素用作片剂的黏合剂，用量为 5%～25%；用作片剂的崩解剂，用量为 5%～15%。

粉状纤维素还可作为软胶囊剂中降低油性悬浮性内容物的稳定剂，以减轻其沉降作用。也可作口服混悬剂的助悬剂。

三、微晶纤维素

（一）概述

微晶纤维素（microcrystalline cellulose，MCC）系含纤维素植物的纤维浆制得的 α-纤维素在无机酸的作用下部分解聚，纯化而得。$\overline{M}_r$ 约为 3.6×10^4，聚合度约 220，在水中的分散性、结晶度和纯度等与机械纤维素不同。国外市场上应用较多的是商品 Avicel pH 型微晶纤维素。MCC 的化学结构式如下：

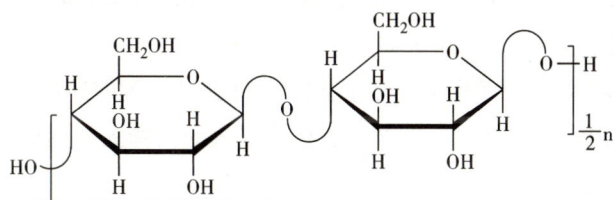

微晶纤维素的化学结构式

《中国药典》（2020 年版）四部将 MCC 作为药用辅料列入正文。按药典方法检查，MCC 的 pH 值应为 5.0～7.5；氯化物不得过 0.03%；水中溶解物不得过 0.2%；醚中溶解物不得过 0.05%；淀粉检查不得显蓝色；电导率不得过 $75\mu S/cm$；干燥失重不得过 7.0%；炽灼残渣不得过 0.1%；重金属不得过百万分之十；砷盐不得过 0.0002%。MCC 密闭保存。

（二）性质

MCC 为白色或类白色粉末或颗粒状粉末，无臭，无味。真密度为 $1.512\sim1.668g/cm^3$，松

密度约为 $0.337g/cm^3$。一般平均粒径为 $20\sim200\mu m$。易流动，粒径大小对流动性有很大影响，粒径大，粒间摩擦力小，流动性好。

1. 溶解性和吸湿性 MCC 可在水中迅速分散，但不溶于水、乙醇、乙醚、稀硫酸或 5％氢氧化钠溶液。

MCC 有吸湿性，其含湿量一般很低，在 RH 为 60％时平衡吸湿量约为 6％（W/W）。

2. 可压性 制药工艺中常以压制片的硬度衡量可压性，同一种原料在相同压力下，粒径越小，接触面积越大，可压性越大，片剂的硬度也越高。MCC 分子之间存在氢键，受压时氢键缔合，具有高度变形性，可被压制成有一定形状和坚实的压缩物，极具可压性。

3. 崩解性 MCC 为多孔性微细粉末，具有较大的比表面积，压制的片剂遇到水后，水分迅速进入含有 MCC 的片剂内部，氢键即刻断裂，显示出较好的崩解作用。一般 MCC 可吸收自身 $2\sim3$ 倍量的水，$1.2\sim1.4$ 倍量的油，对药物也有较大的容纳性。

市售 MCC 因生产方法不同，有不同规格的产品，大粒径的 MCC 流动性较好，低水分的 MCC 可与湿敏感物质一起配伍使用，高密度的 MCC 可改善物料的流动性。

4. 安全性 MCC 无毒、无刺激性。口服不吸收，几乎无潜在的毒性。滥用含 MCC 的制剂（吸入或注射），会导致纤维素性肉芽肿的形成。

（三）应用

1. 崩解剂 MCC 一般不单独用作崩解剂，往往和其他具溶胀性的辅料如淀粉、低取代羟丙纤维素联合使用，作崩解剂用量为 5％～15％。MCC 和淀粉（6.25∶1，W/W）混匀后，与药物直接压片，药片在 1 分钟内崩解，有效期内含量不变，并能提高药物稳定性。

2. 填充剂 MCC 对药物有较大的容纳量，为粉末直接压片的良好稀释剂，常用量为 20％～90％。MCC 作片剂的填充剂时，分子之间存在氢键，受压时氢键缔合，具有高度的可压性。微晶纤维素除作为稀释剂外还兼具有黏合、助流及崩解等作用。

3. 缓释材料 缓释制剂的制备过程中，药物分子与 MCC 分子羟基形成分子间氢键或被MCC 分子氢键所包含，干燥成型后药物分子被固定。当制剂与水或胃液或肠液接触时，由于水在 MCC 的毛细管系统内扩散引起溶胀，MCC 与药物分子间形成的氢键被破坏，使药物缓慢释放出来。

国外市场推出的 MCC 球形颗粒（microcrystalline cellulose spheres），圆整度和机械强度较高，可作为缓释微丸核芯。

4. 其他应用 MCC 有一定润滑性，可在制备片剂中加入 MCC 作抗黏剂，解决湿法制粒压片时出现的严重黏冲现象，用量 5％～20％；也可作倍散的稀释剂和丸剂的赋形剂；还可用作水包油型乳剂和乳膏的稳定剂。

【应用实例】肾炎四味片

处方组成：细梗胡枝子，黄芩，石韦，黄芪；微晶纤维素，羧甲淀粉钠。

制备方法：以上四味，除黄芩外，其余三味药材采用水提醇沉法，制得药液，经浓缩，干燥，粉碎成细粉；将黄芩粉碎，加水温浸，制得药液，加入明矾沉淀，滤过，干燥，粉碎，与上述细粉合并，加微晶纤维素、羧甲淀粉钠混匀。制粒，压片，包衣，即得。

解析：

①肾炎四味片具清热利尿，补气健脾功效。本处方采用干法制粒压片制备而成，方中浸膏量多，药性较黏，制备时需注意颗粒与粉末比例适中。

②处方中微晶纤维素为填充剂，同时兼有黏合、助流及崩解作用。微晶纤维素用作片剂辅料常用 PH101 和 PH102 两种规格，PH101 为标准型，用于湿法制粒压片；PH102 粒径大，流动性好，可用于干法制粒压片及粉末直接压片。羧甲淀粉钠为崩解剂。

四、微晶纤维素胶态二氧化硅共处理物

（一）概述

微晶纤维素胶态二氧化硅共处理物（co‐processed microcrystalline cellulose and colloidal silicon dioxide，SMCC）由微晶纤维素和胶态二氧化硅在水中共混干燥制得。按干燥品计算，含微晶纤维素应为 94.0%～100.0%。

《中国药典》（2020 年版）四部将 SMCC 作为药用辅料列入正文。按药典方法检查，SMCC 的 pH 值应为 5.0～7.0；水溶性物质不得过 0.25%；脂溶性物质不得过 0.05%；电导率不得过 $75\mu S/cm$；聚合度应不大于 350；干燥失重不得过 6.0%；炽灼残渣应为 1.8%～2.2%；重金属不得过百万分之十；微生物限度：每 1g SMCC 需氧菌总数不得过 10^3 cfu，霉菌和酵母菌数不得过 10^2 cfu，不得检出大肠埃希菌。SMCC 密封保存。

（二）性质

微晶纤维素胶态二氧化硅共处理物为白色或类白色微细颗粒或粉末；无臭，无味。

1. 溶解性　微晶纤维素胶态二氧化硅共处理物在水、稀酸、5%氢氧化钠溶液、丙酮、乙醇或甲苯中不溶。

2. 流动性、可压性及崩解性　微晶纤维素胶态二氧化硅共处理物从根本上改善了粉末的流动性能，突破了粉末直接压片工艺的主要技术瓶颈。由于微晶纤维素分子之间存在氢键，受压时氢键缔合，故具有高度的可压性；压制的片剂遇到液体后，水分迅速进入含有微晶纤维素胶态二氧化硅共处理物的片剂内部，氢键即刻断裂，有良好的崩解性。

（三）应用

1. 填充剂　微晶纤维素作为固体制剂填充剂和黏合剂，可用于湿法制粒、直接压片和胶囊填充。目前，微晶纤维素已经成为最为常用的粉末直压辅料。但由于粉末直接压片工艺对压片用物料的要求比较高，所用辅料必须具有较好的流动性、优良的可压性、较好的润滑性和较大的药物容纳能力，还必须具有广泛的适应性和较好的重复性。普通型号微晶纤维素因为其堆密度低、润滑敏感高、流动性差和可压性易受含水量影响等原因，无法满足粉末直接压片工艺的所有要求。微晶纤维素胶态二氧化硅共处理物是由微晶纤维素和二氧化硅按一定质量比混合，喷雾干燥而成，具有良好的流动性和可压性，可用于粉末直接压片。

2. 崩解剂及润滑剂　微晶纤维素胶态二氧化硅共处理物具有微晶纤维素和微粉硅胶共聚后的特殊性：①高流动性、高分散性和良好的可压性；②良好的抗吸湿性、高膨胀性和对低剂量药物的均匀分散能力，可适用于粉末直压工艺。微晶纤维素胶态二氧化硅共处理物在一定的压片条件下可以大大地减少崩解时限，达到口崩片 15 秒内分解成颗粒的技术指标，并且相应的脆碎度也有一定的改良。

此外，在制药工业中，微晶纤维素胶态二氧化硅共处理物还可用作吸附剂、助悬剂。所以微晶纤维素胶态二氧化硅共处理物是一种多功能性辅料。

五、醋酸纤维素

（一）概述

醋酸纤维素（cellulose acetate，CA）为部分或完全乙酰化的纤维素，按干燥品计算，含乙酰基（-COCH₃）应为 29.0%～44.8%。即每个结构单元有 1.5～3.0 个 -OH 被乙酰化，其结构式见图 3-2。

醋酸纤维素系将纯化的纤维素作为原料，以硫酸为催化剂，加过量的醋酐，使酯化完全，生成三醋酸纤维素，然后水解降低乙酰基含量，达到所需酯化度（取代度）的二醋酸纤维素或醋酸纤维素，其酯化反应如下：

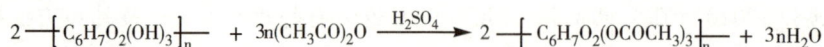

$$2 -\!\!\left[C_6H_2O_2(OH)_3\right]\!\!_n + 3n(CH_3CO)_2O \xrightarrow{H_2SO_4} 2 -\!\!\left[C_6H_2O_2(OCOCH_3)_3\right]\!\!_n + 3nH_2O$$

三醋酸纤维素是葡萄糖基中 3 个醇 -OH 均被醋酐酰化，而二醋酸纤维素和一醋酸纤维素是葡萄糖基中 2 个和 1 个醇 -OH 被醋酐酰化。醋酸纤维素因乙酰化的程度和分子链的长度不同，$\overline{M}_r$ 为 $3.8×10^4$～$1.22×10^5$。

《中国药典》（2020 年版）四部将 CA 作为药用辅料列入正文，按药典方法检查，CA 的黏度为标示黏度的 75%～140%；游离酸不得过 0.1%；干燥失重不得过 5.0%；炽灼残渣不得过 0.1%；重金属不得过百万分之十。CA 密封保存。

（二）性质

纤维素经醋酐酰化后，分子结构中多了乙酰基，只保留少量 -OH，结构的规整度降低，因此，其溶解性、渗透性、熔点、耐热性、燃烧性、吸湿性、电绝缘性也随之变化。

醋酸纤维素为白色、微黄白色或灰白色的粉末或颗粒，有引湿性。松密度为 0.4g/cm³，T_g 为 170～190℃，熔点为 230～300℃。

1. 溶解性 醋酸纤维素的溶解性受乙酰基含量的影响，一般情况下，CA 不溶于水或乙醇，溶于甲酸、丙酮或甲醇与二氯甲烷的等体积混合溶剂。随着乙酰基含量的减少，亲水性增加。醋酸纤维素在有机溶剂中的溶解度差异很大，不同类型的醋酸纤维素在有机溶剂中的溶解度见表 3-2。

表 3-2 醋酸纤维素在有机溶剂中的溶解度

有机溶剂	三醋酸纤维素	醋酸纤维素或二醋酸纤维素
二氯甲烷	溶	溶
二氯甲烷：甲烷（9：1）	溶	溶
二氯甲烷：异丙醇（9：1）	溶	溶
丙酮：甲醇（9：1）	不溶	溶
丙酮：乙醇（9：1）	不溶	溶
丙酮	不溶	溶
环己酮	不溶	溶

醋酸纤维素与二乙基酞酸酯、聚乙二醇、三乙酸甘油酯和枸橼酸三乙酯等增塑剂有相容性。三醋酸纤维素的乙酰基含量最大，熔点最高，因而限制了它与增塑剂的配伍应用，而且也限制了水的渗透性。

2. 黏性　10%（W/V）的醋酸纤维素溶液（有机溶剂），黏度为 10～230mPa·s。采用不同平均黏度的醋酸纤维素混合使用可得到所需黏度的溶液。

3. 渗透性　醋酸纤维素的乙酰化程度决定醋酸纤维素对水的渗透性。随着乙酰化程度的降低，醋酸纤维素的亲水性增加，渗透性增加。通过调整醋酸纤维素的乙酰化程度，可以控制包衣膜的渗透性，从而控制药物的释放速率。

4. 安全性　醋酸纤维素无毒、无刺激性。

（三）应用

1. 缓控释材料　醋酸纤维素用作渗透泵片的半透膜材料，只允许水分子进入片芯，药物被溶解后，渗透泵片内外形成的渗透压差，迫使药物从释药孔泵出，并通过释药孔孔径来控制药物的释放速率。如加 HPMC、PEG 作致孔剂，制成微孔型渗透泵片，药物可通过包衣膜上的微孔释放，减少由单一释药孔所造成的局部药物浓度过高而引起的刺激性。

醋酸纤维素可用来制备具有控释特性的载药微球、透皮吸收制剂，也可直接压片制成缓释制剂。

2. 包衣材料　醋酸纤维素可作片剂或颗粒剂的薄膜包衣材料，掩盖不良气味。醋酸纤维素在包衣过程中要使用大量有机溶剂，毒性大、易爆炸、污染环境。近年来，国外研制的醋酸纤维素水分散体，具有良好的物理稳定性，其平均粒径为 0.2μm，含固体量为 10%～30%，黏度为 50～100mPa·s，采用普通的薄膜包衣设备即可包衣。

3. 其他应用　三醋酸纤维素多年来用作肾渗析膜，直接与血液接触，无生物活性且很安全，在生物 pH 范围内稳定。二醋酸纤维素是制备微孔滤膜的常用材料。

六、纤维醋法酯

（一）概述

纤维醋法酯（cellacefate，CAP），又称醋酸纤维素酞酸酯，或称邻苯二甲酸醋酸纤维素，为部分乙酰化的纤维素与苯二甲酸酐缩合制得。按无游离酸和无水物计算，含苯甲酸甲酰基（-COC$_6$H$_4$COOH）应为 30.0%～36.0%，乙酰基（-COCH$_3$）应为 21.5%～26.0%。其主链化学结构式见图 3-2，美国富美实（FMC）公司生产的 CAP 商品名为 Aquateric。

《中国药典》（2020 年版）四部将 CAP 作为药用辅料列入正文，按药典方法检查，CAP 的黏度应为 45～90mPa·s；含水分不得过 5.0%；游离酸不得过 3.0%；炽灼残渣不得过 0.1%；重金属不得过百万分之十。CAP 遮光，密闭保存。

（二）性质

CAP 为白色或类白色的无定形纤维状、细条状、片状、颗粒或粉末，略有醋酸味。松密度为 0.260g/cm^3，熔点为 192℃，T_g 为 160～170℃。

1. 溶解性和吸湿性　CAP 在丙酮中溶胀成澄明或微浑浊的胶体溶液，不溶于水、乙醇、烃类及氯化烃类溶剂，在 pH 值为 6.0 以上的水溶液中溶解，故不被胃液破坏。一些混合溶剂可使 CAP 溶解，如丙酮与乙醇（1∶1）、丙酮与水（97∶3）、苯与甲醇（1∶1）、乙酸乙酯与乙醇（1∶1）及二氯甲烷与乙醇（3∶1），但其溶解度均在 10%（W/W）以下。

CAP 具吸湿性，25℃及 RH 为 60% 时，平衡吸湿量在 6%～7%。

2. 黏性 15%（W/W）的 CAP 丙酮溶液的黏度为 $50 \sim 90 mPa \cdot s$，以此作包衣液，呈蜂蜜状，其黏度受溶剂纯度的影响。

3. 稳定性 CAP 长期处于高温高湿条件，会发生缓慢水解，其游离酸含量、黏度和醋酸的臭味都相应增加。

4. 安全性 CAP 无毒、无不良反应。大鼠每天喂食含 30%CAP 的饲料 1 年，未显示生长抑制。

（三）应用

1. 包衣材料 CAP 作肠溶衣料可耐受长时间与强酸性胃液的接触，但在弱碱性或中性的肠环境中可溶解，用量为 $0.5\% \sim 9.0\%$。如以 CAP15g，丙酮 40mL，邻苯二甲酸二乙酯 3.75g，适量二氯甲烷的混合液作肠溶衣料，制得的肠溶衣片在人工胃液中保持 3 小时不变，而在人工肠液中 15 分钟即能溶解。

国外已开发了 CAP 的肠溶包衣水分散体（aqueous enteric coating dispersion），平均粒径为 $0.2 \mu m$，含固体量 $10\% \sim 30\%$，黏度很低。由于 CAP 的纤维酯中具有羧基，易吸湿而水解，长时间贮存易受片芯中药物酸碱性的影响，缓慢改变其溶解速率，且片芯中的崩解剂吸收水分后会失去崩解作用，因此，CAP 常与其他增塑剂或疏水性辅料如对苯二甲酸二乙酯、虫胶或十八醇等联合使用，以增加包衣衣膜的韧性，同时增强包衣层的抗透湿性。CAP 与其他包衣材料如乙基纤维素合用，可控制药物的释放。

2. 微囊囊材 CAP 可作微囊的囊材，以 CAP 为囊材制备的载药微囊剂，可显著提高药物的贮藏稳定性，药物的释放速率与囊材的组成、厚度及制备工艺有关。

七、羧甲纤维素钠

（一）概述

羧甲纤维素钠（carboxymethylcellulose sodium，CMC-Na），又称纤维素胶（cellulose gum），为纤维素在碱性条件下与一氯醋酸钠作用生成的羧甲纤维素钠盐。按干燥品计算，含钠（Na）应为 $6.5\% \sim 9.5\%$。其制备反应式如下：

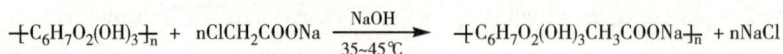

$$\text{(C}_6\text{H}_7\text{O}_2\text{(OH)}_3\text{)}_n + n\text{ClCH}_2\text{COONa} \xrightarrow[35\sim45℃]{\text{NaOH}} \text{(C}_6\text{H}_7\text{O}_2\text{(OH)}_3\text{CH}_3\text{COONa)}_n + n\text{NaCl}$$

所用纤维素原料不同，CMC-Na 的 $\overline{M_r}$ 在 $9 \times 10^4 \sim 7 \times 10^5$ 之间，其羧甲基取代度为 $0.59 \sim 1.0$。CMC-Na 的主链化学结构式见图 3-2。

《中国药典》（2020 年版）四部将 CMC-Na 作为药用辅料列入正文，按药典方法检查，CMC-Na 的 1%（W/V）水溶液 pH 值为 $6.5 \sim 8.0$；氯化物不得过 0.25%；硫酸盐不得过 0.5%；硅酸盐不得过 0.5%；乙醇酸钠不得过 0.4%；干燥失重不得过 10.0%；铁盐不得过 0.016%；重金属不得过百万分之十；砷盐不得过 0.0003%。CMC-Na 密封保存。

（二）性质

CMC-Na 为白色至微黄色纤维状或颗粒状粉末，无臭，有引湿性。松密度为 $0.52 g/cm^3$，pK_a 为 4.30，在 227℃变成棕色，在 252℃焦化。

1. 溶解性和吸湿性 CMC-Na 几乎不溶于丙酮、乙醇、乙醚、三氯甲烷和甲苯。在水中溶胀成胶状溶液，水中溶解度因取代度的不同而异。CMC-Na 的粒度对其分散和溶解性有相当大的影响，粗粒产品分散性较好，但溶解时间较长，细粒产品溶胀及溶解速率较快。

CMC-Na 含水量通常少于 10%，但 CMC-Na 是亲水化合物，在 37℃及 RH 为 80%时，可吸收大量水分（>50%）。

2. 黏性　CMC-Na 根据黏度可以分为低、中、高三种规格。市售的国外 CMC-Na 商品（如 Akucell AF）具有多种规格，按其 1%（W/V）溶液计，高黏度者黏度为 8~12Pa·s，中黏度者黏度为 2.5~8Pa·s，低黏度者黏度为 1~2.5mPa·s。浓度增加，CMC-Na 水溶液的黏度增大。高温持续加热，可使黏度降低。

3. 稳定性　CMC-Na 水溶液在 pH 值 2~10 时稳定，当 pH 小于 2 时，会产生沉淀；当 pH 大于 10 时，溶液的黏度急剧下降；在 pH 值 7~9 时，黏度最大且稳定。

CMC-Na 在 160℃干热灭菌 1 小时，黏度急剧降低。CMC-Na 水溶液加热灭菌，同样导致黏度下降，灭菌后，黏度大约下降 25%。通过 γ-射线辐射灭菌也会导致黏度降低。

4. 安全性　CMC-Na 无毒，无刺激性。皮下注射能使动物产生炎症，重复注射，会出现组织纤维化。CMC-Na 不宜用于静脉注射。

（三）应用

1. 成膜材料　CMC-Na 可用作膜剂的成膜材料，CMC-Na 可单独使用，或将聚乙烯醇（PVA）、CMC-Na 和聚羧乙烯以一定的比例混合，制成的膜剂能显著增加对黏膜的黏附力，延长膜剂在口腔内的滞留时间，提高药效。

2. 黏合剂与增稠剂　CMC-Na 用作片剂的黏合剂，黏性较强，常用于可压性较差的药物，用量为 1.0%~6.0%。CMC-Na 可作为液体制剂的增稠剂，增加药液的黏度，对某些毒性大、刺激性强的药物能降低药物的毒副作用。

3. 骨架材料　CMC-Na 用作亲水性凝胶骨架片的骨架材料，常用于中等黏度级别的产品，常用量为 3%~6%，骨架片随 CMC-Na 用量的增加，释药速率递减。

4. 其他应用　CMC-Na 可作崩解剂，聚合度高而取代度低的 CMC-Na 崩解作用好；还可用作乳剂的稳定剂。

CMC-Na 滴眼液可润湿眼球、缓解眼部干涩；CMC-Na 有微弱中和胃酸的作用，作为抗酸剂，对胃黏膜溃疡面有保护作用；CMC-Na 口服不被胃肠道消化吸收，但可吸收肠内水分而膨化，使粪便容积增大，刺激肠壁，故 USP 收载作膨胀性通便药。

此外，CMC-Na 还是自黏合造瘘术、伤口护理材料和皮肤用贴剂中的主要材料，可吸收伤口的分泌物或皮肤的汗水。

【应用实例】复方熊胆滴眼液

处方组成：熊胆粉，天然冰片；硼砂，硼酸，氯化钠，羟苯乙酯，羧甲纤维素钠。

制备方法：取熊胆粉用水溶解，加乙醇加热回流滤过备用；硼砂、硼酸、氯化钠、羟苯乙酯溶于水，滤过备用；将天然冰片重结晶，滤过，水洗备用；将羧甲纤维素钠溶于水，滤过备用。将天然冰片微晶与上述三种滤液混匀，加水至处方量，混匀，灭菌，分装，即得。

解析：

①复方熊胆滴眼液具清热降火，退翳明目功效。熊胆粉用水溶解、乙醇回流得到的滤液及天然冰片用乙醇、水重结晶成微晶，该制剂经上述纯化方法处理后，不仅提高纯度，而且减少对眼部的局部刺激性。

②处方中羧甲纤维素钠加水制成的胶浆作为增稠剂，能提高滴眼液的稳定性，减少药物对眼部的刺激性，缓解眼部干涩，改善药物在眼部的附着，延长药物与眼部的接触时间，从而促进药效的发挥。

③处方中硼砂、硼酸为 pH 值缓冲液，可增加滴眼液的稳定性，避免刺激性；氯化钠为渗透压调节剂，以调节滴眼液与泪液等渗；羟苯乙酯为抑菌剂。

八、羧甲纤维素钙

（一）概述

羧甲纤维素钙（carboxymethylcellulose calcium，CMC-Ca），为羧甲纤维素钙盐，取代度为 1.0，为羧甲纤维素钠经酸化、钙化后粉碎而成。CMC-Ca 的主链化学结构式见图 3-2，其制备反应式如下：

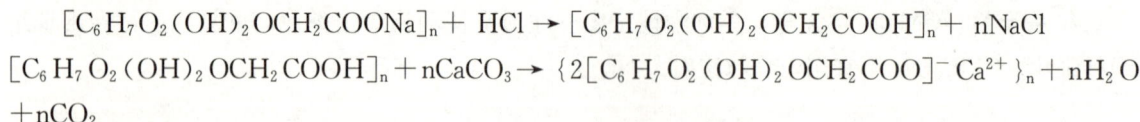

$$[C_6H_7O_2(OH)_2OCH_2COONa]_n + HCl \rightarrow [C_6H_7O_2(OH)_2OCH_2COOH]_n + nNaCl$$

$$[C_6H_7O_2(OH)_2OCH_2COOH]_n + nCaCO_3 \rightarrow \{2[C_6H_7O_2(OH)_2OCH_2COO]^- Ca^{2+}\}_n + nH_2O + nCO_2$$

《中国药典》（2020 年版）四部将 CMC-Ca 作为药用辅料列入正文，按药典方法检查，CMC-Ca 的1%（W/V）水溶液酸度检查不应出现红色；氯化物不得过 0.3%；硫酸盐不得过 1.0%；干燥失重不得过 10.0%；炽灼残渣应为 10.0%～20.0%；重金属不得过百万分之二十。CMC-Ca 密闭保存。

（二）性质

羧甲纤维素钙为白色或黄白色粉末，有引湿性，表观密度为 $450\sim550g/cm^3$，有很好的可压性和崩解性。

1. 溶解性　羧甲纤维素钙不溶于水，但在水中溶胀数倍并形成混悬液，在 0.1mol/L 盐酸溶液中不溶，但微溶于 0.1mol/L 氢氧化钠溶液中，在丙酮、乙醇、甲苯、乙醚或氯仿中不溶。

2. 稳定性　羧甲纤维素钙对光、热、空气和微生物都很稳定。

3. 安全性　羧甲纤维素钙用于口服及局部药物制剂中，其作用类似于羧甲纤维素钠，被广泛认为是一种无毒、无刺激性的物质，但与其他纤维素衍生物一样，大量口服后有轻泻下作用。

（三）应用

1. 崩解剂　羧甲纤维素钙在水中不溶，但由于其和水接触后体积膨胀到原体积的几倍，赋予药剂良好的崩解性，且可提高片剂的制片压力和硬度，减少药片重量差异，作为片剂崩解剂的浓度为 1%～15%（W/W），超过此浓度，片剂的硬度减少。羧甲纤维素钙用于片剂崩解剂，优于羧甲淀粉钠。口服药片菲那西汀制备中，如以 CMC-Ca 为崩解剂，在 4 吨压力下压片，硬度 8.3kg，其崩解时间约为 1 分钟，而采用羧甲淀粉钠为崩解剂，其崩解时间在 10～20 分钟，效果远远低于羧甲纤维素钙。

2. 黏合剂　羧甲纤维素钙具有黏结力适中、表观密度高、稳定性好、无毒副作用等特点，作为片剂黏合剂的浓度为 5%～15%。

3. 助悬剂或增稠剂　羧甲纤维素钙有类似于羧甲纤维素钠的用途，作为助悬剂或增稠剂用于口服和局部药物制剂中。

在食品工业中用作增稠剂、黏合剂、分散剂，具有改善口感、分散等性能，广泛应用于钙饼干、钙威化饼、颗粒剂、乳饮料、膏剂。

九、交联羧甲纤维素钠

（一）概述

交联羧甲纤维素钠（croscarmellose sodium，CCMC-Na）又称改性纤维素胶，为交联的、部分羧甲化的纤维素钠盐。

美国富美实（FMC）公司商品名为 Ac-Di-Sol 的交联羧甲纤维素钠有两种规格：A 型 pH 值为 5.0～7.0，取代度为 0.60～0.85，氯化钠及乙醇酸钠总量低于 0.5%，沉降容积为 10.0～30.0mL；B 型 pH 值为 6.0～8.0，取代度为 0.63～0.95，氯化钠及乙醇酸钠总量低于 1.0%，沉降容积在 80.0mL 以下。

交联羧甲纤维素钠的制法：将碱纤维素与氯乙酸钠反应得到羧甲纤维素钠，待取代反应完成，且全部 NaOH 耗尽后，过量的氯乙酸钠缓慢水解为乙醇酸。乙醇酸将部分羧酸钠基团转化为游离酸，并催化交联生成交联羧甲纤维素钠。将交联羧甲纤维素钠磨碎，降低聚合物纤维的长度，可改善其流动性。

《中国药典》（2020 年版）四部将交联羧甲纤维素钠作为药用辅料列入正文，按药典方法检查，交联羧甲纤维素钠的 1%（W/V）水溶液 pH 值为 5.0～7.0；沉降体积应为 10.0～30.0mL；羧甲基酸与羧甲基钠的取代度应为 0.60～0.85；氯化钠与乙醇酸钠总量不得过 0.5%；水中可溶物不得过 10.0%；干燥失重不得过 10.0%；炽灼残渣应为 14.0%～28.0%；重金属不得过百万分之十。交联羧甲纤维素钠密封保存。

（二）性质

交联羧甲纤维素钠为白色或类白色粉末，有引湿性，在无水乙醇、乙醚、丙酮或甲苯中不溶。商品 Ac-Di-Sol 松密度为 $0.529g/cm^3$，真密度为 $1.543g/cm^3$，比表面积为 0.81～0.83m^2/g。

1. 膨胀性和崩解性　交联羧甲纤维素钠不溶于水，在水中溶胀并形成混悬液，体积迅速溶胀至原体积的 4～8 倍，故交联羧甲纤维素钠具有较好的崩解作用。

2. 安全性　交联羧甲纤维素钠无毒、无刺激性。大量口服可能有缓泻作用。

（三）应用

交联羧甲纤维素钠作为普通片剂的崩解剂，由于交联键的存在形成强大的空间立体网状结构，有很强的吸水膨胀性，能使药片瞬时崩解，适用于直接压片和湿法制粒压片工艺，直接压片常用量为 2%（W/W），湿法制粒压片常用量为 3%（W/W）。交联羧甲纤维素钠与疏水性辅料压制的片剂，崩解作用更好，用量可低至 0.5%。

近年来，交联羧甲纤维素钠作为高效崩解剂在分散片中广泛应用。分散片是近年来国内外研究开发的一种速释新剂型，遇水可迅速崩解、均匀分散，具有吸收好、生物利用度高的特点。研究表明，分散片中多种崩解剂合用的效果明显优于单用一种崩解剂，如交联羧甲纤维素钠与低取代羟丙纤维素、交联聚维酮联合使用，采用内外加法，既能保证分散片迅速崩解，又能使崩解后的颗粒进一步分散。

口崩片是近年国外研究开发的新型固体剂型，是儿童、老年患者、昏迷患者理想的给药剂型。制备口崩片的关键是让制剂在口腔内迅速溶解或崩解，普通崩解剂难以担当此重任，将交联羧甲纤维素钠与 CMS-Na 联合使用可明显提高片剂在口腔内的崩解效率。

【应用实例】金芪降糖片

处方组成：黄连，黄芪，金银花；交联羧甲纤维素钠，预胶化淀粉，微晶纤维素，硬脂酸镁。

制备方法：黄连、黄芪、金银花三味药材分别采用酸水法、醇提法、水温浸法提取制得药液，经浓缩干燥，分别得干浸膏，合并，粉碎成细粉，加入交联羧甲纤维素钠、预胶化淀粉、微晶纤维素，混匀，干法制粒，加入交联羧甲纤维素钠及硬脂酸镁，混匀，压片，包衣，即得。

解析：

①金芪降糖片具清热益气功效。处方中三味药材均经浸提、浓缩、干燥得干浸膏，其目的是尽量提出有效成分或有效部位，最低限度地浸出无效成分及组织物质，减少服用量，以提高药物疗效，增加稳定性。

②处方中交联羧甲纤维素钠作为崩解剂，采用内外加法，其崩解既发生在颗粒内部又发生在颗粒之间，崩解效果较好。与羧甲淀粉钠合用，崩解效果更好，但与干淀粉合用时崩解作用会降低。处方中预胶化淀粉为填充剂；微晶纤维素为干燥黏合剂；硬脂酸镁为润滑剂。

十、甲基纤维素

（一）概述

甲基纤维素（methylcellulose，MC）为甲基醚纤维素，含甲氧基（-OCH$_3$）应为 27.0％～32.0％，取代度为 1.5～2.2，聚合度为 50～1500 不等，它的主链化学结构式见图 3-2。

MC 的制法：以碱纤维素为原料，与氯甲烷进行醚化而制得粉状成品，其反应式如下：

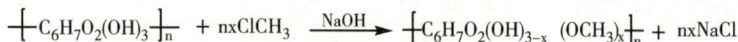

$$+C_6H_7O_2(OH)_3+_n + nxClCH_3 \xrightarrow{NaOH} +C_6H_7O_2(OH)_{3-x}(OCH_3)_x+_n + nxNaCl$$

《中国药典》（2020 年版）四部将 MC 作为药用辅料列入正文，按药典方法检查，MC 的黏度：低于 600mPa·s 黏度应为标示黏度的 80％～120％，不低于 600mPa·s 黏度应为标示黏度的 75％～140％；水溶液 pH 值为 5.0～8.0；干燥失重不得过 5.0％；炽灼残渣不得过 1.0％；重金属不得过百万分之二十；砷盐不得过 0.0002％。MC 密闭保存。

（二）性质

MC 为白色或类白色纤维状或颗粒状粉末，无臭，无味。真密度为 1.341g/cm^3，松密度为 0.276g/cm^3，相对密度为 1.26～1.31，熔点 280～300℃。

1. 溶解性和吸湿性　MC 在水中溶胀为澄清或微浑浊的胶体溶液，不溶于无水乙醇、三氯甲烷、乙醚、丙酮、甲醇、盐溶液或甲苯，溶于冰醋酸或等量混合的乙醇和三氯甲烷溶液。MC 在冷水中的溶解度与取代度有关，取代度为 2 时最易溶。

MC 微有吸湿性，在 25℃及 RH 为 80％时，平衡吸湿量为 23％。

2. 凝胶化　MC 水溶液可形成凝胶，温度上升，初始黏度下降，再加热反易胶化，取代度愈高，凝胶化温度愈低，如取代度为 1.24、1.46、1.66 和 1.89 的 MC，凝胶化温度分别为 65～75℃、61～65℃、56℃和 55℃，煮沸时产生沉淀，放冷再溶解。

MC 的凝胶化温度，随着浓度增加而下降；药物的存在可影响 MC 凝胶的性质；乙醇或聚乙二醇存在，凝胶化温度上升；电解质存在，凝胶化温度下降，加蔗糖及电解质至一定浓度时，可析出沉淀。

3. 黏性 2%（W/V）的 MC 水溶液，黏度为 $1.0 \times 10^5 \sim 1.3 \times 10^5 \, \mathrm{mPa \cdot s}$ 之间。溶液浓度增大黏度增加。温度升高黏度降低。MC 热凝胶化过程是可逆的，冷却后可再形成黏性溶液。MC 溶液的黏度可因药物或其他添加剂的存在而发生改变，其水溶液可被冷冻。

4. 稳定性 MC 溶液在室温下对 pH 值 3～11 的酸和稀碱稳定。在 pH 值低于 3 时，糖苷键由于酸催化而水解，并导致溶液黏度降低。MC 易霉变，故常用热压灭菌法灭菌，与常用的防腐剂有配伍禁忌。

5. 安全性 MC 安全、无毒，不被消化吸收。过量摄取 MC 可能会暂时地增加肠胃胀气。大鼠注射可引发血管性肾炎及高血压，故不宜用于静脉注射。

（三）应用

1. 黏合剂 低、中黏度的 MC 用作片剂的黏合剂，用量为 1.0%～5.0%，使用时，可用其干燥粉末也可用其溶液。5%MC 水溶液相当于 10%淀粉浆的黏度，制得的颗粒硬度基本相同。

2. 助悬剂 MC 可用作口服液体制剂的助悬剂，用量为 1.0%～2.0%，常代替糖浆或其他的混悬基质，起延迟混悬液沉降的作用。

3. 致孔剂 应用高取代度、低黏度的 MC 可作缓释包衣膜的致孔剂，以 MC 和乙基纤维素的混合溶液作颗粒剂、片剂或丸剂包衣材料，口服后 MC 即从乙基纤维素膜上溶出，使膜上形成许多微孔，膜内药物可从此通道以一定的速率向外扩散。

4. 增稠剂 0.5%～1.0%（W/V）的高取代度、高黏度 MC 溶液，可作滴眼剂的增稠剂，延长滴眼液在眼内的滞留时间；高黏度 MC 还可作乳膏和凝胶增稠剂，用量为 1.0%～ 5.0%。

5. 其他应用 MC 可为骨架材料制备亲水凝胶骨架型缓释制剂；也可作为胃内滞留片的骨架材料、微囊的囊材。

在治疗方面，MC 在肠内吸水膨胀，软化大便，增加容积，增加肠蠕动且无局部刺激作用，可用作增容通便剂，用量为 5.0%～30.0%。

十一、乙基纤维素

（一）概述

乙基纤维素（ethylcellulose，EC）为乙基醚纤维素，取代度为 2.25～2.60，含乙氧基（—OC$_2$H$_5$）应为 44.0%～51.0%。根据聚合度不同，$\overline{M}_r$ 有很大的差异。其主链化学结构式见图 3-2。

EC 的制法：以碱纤维素为原料，与氯乙烷进行醚化而得，洗去多余的氢氧化钠及副产物氯化钠，滤过后脱水，烘干得成品。其反应式如下：

$$\left[C_6H_7O_2(OH)_3 \right]_n + nxClC_2H_5 \xrightarrow{\text{NaOH}} \left[C_6H_7O_2(OH)_{3-x}(OC_2H_5)_x \right]_n + nxNaCl$$

《中国药典》（2020 年版）四部将 EC 作为药用辅料列入正文，按药典方法检查，标示黏度大于 6mPa·s 者，黏度应为标示黏度的 80%～120%；标示黏度小于或等于 6mPa·s 者，黏度应为标示黏度的 75%～140%；氯化物不得过 0.1%；乙醛不得过 0.01%；干燥失重不得过 3.0%；炽灼残渣不得过 0.4%；重金属不得过百万分之十；砷盐不得过 0.0003%。EC 密闭保存。

（二）性质

EC 为白色或类白色颗粒或粉末，无臭，无味，松密度为 0.4g/cm^3，相对密度为 1.12，T_g 为 129～133℃，软化点为 152～162℃。

1. 溶解性与吸湿性 EC 不溶于水、丙三醇或丙二醇，易溶于甲苯或乙醚。EC 的取代度不同，溶解性不同，见表 3-3。

表 3-3 不同取代度 EC 的溶解性

取代度	乙氧基含量（%）	溶解性
0.5	12.8	溶于 4%～8% 的 NaOH 溶液
0.8～1.3	19.5～29.5	分散于水中
1.4～1.8	31.3～38.1	溶 胀
1.8～2.2	38.1～44.3	在极性或非极性溶剂中的溶解度增加
2.2～2.4	44.3～47.1	在非极性溶剂中的溶解度增加
2.4～2.5	47.1～48.5	易溶于非极性溶剂
2.5～3.0	48.5～54.9	只溶于非极性溶剂

EC 基本不从湿空气或沉浸的水中吸收水分，置 25℃ 及 RH 为 80% 的空气中，平衡吸湿量为 3.5%。

2. 黏性 EC 的 $\overline{M}_r$ 越大，黏度越大；EC 浓度升高，黏度增加。市售商品有 7mPa·s、10mPa·s、20mPa·s、45mPa·s 及 100mPa·s 等不同等级。

3. 稳定性 EC 耐碱、耐盐溶液，有短时间的耐稀酸性。EC 在较高温度及受日光照射时易发生氧化降解，故宜在 7～32℃ 避光保存于干燥处。

4. 安全性 EC 无毒、无致敏性、无刺激性。口服 EC 在人体内不吸收、不代谢。

（三）应用

1. 包衣材料 EC 具有良好的成膜性，常用于颗粒或小丸的包衣。目前多采用 EC 水分散体包衣技术。EC 水分散体呈微小胶体颗粒，在水中悬浮形成乳胶，包衣后的小丸和颗粒能承受一定的压力，可以保护包衣层在压片过程中免于破裂。EC 水分散体包衣液的粒子大小在 0.05～0.3μm，黏度在 0.1Pa·s 以下，含固体量为 30%。EC 为疏水性辅料，不溶于胃肠液，常与 MC、HPMC 等水溶性聚合物或增塑剂共用，改变 EC 和水溶性聚合物的比例，可以调节药物透过衣膜层的扩散速度。

2. 骨架材料 EC 作为不溶性骨架材料在骨架片中的释药机理是液体穿透骨架，将药物溶解，然后从骨架的沟槽中扩散出来，骨架在胃肠中不崩解，药物释放后整体随粪便排出。不同黏度的 EC 制得的骨架片释放速度不同。制粒时可将其溶于乙醇，以挤出法或大片法制粒，或采用直接压片法制片。调节 EC 或水溶性黏合剂的用量，可改变药物的释放速度。

3. 微囊材料 高黏度的 EC 可作微囊的囊材，控制水溶性药物的释放，制备方法可采用相分离-凝聚法将 EC 和药物溶解在甲苯溶液中，在搅拌条件下逐渐滴加石油醚即形成微囊，经过滤、洗涤、干燥即得。还可采用乳化-溶剂扩散法制备挥发油微囊，所得微囊外观圆整且流动性好，微囊粒径大部分分布在 80～120μm 范围内，包封率高。药物从 EC 包囊的释放过程与微囊壁厚度和表面积有关。

4. 其他应用 在片剂制备过程中，EC 用作片剂的干燥黏合剂或以乙醇溶解作黏合剂。EC 可作软膏、洗剂或凝胶的增稠剂；EC 还可用作口腔贴片的基膜（背衬），该膜具有高抗张强度，使药物单向流动。

附：乙基纤维素水分散体

采用包衣技术制备缓释和控释制剂，可通过包衣膜来控制和调节药物在体内外的释放速率，缓释和控释包衣材料的溶剂可分为有机溶剂和水两种，有机溶剂存在易挥发、易燃、易爆、蒸汽毒性、对环境造成污染、成本高等缺点，以水为溶剂的聚合物水分散体包衣技术目前应用广泛。聚合物水分散体是采用不溶于水的聚合物，以水作为溶剂，加入乳化剂、增塑剂、稳定剂等辅料，制成的混悬于水中的不透明乳白色乳胶粒子，直径 10nm～1.0μm，具有固体含量高（可达30%）和低黏度的特点，常用于口服固体制剂的膜控包衣。

目前，聚合物水分散体的种类有聚丙烯酸树脂水分散体、乙基纤维素水分散体、醋酸纤维素水分散体及硅酮弹性体水分散体。此外还有几种肠溶材料水分散体，如纤维醋法酯水分散体、醋酸羟丙甲纤维素琥珀酸酯水分散体及羟丙甲纤维素邻苯二甲酸酯水分散体等。《中国药典》（2020年版）四部收载了乙基纤维素水分散体和乙基纤维素水分散体（B型）两种，作为药用辅料列入正文。

乙基纤维素水分散体为乳白色混悬液，含乙基纤维素应为标示量的 90.0%～110.0%，含适量的十六醇和十二烷基硫酸钠作为分散剂和稳定剂。按《中国药典》（2020年版）四部方法检查，黏度不得大于 150mPa·s；pH 值应为 4.0～7.0；二氯甲烷不得过 0.06%；干燥失重不得过71.0%；重金属不得过百万分之十。乙基纤维素水分散体密闭保存，避免冻结。

乙基纤维素水分散体（B型）为稳定的乙基纤维素水分散体。乳白色混悬液，有氨臭，含乙基纤维素应为标示量的 90.0%～110.0%，可加适量的增塑剂、稳定剂和助流剂。按《中国药典》（2020年版）四部方法检查，黏度值应为 400～1500mPa·s；pH 值应为 9.5～11.5；癸二酸二丁酯与油酸均应符合标示规定，且癸二酸二丁酯和油酸与乙基纤维素含量比值应分别小于 0.25 和0.15；正丁醇不得过 0.2%；甘油不得过 0.6%；二氯甲烷不得过 0.06%；中链甘油三酸酯应符合标示规定，且中链甘油三酸酯与乙基纤维素含量比值应小于 0.25；总固体应为 23.0%～26.0%；炽灼残渣不得过 1.95%；重金属不得过百万分之十。乙基纤维素水分散体（B型）25℃以下密闭保存，避免冻结。

乙基纤维素水分散体和乙基纤维素水分散体（B型）在制备时所加辅料的种类和剂量不同，造成两种乙基纤维素水分散体的黏度和 pH 值及所含成分不同，所以在用于包衣材料使用范围有差异。

【应用实例】扑尔敏包衣小丸

处方组成：扑尔敏；聚维酮（PVP K30），乙基纤维素水分散体。

制备方法：扑尔敏与 PVP K30，制成扑尔敏小丸，再用乙基纤维素水分散体包衣。

解析：

①扑尔敏是临床常用的组胺拮抗剂，水溶性高。使用后常见嗜睡、眩晕、上腹痛、口干等副

作用。为减少服药次数，降低副作用，制成缓释包衣小丸。

②乙基纤维素水分散体为水性包衣材料，可避免传统包衣方法中有机溶剂的使用。常用于颗粒或小丸的包衣。包衣后颗粒或小丸的承压力增加，可防止包衣层在后续压片过程中破裂。

③扑尔敏包衣小丸以不同浓度乙基纤维素水分散体包衣后，其累积释放度随乙基纤维素用量的增加而降低，适合的乙基纤维素用量，可使血药浓度平稳持久地保持在有效范围内，提高药物的安全性和有效性。聚维酮为黏合剂。

十二、羟乙纤维素

（一）概述

羟乙纤维素（hydroxyethyl cellulose，HEC）是纤维素的部分羟乙基醚，羟乙氧基（-OCH$_2$CH$_2$OH）含量在 30.0%～70.0%，属非离子型可溶纤维素醚类。其主链化学结构式见图 3-2。

HEC 的制法：以碱性纤维素为原料，与环氧乙烷（或 2-氯乙醇）经醚化反应制得。其反应式如下：

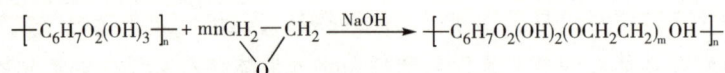

$$+C_6H_7O_2(OH)_3+_n + mnCH_2-CH_2 \xrightarrow{NaOH} +C_6H_7O_2(OH)_2(OCH_2CH_2)_mOH+_n$$

《中国药典》（2020 年版）四部将 HEC 作为药用辅料列入正文，按药典方法检查，HEC 的 1%（W/V）水溶液 pH 值为 6.0～8.5；氯化物不得过 1.0%；硝酸盐：黏度不大于 1000mP·s 者含硝酸盐不得过 3.0%，黏度大于 1000mP·s 者含硝酸盐不得过 0.2%；乙二醛不得过 0.002%；环氧乙烷不得过 0.0001%；干燥失重不得过 10.0%；炽灼残渣不得过 5.0%；重金属不得过百万分之二十。HEC 密闭保存。

（二）性质

HEC 呈白色或灰白色或淡黄白色粉末或颗粒，无臭，无味，具吸潮性。相对密度为 0.35～0.61，软化点为 135～140℃，205℃时开始降解。

1. 溶解性和吸湿性　低取代度 HEC 溶于稀碱液，其余 HEC 均溶于水，形成无色透明溶液。这是因为在 HEC 生产过程中，羟乙基不但可取代纤维素上的羟基，而且还可以与已取代基团中的羟基发生链型聚合反应，取代度高，水溶性好。HEC 在甘油或二元醇类极性有机溶剂中可溶胀或部分溶解，不溶于丙酮、乙醇、乙醚、甲苯及其他多数有机溶剂。

市售的国外 HEC 产品有溶解型、快速分散型两种型号。配制快速分散型 HEC 水溶液时，可先将 HEC 加入 20～25℃水中，缓缓搅拌，当 HEC 被充分润湿后，将溶液加热至 60～70℃以增加其分散速度，大约 1 小时即可达到充分分散。溶解型 HEC 在操作过程中应谨防聚集，并要剧烈搅拌，或可先用非水溶剂，如乙醇制成 HEC 糊状液，再分散于水中。

市售不同级别 HEC 的含水量均少于 5%（W/W），HEC 可吸潮，吸水量根据本身含水量和周围环境的 RH 不同而异。故 HEC 粉末需装入密闭容器中并置于阴凉、干燥处保存。

2. 黏性　HEC 的黏度范围非常宽，2%（W/V）水溶液的黏度范围在 2～2×10^4 mPa·s。不同级别的 HEC，其水溶液黏度不同。

3. 稳定性　HEC 的水溶液在 pH 值 2～12 的范围内相对稳定。HEC 溶液易被微生物侵蚀，使其降解而导致黏度降低，故长期放置需加入抑菌剂。

4. 安全性　HEC 无毒，无刺激性。在大鼠胃肠道不被吸收。由于其合成过程中有高浓度的乙二醇残留，故目前未被批准直接用于食品，但 FDA 已将其列为眼科制剂、口服糖浆和片剂、耳科及局部外用的辅料。

（三）应用

1. 助悬剂　HEC 是常见的高分子助悬剂，能在水中分散、溶解，产生黏稠胶体溶液，降低微粒的沉降速度，同时能被药物微粒表面吸附形成机械性保护膜，防止微粒间互相聚集或产生晶型转变，增加制剂的稳定性。HEC 作为高分子助悬剂受 pH 影响较小，但与某些药物配伍可能会发生沉淀反应。

2. 缓控释材料　HEC 可作为亲水凝胶骨架材料，控制药物的释放。HEC 还可作为胃内滞留系统的膨胀材料，将 HEC 和羧甲基壳聚糖（CMCS）通过戊二醛交联制成 CMCS/ HEC 凝胶，在胃酸环境中，当 CMCS：HEC 为 1∶1 时，该凝胶的最大溶胀度可达 4.2，可有效地避免药物被幽门排除，延缓药物在胃中滞留时间，使制剂具有良好的胃定位性能。

3. 包衣材料　HEC 作为薄膜包衣材料，主要用于改善吸潮和防止粉尘污染。采用 HEC 包衣一般用低黏度规格（多在 100mPa·s 以下），用量为 2%～5%。

此外，HEC 还可作液体药剂的增稠剂、片剂的黏合剂。

十三、羟丙纤维素

（一）概述

羟丙纤维素（hydroxypropyl cellulose，HPC）为部分取代 2-羟丙基醚纤维素。根据其取代基羟丙氧基含量的不同，分为低取代羟丙纤维素（L-HPC）和高取代羟丙纤维素（H-HPC）。

羟丙纤维素实际上即为高取代羟丙纤维素，含羟丙氧基（-OCH₂CHOHCH₃）应为 53.4%～80.5%；而低取代羟丙纤维素含羟丙氧基应为 5.0%～16.0%，具体内容见"十四、低取代羟丙纤维素"，$\overline{M_r}$ 为 $5×10^4$～$1.25×10^6$，其主链化学结构式见图 3-2。

HPC 的制法：以碱纤维素为原料，在加温及加压条件下与环氧丙烷醚化而成。HPC 根据分子量的大小和取代基的多少，有不同型号，反应式如下：

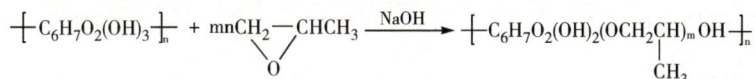

$$\left[C_6H_7O_2(OH)_3\right]_n + mnCH_2\!-\!CHCH_3 \xrightarrow{NaOH} \left[C_6H_7O_2(OH)_2(OCH_2CH)_mOH\right]_n$$
$$\underset{O}{\diagdown\diagup} \qquad\qquad \underset{CH_3}{|}$$

《中国药典》（2020 年版）四部将 HPC 作为药用辅料列入正文，按药典方法检查，HPC 的 1%（W/V）水溶液 pH 值为 5.0～8.0；黏度应为标示黏度的 75%～140%；氯化物不得过 0.15%；异丙醇不得过 0.5%；甲苯不得过 0.089%；干燥失重不得过 5.0%；二氧化硅不得过 0.6%；炽灼残渣不得过 0.8%；重金属不得过百万分之十；砷盐不得过 0.0002%。HPC 密闭，在干燥处保存。

（二）性质

HPC 为白色至类白色粉末或颗粒，松密度约为 0.5g/cm³，软化点为 130℃，在 260～275℃焦化。

1. 溶解性与吸湿性　HPC 在水、乙醇或丙二醇中溶胀成胶体溶液。在热水中几乎不溶，但能溶胀，在 40～45℃形成高度溶胀的絮状膨化物，冷却后复原。

1 份 HPC 可在 10 份的四氯甲烷、2.5 份的乙醇、2 份甲醇、5 份异丙醇、5 份丙二醇、2 份水中溶解，在烷烃、芳烃、四氯化碳、石油馏出物、甘油以及油类中几乎不溶。

HPC 干燥后有引湿性，吸水量因本身初始含水量、温度和周围空气的 RH 不同而异，在 25℃及 RH 为 50％时，平衡含水量为 4％（W/W），25℃及 RH 为 84％时，平衡含水量为 12％（W/W），故应贮藏于密闭、干燥处保存。

2. 黏性　HPC 黏度范围非常宽，其黏度与聚合度有关。不同型号的 HPC，其黏度也不同。温度升高可使 HPC 水溶液的黏度逐渐降低，温度下降黏度即可恢复。

3. 稳定性　HPC 的水溶液在 pH 值 6.0～8.0 非常稳定，且对其黏度无影响。在低 pH 时产生酸水解，链断裂并使溶液的黏度下降，水解反应的速度随温度的升高和氢离子浓度增加而加快。在高 pH 时，碱催化的氧化反应使 HPC 降解，造成溶液的黏度下降，溶液中氧化剂或溶解的氧都能引起降解反应。

HPC 易被霉菌和细菌降解，水溶液长期贮藏需加防腐剂。

4. 安全性　HPC 无毒、无刺激性，口服体内无吸收代谢。

（三）应用

1. 固体制剂的黏合剂和包衣材料　HPC 可作为湿法制粒及直接压片的黏合剂，用量为 2％～6％（W/W）。5％（W/W）的 HPC 溶液可作薄膜包衣材料。

2. 缓控释材料、黏附材料　HPC 是骨架片、胃内漂浮片等缓控释片剂的主要辅料之一。HPC 与药物混合压片，口服后与胃液接触，产生的水化作用使片剂表面形成水凝胶，同时黏附在胃黏膜上，控制药物的释放。

将 HPC 与 EC 制成混合骨架材料也可控制药物的溶出和释放，通过凝胶的溶解和药物分子在凝胶空隙的扩散，达到缓慢释放药物的目的。

HPC 还可作为眼用制剂的辅料，在眼内快速形成凝胶，通过静电、氢键或范德华力与眼膜结合，延长药物在眼内的停留时间，增强眼膜与药物的黏附性。

3. 固体分散体载体　HPC 可作为水溶性固体分散体载体，将难溶性药物高度分散。如果制备过程中药物难以研磨均匀，可加入适量乳糖、MCC 等加以改善。

4. 致孔剂　使用 HPC 与 CA 的混合溶液包衣，口服后遇消化液，HPC 即从膜上溶出，使膜形成微孔以控制药物的释放速率。

【应用实例】消渴平片

处方组成：人参，黄连，天花粉，天冬，黄芪，丹参，枸杞子，沙苑子，葛根，知母，五倍子，五味子；淀粉适量，羟丙纤维素适量。

制备方法：取人参、黄连及部分天花粉粉碎成细粉；剩余天花粉与黄芪、天冬、枸杞子、沙苑子加水煎煮三次，滤过浓缩得浓缩液；其余丹参等五味药材粉碎成粗粉，醇提二次，滤过，与上述浓缩液合并浓缩，干燥，粉碎成细粉，与上述天花粉等细粉、淀粉和羟丙纤维素混匀，制粒，压片，包衣，即得。

解析：

①消渴平片具有益气养阴、清热泻火的功效。用于阴虚燥热，气阴两虚所致的消渴病。处方采用干法制粒压片。

②羟丙纤维素作干法制粒的黏合剂，具有玻璃态转化温度低、良好的可塑性及粒径相对较小的特点，与物料有更多的黏结表面，黏合效果好，提高片剂韧性，可防止裂片现象。羟丙纤维素的黏度对药物的释放有较大影响，低黏度的羟丙纤维素释药较快，高黏度的羟丙纤维素能明显阻

滞药物的释放速度。因此，合理搭配不同型号的羟丙纤维素可有效调节药物的释放行为。淀粉为填充剂。

十四、低取代羟丙纤维素

（一）概述

低取代羟丙纤维素（low-substituted hydroxypropyl cellulose，L-HPC）是低取代 2-羟丙基醚纤维素。含羟丙氧基（-OCH$_2$CHOHCH$_3$）应为 5.0%~16.0%。市售 L-HPC 有不同粒径和取代度等多种级别。

L-HPC 的制法：将碱性纤维素和环氧丙烷在高温条件下发生醚化反应，然后中和、重结晶、洗涤、干燥、粉碎和筛分制得。

《中国药典》（2020 年版）四部将 L-HPC 作为药用辅料列入正文，按药典方法检查，L-HPC 的 1%（W/V）水溶液 pH 值为 5.0~7.5；氯化物不得过 0.20%；干燥失重不得过 5.0%；炽灼残渣不得过 1.0%；重金属不得过百万分之十；砷盐不得过 0.0002%。L-HPC 密闭保存。

（二）性质

L-HPC 为白色或类白色粉末，无味、无臭。相对密度为 1.46。在 RH 为 33%时，含水量为 8%，在 RH 为 95%时，含水量为 38%。L-HPC 级别和一般性质见表 3-4。

表 3-4　几种级别的低取代羟丙纤维素的一般性质

级别	羟丙基含量（%）	休止角（°）	平均粒径（μm）	松密度（g/cm³）
LH-11	11	49	50	0.32
LH-21	11	45	40	0.36
LH-31	11	49	25	0.28
LH-22	8	48	40	0.36
LH-32	8	53	25	0.28
LH-20	13	48	40	0.36
LH-30	13	51	25	0.28

注：日本信越（Shin-Etsu）化学公司产品。

1. 溶解性与溶胀性　L-HPC 不溶于水，在 10%NaOH 溶液中溶解形成黏性溶液，在乙醇、丙酮或乙醚中不溶。

2. 崩解性　L-HPC 的粉末有很大的表面积和孔隙率，可在水中溶胀，其溶胀度为 560%~700%，是淀粉的 3~4 倍，故 L-HPC 用于片剂时，可使片剂迅速崩解。同时，它的粗糙结构与药粉和颗粒之间有较大的镶嵌作用，使黏结强度增加，从而提高片剂的硬度和光泽度，所以 L-HPC 能起到崩解和黏结双重作用。L-HPC 还能加速片剂崩解后分散的细度，从而加快药物的溶出速率，提高生物利用度。L-HPC 的崩解性与胃液或肠液中的酸碱度的关系不大。

3. 稳定性　与碱性物质可发生反应，片剂处方中如含有碱性物质在经过长时间贮藏后，崩解时间延长。

4. 安全性　L-HPC 为无毒、无刺激性辅料。兔和大鼠每天口服 5g/kg 未见致畸作用。

（三）应用

1. 崩解剂　L-HPC 具有较强的吸水溶胀性，吸水后体积迅速膨胀，使药物能快速崩解和溶解。以 L-HPC 为崩解剂的片剂，可长期保存，崩解度不受影响，用量范围为 2%～10%，常用量为 5%。

2. 黏合剂　L-HPC 按粒径、取代度的不同，分为不同级别。LH-21 主要用于湿法制粒片剂的黏合剂和崩解剂，LH-31 为颗粒度较小级别，主要用于挤出制粒，由于其粒径较小因而较易通过筛网，LH-22 和 LH-32 取代度较低，可在不需较大黏合力时使用，需较大黏合力时，可使用较高取代度的 LH-20 和 LH-30。L-HPC 作为片剂的黏合剂，用量为 5%～20%。

L-HPC 具有抗霉性，便于药片长期贮存保持稳定。

十五、羟丙甲纤维素

（一）概述

羟丙甲纤维素（hypromellose，HPMC）为 2-羟丙基醚甲基纤维素，为半合成品，其主链化学结构式见图 3-2，含甲氧基（-OCH$_3$）为 19.0%～30.0%，含羟丙氧基（-OCH$_2$CHOHCH$_3$）为 4.0%～32.0%。甲基取代度为 1.0～2.0。$\overline{M}_r$ 在 $1\times10^4\sim1.5\times10^6$ 之间。

HPMC 可用两种方法制造：①将棉绒或木浆粕纤维用烧碱处理后，再先后与一氯甲烷和环氧丙烷反应，经精制，粉碎得到；②用适宜级别的甲基纤维素经氢氧化钠处理，和环氧丙烷在高温高压下反应至理想程度，精制即得。其反应式如下：

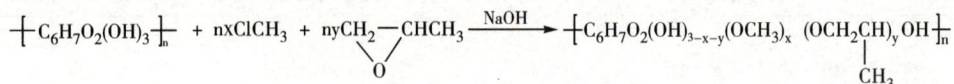

$$\begin{array}{c} +\!C_6H_7O_2(OH)_3\!+\!\!\!-\!\!\!n + nxClCH_3 + nyCH_2\!\!-\!\!CHCH_3 \xrightarrow{NaOH} +\!C_6H_7O_2(OH)_{3-x-y}(OCH_3)_x\,(OCH_2CH)_y\,OH\!+\!\!\!-\!\!\!n \\ \underset{O}{\diagdown} \qquad\qquad\qquad\qquad\qquad\qquad\qquad\qquad\qquad\qquad\qquad\qquad\qquad\qquad CH_3 \end{array}$$

《中国药典》（2020 年版）四部将 HPMC 作为药用辅料列入正文，按药典方法检查，HPMC 的黏度：小于 600mPa·s 黏度应为标示黏度的 80%～120%，大于等于 600mPa·s 黏度应为标示黏度的 75%～140%；1%（W/V）水溶液 pH 值为 5.0～8.0；水中不溶物不得过 0.5%；干燥失重不得过 5.0%；炽灼残渣不得过 1.5%；重金属不得过百万分之十；砷盐不得过 0.0002%。HPMC 密闭保存。

根据甲氧基与羟丙氧基含量的不同将羟丙甲纤维素分为四种取代型，即 1828、2208、2906、2910 型。

HPMC 的型号命名是在 HPMC 后附上 4 位数的标号，分别表示不同取代基的百分含量范围的中值，前两位数表示甲氧基含量，后两位数表示羟丙氧基含量，见表 3-5。

表 3-5　《中国药典》（2020 年版）收载的不同型号的 HPMC 取代基含量

取代型	甲氧基	羟丙氧基
1828	16.5%～20.0%	23.0%～32.0%
2208	19.0%～24.0%	4.0%～12.0%
2906	27.0%～30.0%	4.0%～7.5%
2910	28.0%～30.0%	7.0%～12.0%
2910（供胶囊用）	27.0%～30.0%	7.0%～12.0%

（二）性质

HPMC 为白色或类白色纤维状或颗粒状粉末，无臭。真密度为 $1.326g/cm^3$，松密度为 $0.341g/cm^3$，相对密度为 1.26，T_g 为 170～180℃。HPMC 在 190～200℃变成棕色，在 223～225℃焦化。

1. 溶解性及吸湿性　HPMC 在冷水中溶胀成澄清或微浑浊的胶体溶液，在无水乙醇、乙醚、丙酮中几乎不溶，但在乙醇和二氯甲烷、甲醇和二氯甲烷及水和乙醇的混合溶剂中溶解。某些型号的 HPMC 在丙酮、二氯甲烷和异丙醇的混合溶剂及其他有机溶剂中可以溶解。

不同型号的 HPMC 在热水中的溶解性略有不同，HPMC 2208 不溶于 85℃以上的热水，HPMC 2906 不溶于 65℃以上的热水，HPMC 2910 不溶于 60℃以上的热水。

HPMC 有一定的吸湿性，在 25℃及 RH 为 80％时，平衡吸湿量约为 13％。HPMC 在干燥环境下非常稳定，溶液在 pH 值 3.0～11.0 时也很稳定。

2. 黏性　HPMC 的 $\overline{M}_r$ 大，黏度大。HPMC 通常以水溶液形式应用，也可配制成 HPMC 的二氯甲烷和乙醇的混合溶液应用。随着浓度的增加，溶液黏度也随之增加，国内外市售的 HPMC 不同等级的黏度见表 3-6。

表 3-6　国内外市售的 HPMC 等级及用途

型号	黏度（mPa·s）	用　途
HPMC E3	3	薄膜包衣材料
HPMC E5	5	薄膜包衣材料，黏合剂
HPMC E6	6	薄膜包衣材料
HPMC E15LV	15	薄膜包衣材料，黏合剂
HPMC E100LV	100	缓控释骨架材料
HPMC K4M	4000	缓控释骨架材料
HPMC K15M	15000	缓控释骨架材料
HPMC K100M	100000	缓控释骨架材料

注：美国陶氏化学公司提供。

3. 凝胶化　HPMC 可凝胶化，其凝胶化温度视型号不同而异，HPMC 水溶液加热时，最初黏度下降，然后随加热时间增加，黏度上升，形成白色混浊液而凝胶化，甲氧基取代度越小，凝胶化温度越高，如 HPMC 2208 为 80℃，HPMC 2906 为 65℃，HPMC 2910 为 60℃，其在加热和冷却过程中，溶胶与凝胶会产生可逆变化。

4. 稳定性　HPMC 水溶液易受微生物的侵蚀，因此贮藏时应加入防腐剂。

5. 安全性　HPMC 安全、无毒。口服体内不吸收，但过量口服可致泻。

（三）应用

1. 包衣材料　HPMC 为水溶性包衣材料，具有良好的成膜性，可作片剂的薄膜衣料。所形成的薄膜透明、外观美洁、柔韧性好、不易粘连，有适宜的强度，不易碎裂，对片剂崩解时限影响小，且在热、光、空气及一定的湿度条件下稳定，为理想的薄膜材料，用量为 2％～4％。

2. 骨架材料　高黏度的 HPMC 可以作为药物亲水凝胶骨架材料，用量为 10％～80％（W/W）时，可延缓药物的释放，随着骨架片中 HPMC 用量的增加，片剂表面亲水能力也逐渐增加，凝胶层形成的速度和程度加快，凝胶层的黏度和厚度增加，导致药物的扩散速率减慢。

低黏度的 HPMC 的 $\overline{M}_r$ 小，形成的凝胶骨架强度较低，一般用于缓控释片剂的致孔剂。

3. 润湿剂和黏合剂   HPMC 具有一定的表面活性，采用 HPMC 水溶液作为制粒的润湿剂，可降低药物的接触角，使药物易于润湿，提高片剂的溶出度，且所压成的药片硬度较好，外观光洁。HPMC 具有较强的黏性，对于质地疏松的药料可增加颗粒黏性，改善可压性。

4. 空心胶囊囊材   羟丙甲纤维素空心胶囊系由羟丙甲纤维素加辅料制成的空心硬胶囊。《中国药典》（2020 年版）四部将羟丙甲纤维素空心胶囊作为药用辅料列入正文。按照药典方法检查，松紧度：取 10 粒检查，应不漏粉，如有少量漏粉，不得超过 1 粒；脆碎度：取 50 粒检查，如有破裂，不得超过 2 粒；崩解时限：应在 15 分钟内崩解；干燥失重不得过 8.0%；炽灼残渣：分别不得过 3.0%（透明）、5.0%（半透明）与 9.0%（不透明）；重金属不得过百万分之二十；砷盐不得过 0.0002%；微生物限度：每 1g 羟丙甲纤维素空心胶囊需氧菌总数不得过 10^3 cfu；霉菌和酵母菌总数不得过 10^2 cfu；不得检出大肠埃希菌。羟丙甲纤维素空心胶囊应在密闭、常温条件下保存。以 HPMC 为囊材的空心胶囊已形成规模化生产。HPMC 空心胶囊与明胶空心胶囊相比有以下特点：①含水量比明胶空心胶囊低约 60%，适合吸湿性或水分敏感性内容物的填充；②柔韧性好，无脆碎；③在高湿度条件下也可保持较好的形态和性能；④与大多数肠溶包衣材料的亲和力明显高于明胶，HPMC 肠溶空心胶囊包衣后胃内的渗透率更低，在肠道中有良好的释放；⑤化学稳定性较高。目前国内外上市的 HPMC 空心胶囊，崩解较明胶空心胶囊略慢，但体内生物利用度相仿。作为胶囊囊材，可避免因使用明胶囊材而可能发生的明胶过敏反应。

5. 其他应用   HPMC 滴眼剂，用以滋润泪液分泌不足的眼睛，消除眼部不适，用量为 0.45%～1.0%。与 MC 滴眼液相比，HPMC 滴眼液形成的溶液更加澄明，其性质与泪液中的黏弹性物质（主要是黏蛋白）接近，可作为人工泪液。其作用机制是 HPMC 附着于眼球表面，模拟结膜黏蛋白的作用，从而改善眼部黏蛋白减少的状态，并增加泪液减少状态下，在眼球滞留时间。

此外，HPMC 还可作为凝胶剂的材料和软膏剂的乳化剂、助悬剂；HPMC 也可作为保护性胶体，阻止乳滴或颗粒凝聚或集聚，抑制沉降物的形成。

【应用实例】左金胃漂浮缓释片

处方组成：左金浸膏；HPMC，PEG6000，十六醇，碱式碳酸镁，微晶纤维素。

制备方法：将方中各组分粉碎过 100 目筛混合均匀后，采用全粉末直接压片，即得。

解析：

①左金胃漂浮缓释片由左金丸剂型改革而来。左金丸在临床上对消化系统疾病，尤其是胃溃疡、胃炎、幽门梗阻等有良好的治疗作用，但受人体胃排空影响，在胃内停留时间短，难以起到持久的治疗效果。左金胃漂浮缓释片对胃肠道疾病可形成持久的治疗作用，且减少服用次数和剂量，提高药物生物利用度和患者顺应性。

②方中 HPMC 为缓释制剂中常用的水凝胶骨架材料，遇水能迅速膨胀，形成亲水凝胶，使片形体积增大，延缓药物在胃的排空速度，同时，降低药物在胃液中的释放速度；HPMC 的黏度有高低之分，高黏度的 HPMC 常用于制备漂浮骨架片，其药物从 HPMC 凝胶中释放的机制主要是在凝胶层扩散或凝胶层溶蚀。左金胃漂浮缓释片在人工胃液中的累积释放时间可持续 12 小时，见图 3-3。

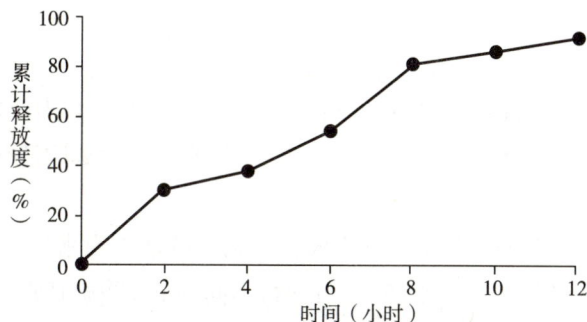

图 3-3　左金胃漂浮缓释片累积释放度曲线

③方中 PEG6000 易溶于水，调节药物释放速度；十六醇和碱式碳酸镁为助漂浮材料，十六醇质轻，碳酸镁遇胃酸产气，气泡藏匿在制剂骨架中以减轻密度，有助于漂浮；微晶纤维素为干燥黏合剂。

十六、醋酸羟丙甲纤维素琥珀酸酯

（一）概述

醋酸羟丙甲纤维素琥珀酸酯（hypromellose acetate succinate，HPMCAS）为羟丙甲纤维素的醋酸、琥珀酸混合酯。其主链化学结构式见图 3-2，按干燥品计算，含甲氧基为 12.0%～28.0%，2-羟丙氧基为 4.0%～23.0%，乙酰基为 2.0%～16.0%，琥珀酰基为 4.0%～28.0%，$\overline{M_r}$ 为 2.5 万～7.4 万。

HPMCAS 的制法：以 HPMC 为原料，与醋酐、无水琥珀酸酯化而得，产物经洗净、干燥并粉碎成粉状。

《中国药典》（2020 年版）四部将 HPMCAS 作为药用辅料列入正文，按药典方法检查，HPMCAS 的黏度为标示值的 80%～120%；醋酸和琥珀酸总量不得过 1.0%；干燥失重不得过 5.0%；炽灼残渣不得过 0.2%；重金属不得过百万分之十；砷盐不得过 0.0002%。HPMCAS 密封保存。

（二）性质

HPMCAS 为白色或淡黄色粉末或颗粒，无臭，无味。HPMCAS 的 T_g 约为 120℃，真密度 1.27～1.30g/cm³，微粉化级和颗粒级的堆密度分别为 0.3～0.5g/cm³ 和 0.3～0.6g/cm³，平均粒径在 10μm 以下。

1. 溶解性　HPMCAS 不溶于水、乙醇和乙醚，溶于甲醇、丙酮、氢氧化钠、碳酸钠溶液、二氯甲烷/乙醇混合液，冷水中溶胀成澄清或微浑浊的胶体溶液。

2. 吸湿性　HPMCAS 有吸湿性，在 25℃ 和 RH 82% 时，平衡吸湿量约 10% 以下。HPMCAS 的抗拉强度为 450～520kg/cm²，伸长率为 5%～10%。

3. 稳定性　HPMCAS 的稳定性较 CAP 和 HPMCP 优良，45℃ 放置 3 个月，取代基含量无变化，40℃ 及 RH 75% 放置 3 个月，有较多醚基分解，乙酰基和琥珀基含量略有下降 0.1%～1.6%，故宜防潮密封。

4. 安全性　动物实验 HPMCAS（灌胃）安全无毒，大鼠和家兔的 LD_{50} 均≥2.5g/kg。

（三）应用

HPMCAS 的开发可以追溯到 20 世纪 70 年代，1987 年在日本首先获批准，1989 年收载入日本局外规，2004 年在欧洲多国及美国获批准，2005 年收载入美国国家处方集，《中国药典》（2015 年版）首次收载 HPMCAS。

HPMCAS 具有两亲性，其中乙酰基为疏水性，琥珀酰基为亲水性。根据 HPMCAS 中游离羧酸含量的不同，有不同型号的 HPMCAS，可获得不同的 pH 溶解特性，HPMCAS 在小肠上段溶解性好，增加药物的小肠吸收要比现有的其他肠溶材料更理想，故 HPMCAS 的性质尤其适用于肠溶包衣材料。

1. 肠溶包衣材料　HPMCAS 具有 pH 依赖性、易受热软化和塑化成膜的特点，作为肠溶薄膜包衣材料，可应用于多种包衣工艺，如有机溶剂包衣和水分散体包衣等。有机溶剂包衣一般以乙醇-水为溶剂，多数情况下不需要添加增塑剂，方法简单，可获得最均匀的连续薄膜衣。水分散体包衣的 HPMCAS 粒径要求在 $5\mu m$ 以下，需添加增塑剂，以保证形成完整的衣膜。适用于片剂、小丸、颗粒等的肠溶包衣。

2. 固体分散体的载体　将难溶性药物与 HPMCAS 制得的难溶性药物无定形态固体分散体，可大大增加难溶性药物的溶解度。因 HPMCAS 的 T_g 值较低，浓度为 5%～10% 时在常用有机溶剂中的黏度低于 $30Pa \cdot s$，故具备良好的固体分散体工艺制备条件。如用难溶性药物硝苯地平为模型药，分别制备几种载体的固体分散物，在相同时间内药物体外释放量从大至小的顺序为：HPMCAS、HPMC、聚维酮、Eudragit L。

HPMCAS 吸湿性较低，有利于提高固体分散物的稳定性。但由于 HPMCAS 是 pH 依赖型聚合物，在胃液环境下不溶解，不适用于吸收窗口在胃部或肠道上端的药物。

3. 缓控释骨架材料　以 HPMCAS 为载体可制备骨架型控释小丸，由于 HPMCAS 的溶出使得骨架结构随时间不断发生变化，导致药物扩散系数增加和药片尺寸减小，从而使药片边界状态发生改变。药物释放会受吸收水分、药物扩散和 HPMCAS 溶出的影响。

十七、羟丙甲纤维素邻苯二甲酸酯

（一）概述

羟丙甲纤维素邻苯二甲酸酯（hypromellose phthalate，HPMCP）为羟丙甲纤维素与邻苯二甲酸的单酯化物，又名羟丙甲纤维素酞酸酯。其主链化学结构式见图 3-2，含邻苯二甲酰基的量应为 21.0%～35.0%。不同规格的 HPMCP 中甲氧基（-OCH$_3$）、羟丙氧基（-CH$_2$CHOHCH$_3$）和邻苯二甲酰基（-OCOC$_6$H$_4$COOH）含量不同，见表 3-7。HPMCP 的 $\overline{M}_r$ 在 2×10^4～2×10^5 之间。

表 3-7　USP/NF 收载的 2 种型号的 HPMCP 的取代基含量

取代基	型号	
	HPMCP 220824（%）	HPMCP 200731（%）
甲氧基	20～24	13～22
羟丙氧基	6～10	5～9
邻苯二甲酰基	21～27	27～35

HPMCP 的型号命名是在 HPMCP 后附上 6 位数的标号，分别表示不同取代基含量范围的中值，前两位数表示甲氧基，中间两位数表示羟丙氧基，后面两位数表示邻苯二甲酰基。

日本信越化学（Shin Etsu）公司生产的 HPMCP 有 HP55 型和 HP50 型两种，HP55 型相当于 HPMCP 200731，HP50 型相当于 HPMCP 220824。

HPMCP 的制法：HPMC 与酞酸酐在冰醋酸中，以无水醋酸钠为催化剂，在 60～85℃反应 3 小时进行酯化，得纯净的 HPMCP。

《中国药典》（2020 年版）四部将 HPMCP 作为药用辅料列入正文，按药典方法检查，HPMCP 的黏度应为标示黏度的 80%～120%；氯化物不得过 0.07%；游离邻苯二甲酸不得过 1.0%；含水分不得过 5.0%；炽灼残渣不得过 0.2%；重金属不得过百万分之十；砷盐不得过 0.0002%。HPMCP 密封保存。

（二）性质

HPMCP 为白色或类白色的粉末或颗粒。无臭，有吸潮性，在室温、潮湿的环境下可以吸收 2%～5% 的水分。熔点 150℃，T_g 为 133～137℃。

1. 溶解性　HPMCP 在水中和无水乙醇中几乎不溶，在丙酮或甲苯中极微溶解，在丙酮和甲醇或乙醇（1:1）、甲醇和二氯甲烷（1:1）的混合溶剂和 pH 值 5.0 以上的缓冲液中能溶解。

随着邻苯二甲酰基含量的不同，HPMCP 快速崩解的 pH 值范围不同。HP55 型和 HP50 型溶解所需的 pH 值分别为 5.5 和 5.0，而人体的十二指肠上端至下端的 pH 值为 5.0～6.0，故 HPMCP 是一种能在十二指肠的上端被溶解的肠溶性材料。

2. 稳定性　HPMCP 理化性质稳定，与 CAP 相比，在 50℃长时间放置，游离邻苯二甲酸的含量很低，经 30 天，最大含量为 3.15%，而 CAP 达 12.68%，在 1.5% 的 $NaHCO_3$ 溶液中，经 70 小时，HPMCP 只检出邻苯二甲酸 1.13%，而 CAP 达 3.45%。

3. 安全性　HPMCP 无毒，无刺激性。大鼠口服 LD_{50}＞15g/kg。

（三）应用

1. 包衣材料　HPMCP 可作为片剂的肠溶衣包衣材料。HPMCP 在胃液中不溶解但可溶胀，在肠上段快速溶解，常用量为 5%～10%，其性能优于 CAP，HPMCP 包衣的片剂比用 CAP 包衣的片剂崩解速度快且更稳定。

HPMCP 水分散体可采用乳化溶剂蒸发法制备。取 HPMCP 适量，溶于丙酮-水（8:2）100mL 中，预热至 50～60℃，作为有机相。在 100r/min 搅拌下加至 50～60℃的水 150mL 中，搅拌乳化得蓝白色乳液（黏度 $1.8×10^{-3}$ Pa·s，pH 3.3）。减压蒸除有机溶剂，再与邻苯二甲酸二丁酯-吐温 80（2:1）3mL 混合，200r/min 搅拌 1 小时，得 HPMCP 水分散体。此 HPMCP 水分散体具有良好的稳定性和成膜性，可直接使用。

2. 固体分散体载体　HPMCP 用作肠溶性固体分散体的载体，能提高药物的润湿性，改善药物在人工肠液中的溶出速度，提高生物利用度。生产制备过程的具体操作，如搅拌速度、浓度等，对制得的固体分散体质量有显著影响。

3. 微球材料　HPMCP 是性能优良的肠溶性材料，常用于制备肠溶微球，能有效地抵抗胃液对它的破坏作用，一方面能保护胃黏膜免受药物的刺激，另一方面能保护易被胃液破坏的药物。

HPMCP 微球有很好的机械稳定性，能耐受压片时较大的物理机械作用，故以 HPMCP 制得的微球可有效改善药物的可压性。

4. 成膜材料　HPMCP 有较好的成膜性，且本身有一定的可塑性，可用于膜剂的制备。以 HPMCP 为成膜材料时，可少用或不用增塑剂，从而减少增塑剂的加入对人体的不良影响，通过调整 HPMCP 与其他成膜材料的比例，能有效调节药物在消化道不同部位的释放速率。

第三节　蛋白质类

一、明胶

（一）概述

明胶（gelatin）又称白明胶，系动物的皮、骨、腱与韧带中胶原蛋白不完全酸水解、碱水解或酶降解后纯化得到的制品，或为上述三种不同明胶制品的混合物，主要成分为蛋白质。组成明胶的蛋白质中含有 18 种氨基酸，其中 7 种为人体所必需。明胶中蛋白质的含量占 82% 以上，其余为水和无机盐，是一种理想的蛋白源，成分受胶原来源的影响，明胶中氨基酸的成分与胶原中所含相似，但因处理上的差异，组成成分可能有所不同，水解后的产物为氨基酸。所以明胶既没有固定的结构，又没有固定的分子量。商品明胶一般是许多明胶的混合物，$\overline{M_r}$ 在 $1.5 \times 10^4 \sim 2.5 \times 10^5$ 之间。各种成分的多少，一方面依赖于原料的性质，另一方面也与加工方法有关。

明胶的生产方法有四种，即碱法、酸法、盐碱法和酶法。碱法基本工艺是将原料经过分类、漂洗、脱脂预处理后，用稀盐酸进行浸泡，后用石灰乳进行浸灰，再经脱灰、中和、水洗和熬胶，最后经过浓缩、干燥即得，称为 B 型明胶。酸法生产是先将原料洗涤和脱脂，然后浸入浓度为 0.5%～5% 的稀盐酸中浸酸，再水洗和熬胶，最后浓缩干燥制得，称为 A 型明胶。盐碱法是用硫酸钠和氢氧化钠的混合液代替碱法的浸灰操作。酶法是用细菌学或生物化学的方法利用微生物分解作用来制备的一种比较新的方法。我国目前生产的明胶主要采用碱法，该技术成熟，但生产周期长，工人生产条件差。明胶作为辅料没有被《中国药典》收载，但作为胶囊用明胶（gelatin for capsules）已被《中国药典》收载。

《中国药典》（2020 年版）四部将胶囊用明胶作为药用辅料列入正文，按药典方法检查，胶囊用明胶的 1%（W/V）水溶液 pH 值为 4.0～7.2；透光率在 450nm 和 620nm 的波长处测定，分别不得低于 50% 和 70%；电导率不得过 0.5mS/cm；亚硫酸盐（以 SO_2 计）不得过 0.005%；过氧化物溶液不得显蓝色；干燥失重不得过 15.0%；炽灼残渣不得过 2.0%；铬不得过百万分之二；重金属不得过百万分之二十；砷盐不得过 0.0001%；微生物限度：每 1g 胶囊用明胶中需氧菌总数不得过 10^3 cfu，霉菌和酵母菌总数不得过 10^2 cfu，不得检出大肠埃希菌，每 10g 胶囊用明胶中不得检出沙门菌。胶囊用明胶密封，在干燥处保存。

（二）性质

明胶为微黄色至黄色、透明或半透明微带光泽的薄片或粉粒；无臭，无味；在干燥的空气中稳定，但受潮或溶解状态，易被微生物分解。

1. 溶胀和溶解　将干燥的明胶浸在适量的冷水中会膨胀变软，能吸收其自身质量 5～10 倍的水，如将温度升高至 40℃，溶胀的明胶就会与水形成均匀的溶液。明胶的溶解过程与盐类或低分子物质不一样，必须经过溶胀过程。冷水对明胶只能是有限溶胀，形成的是冻胶，冻胶仍是固体，保持一定的形状、机械强度和弹性，温度上升后无限溶胀而形成高分子溶液。

明胶的溶解速率和溶解度受明胶分子结构、组成、溶剂量、温度等因素影响。制造方法和原料不同，所得明胶 $\overline{M_r}$ 的大小及分布不同，明胶中小分子所占比例越大，溶解速率就越快。处于等电点时，明胶的吸水溶胀最小，中性盐的加入会显著降低明胶的吸水溶胀。

明胶在热水中易溶，在醋酸或甘油与水的热混合液中溶解，在乙醇中不溶。固体明胶通常含有少量的水分，其含水量一般在 9%～11%，含水量在 5% 以下的明胶太脆，一般都需加入甘油或其他多元醇作为增塑剂。

2. 凝胶化　明胶的水溶液可以形成凝胶，凝胶化常发生在浓溶液中，明胶的浓溶液冷却到某一温度时，体系固化而失去流动性，形成具有一定弹性的冻胶，这种冻胶多数由柔性大分子构成，具有一定的柔顺性，同时表现出一定的弹性，能承受相当大的压力。

明胶的凝胶化和强度受到多方面因素的影响。主要因素包括明胶的 $\overline{M_r}$、冷却速度、胶液中杂质含量、pH 值、胶液的浓度、黏度和机械搅拌等。

3. 黏度　在溶液中，明胶的长分子链容易形成网状结构。明胶的 $\overline{M_r}$ 越大，分子链越长，则越有利于网状结构的形成，黏度越大。若溶液的浓度增加，温度降低时，这种网状结构更容易形成，黏度也随之增大。

4. 荷电性　明胶是一种既有酸性基团（如羧基）又有碱性基团（如氨基）的两性化合物，其荷电性取决于溶液的 pH 值，明胶在酸性溶液中以阳离子形式存在，在碱性溶液中则以阴离子形式存在；在等电点，带数量相等的正负电荷。碱法明胶等电点的 pH 值为 4.7～5.3，而酸法明胶的等电点 pH 值为 6～9。酸法明胶和碱法明胶等电点的差异主要是由于其明胶分子中游离羧基数目不同造成。明胶在等电点时的许多物理性质如黏度、渗透压、表面活性、溶解度、透明度、膨胀度等均为最小。

5. 安全性　明胶在口服制剂中无毒、无刺激性。

（三）应用

1. 胶囊囊材　将药物填充于空心胶囊中制得硬胶囊剂。以明胶为原料制备的空心胶囊，在《中国药典》（2020 年版）四部收载了明胶空心胶囊和肠溶明胶空心胶囊两种，其中肠溶明胶空心胶囊又分为肠溶胶囊和结肠肠溶胶囊两种。

明胶空心胶囊（vacant gelatin capsules）系由胶囊用明胶加辅料制成的空心硬胶囊。呈圆筒状，系由可套合和锁合的帽和体两节组成的质硬且有弹性的空囊。囊体应光洁、色泽均匀、切口平整、无变形、无异臭。分为透明（两节均不含遮光剂）、半透明（仅一节含遮光剂）、不透明（两节均含遮光剂）三种。

《中国药典》（2020 年版）四部将明胶空心胶囊作为药用辅料列入正文，按药典方法检查，松紧度、脆碎度、崩解时限均应符合规定；亚硫酸盐（以 SO_2 计）不得过 0.01%；对羟基苯甲酸酯类（含羟苯甲酯、羟苯乙酯、羟苯丙酯与羟苯丁酯的总量）不得过 0.05%；氯乙醇不得过 0.002%；环氧乙烷不得过 0.0001%；干燥失重应为 12.5%～17.5%；炽灼残渣：不得过 2.0%（透明）、3.0%（半透明）与 5.0%（不透明）；铬不得过百万分之二；重金属不得过百万分之二十；微生物限度：每 1g 明胶空心胶囊中需氧菌总数不得过 10^3 cfu，霉菌和酵母菌总数不得过 10^2 cfu，不得检出大肠埃希菌，每 10g 明胶空心胶囊中不得检出沙门菌。明胶空心胶囊密闭，在温度 10～25℃，相对湿度 35%～65% 条件下保存。

肠溶明胶空心胶囊（enterosolublevacant gelatin capsules）系用胶囊用明胶加辅料和适宜的肠溶材料制成的空心硬胶囊，分为肠溶胶囊和结肠肠溶胶囊两种。呈圆筒状，系由可套合和锁合的帽和体两节组成的质硬且有弹性的空囊。囊体应光洁、色泽均匀、切口平整、无变形、无异臭。本品分为透明（两节均不含遮光剂）、半透明（仅一节含遮光剂）、不透明（两节均含遮光剂）三种。

《中国药典》（2020 年版）四部将肠溶明胶空心胶囊作为药用辅料列入正文，按药典方法检查，肠溶明胶空心胶囊的崩解时限分为肠溶胶囊和结肠肠溶胶囊两种，应分别符合规定；脆碎度符合规定；干燥失重应为 10.0%～16.0%；松紧度、亚硫酸盐、对羟基苯甲酸酯类、氯乙醇、环氧乙烷、炽灼残渣、铬、重金属与微生物限度照明胶空心胶囊项下的方法检查，均应符合规定。肠溶明胶空心胶囊贮藏条件同明胶空心胶囊。

2. 包衣材料 明胶是包糖衣的重要原料之一。明胶形成的薄膜均匀，有较坚固的拉力，包糖衣的物料中常使用明胶浆作隔离层，明胶浆具有较好的黏性和可塑性，可提高衣层的牢固性，同时防止酸性药物促使蔗糖转化，阻止水分吸入，引起片剂膨胀而使片衣脱壳或使糖衣变色。隔离层一般包 3～5 层。除明胶外，阿拉伯胶浆、西黄蓍胶浆、白及胶等天然胶类也常做隔离层材料。

3. 微囊材料 利用明胶的凝胶化性质可制备微囊。将药物分散于明胶的水溶液中，加入电解质或强亲水性非电解质等凝聚剂，使明胶在水中的溶解度降低并析出，同时，包封于药物的表面形成微囊。明胶的凝聚过程是可逆的，一旦这些条件改变或消失，已凝聚成的囊膜也会很快消失，即解聚现象。这种可逆性在制备过程中可以反复利用，使凝聚过程多次重复，直至包制的囊形达到满意为止，最后通过固化作用使凝聚的囊膜硬化，成为不可逆的微囊。

利用明胶和阿拉伯胶的荷电性，可以采用复凝聚法制备微囊，具体方法见阿拉伯胶相关内容。

4. 栓剂基质 栓剂基质有脂溶性基质和水溶性基质两种，甘油明胶是最常见的水溶性基质，系用明胶与甘油熔化而制成，用其制备的栓剂韧性强，有弹性，不易折断，在腔道内能缓缓软化并溶于体液而释放药物。甘油明胶基质的基本配方是明胶∶甘油∶水（2∶7∶1），也可以明胶∶甘油（5∶5）配比，视具体情况而定。

明胶是胶原水解产物，凡能与蛋白质产生配伍变化的药物如鞣质均不能用甘油明胶做基质，此外甘油明胶易滋长霉菌等微生物，使用时需加适量防腐剂。

5. 海绵剂材料 海绵剂是采用亲水胶体溶液经发泡、固化、冷冻、干燥制成的海绵状固体制剂，明胶是制备海绵剂的常用材料，制备明胶海绵剂时将明胶加蒸馏水浸泡，待膨胀软化后，于水浴加温至 40～50℃使其溶解，在 32～38℃下，将明胶溶液与稀释的甲醛溶液（1∶5，V/V）6mL 混合搅拌，冰冻，干燥，经灭菌包装，即得。海绵剂属于胶原物质，能促进血栓形成，使局部血液加速凝固而起到止血作用，可用于创口渗血区止血、急救止血和手术止血。明胶海绵剂贴敷于创伤表面，可吸收数倍于自身重量的血液或渗出物，对出血创面形成均匀的机械压迫，有利于快速止血。海绵剂的可塑性好，可压缩成适宜形状填塞腔道，吸水膨胀后能提供一定的局部支撑力。此外，还具有良好的生物相容性、体内降解性及价廉易得等优势，使其在临床手术中广泛使用。

6. 乳化剂、稳定剂 明胶能较好地在油滴周围形成一层薄膜，是一种很好的乳化剂，且作为乳化剂用量很少。使用时为获得最佳的乳化效果，必须严格控制 pH 条件。当明胶与其他离子型化合物共存时，必须考虑到明胶的两性离子特性。

明胶也是很好的乳剂稳定剂，尤其适用于对黏度要求较低的制剂；但如果要制得高黏度的乳剂，则需要加入其他增稠剂，否则仅依靠增加明胶的用量来达到增稠目的会使乳剂在室温下变成凝胶。

【应用实例】肠胃适胶囊

处方组成：功劳木，鸡骨香，黄连须，葛根，救必应，凤尾草，两面针，防己；胶囊壳。

制备方法：以上八味药，葛根、防己分别粉碎成细粉，混匀，其余功劳木等六味药材加水煎煮二次，滤液合并浓缩成清膏，加入乙醇搅拌，静置，滤过，滤液浓缩，与上述粉末混匀，干燥，粉碎，装入胶囊，即得。

解析：

①肠胃适胶囊具清热解毒、利湿止泻功效。用于大肠湿热所致的泄泻、痢疾。肠胃适胶囊为硬胶囊剂，内容药物为淡棕黄色至黄棕色粉末，味苦，采用明胶作为胶囊囊材，将其制成胶囊剂，可有效掩蔽内容物不良嗅味，减少吸潮，易于分剂量和吞服。

②明胶制得的硬胶囊具有适宜的强度和塑性，较其他来源的胶囊，如淀粉胶囊、甲基纤维素胶囊使用更广泛。硬胶囊囊壳制备过程中，可选择性加入增塑剂、增稠剂、遮光剂、色素和防腐剂等，以满足不同的需要。

二、玉米朊

（一）概述

玉米朊（zein），又称玉米蛋白、醇溶蛋白，系从玉米麸质中提取的醇溶性蛋白，按干燥品计算，含氮量应为 13.1%～17.0%。玉米朊是由近 20 种氨基酸缩合而成的蛋白衍生物，不具备类似淀粉或纤维素的重复结构单元特征，其组成以疏水性氨基酸居多，不含色氨酸和赖氨酸。分子链中同时存在 α-螺旋体和 β-折叠片，有末端氨基（-NH$_2$）和羧基（-COOH），其棒状的特殊分子形态及侧链的结构与组成，使它具有能形成透明、均匀薄膜及较强疏水性的特点。

玉米麸质中玉米朊的含量可达 20% 左右，目前只有少量麸质用于培养基，大部分用作饲料。因此从麸质中提取玉米朊可为淀粉企业综合利用玉米开辟一条新的途径。

《中国药典》（2020 年版）四部将玉米朊作为药用辅料列入正文，按药典方法检查，玉米朊的己烷可溶物不得过 12.5%；干燥失重不得过 8.0%；炽灼残渣不得过 0.3%；重金属不得过百万分之二十；微生物限度：每 1g 玉米朊中需氧菌总数不得过 10^3 cfu，霉菌和酵母菌总数不得过 10^2 cfu，不得检出大肠埃希菌。玉米朊密闭保存。

（二）性质

玉米朊为黄色或淡黄色薄片，一面具有一定的光泽；或为黄色或淡黄色粉末；无臭，无味。

1. 溶解性 在玉米朊分子链的侧基中，烷基、-C$_6$H$_5$ 这类非极性基团较多，但同时也含有一些水溶性的基团，如 -OH、-NH$_2$、-COOH 等，所以，能分散在弱极性或非极性溶剂中。玉米朊在 80%～92% 乙醇或 70%～80% 丙酮中易溶，在水或无水乙醇中不溶。

2. 黏性 玉米朊醇溶液具有一定的黏性，能增加药粉间的黏合作用，以利于制粒和压片，且没有引湿性，适于与其他自身没有黏性或黏性不足且容易吸湿的物料合用制备软材。

3. 成膜性 玉米朊特有的氨基酸组成和分子结构，使其具有优良的成膜特性，且膜在高温、高湿下仍具有良好的稳定性。玉米朊与其他辅料合用制备的醇溶液作为包衣液，能在片剂表面形成薄膜，延缓空气中水分对制剂的侵入，衣膜的水汽通透性极低，具有良好的延缓制剂受潮的效果，可降低衣膜通透性，提高制剂防潮性。

4. 安全性 玉米朊安全无毒，可用于口服。

（三）应用

1. 包衣材料 玉米朊作为包糖衣工序中隔离层材料，一般包 2～3 层即可形成一层不透水的屏障，可有效防止糖浆中的水分浸入片芯，防潮效果较好。玉米朊也可作为半薄膜衣的衣料，增强抗潮性，有时为了增加膜的可塑性，可加入增塑剂，如邻苯二甲酸二乙酯等。

玉米朊还可作为膜控型缓控释衣料，例如玉米朊与丙烯酸树脂Ⅳ号 6∶1～12∶1 合用，不仅可提高制剂的抗潮性，还可作为释放阻滞剂控制药物的释放。

2. 黏合剂 5％的玉米朊醇溶液可作为制软材的黏合剂，由于玉米朊自身不溶于水，对颗粒的吸湿有一定的阻隔作用，尤其对中药浸膏制备的软材，吸湿速度较其他类型的黏合剂缓慢，吸潮时间延长，经放置后的崩解时限没有明显延长，且性状良好，含量测定结果没有明显差异，装量差异较小，常用量可达 30％。

3. 成膜材料 玉米朊是常用的天然高分子成膜材料，可用于制备膜剂、涂膜剂。取玉米朊加适量乙醇溶解，加入甘油或邻苯二甲酸二丁酯，制成涂膜剂，具有止痒、防护作用，可用于某些职业性皮肤病的防治。某些中药提取物，加玉米朊和适量 75％乙醇，制成的冻疮涂膜剂具有较好的治疗效果。

此外，玉米朊还可以作为 W/O 型乳剂的乳化剂。

【应用实例】盐酸哌甲酯控释片

处方组成：盐酸哌甲酯；纤维素类，十八醇，乳糖，硬脂酸镁，矿物油，聚维酮，二氧化钛，玉米朊适量。

制备方法：将药物和辅料混合制粒、压片、包衣。

解析：

①盐酸哌甲酯控释片为精神兴奋药。盐酸哌甲酯控释片口服后的达峰时间是普通片的 2 倍以上，药物到胃内缓慢崩解、释放，避免峰谷现象的出现，提高了药物的安全性和有效性。

②处方中玉米朊为膜控型包衣材料，与十八醇等合用可有效控制药物的释放速率，起到缓控释效果。包衣液中使用的浓度一般为 15％～20％，聚维酮为包衣材料中的致孔剂；二氧化钛为遮光剂，本品形成的薄膜衣对热稳定，有较好的机械强度和抗湿性。

③处方中乳糖充当亲水载体，促进药物释放；矿物油充当疏水载体，延缓药物释放，调配两者比例，可调节释药速度。制粒后加入硬脂酸镁作润滑剂。

三、人血白蛋白

（一）概述

人血白蛋白（human albumin）又称清蛋白。自健康人血浆中分离制得的白蛋白有两种制品，一种是从血浆中分离制得，称人血白蛋白；另一种是从产妇胎盘血中分离制得，称胎盘血白蛋白。《中国药典》（2020 年版）三部收载了人血白蛋白和冻干人血白蛋白两种。人血白蛋白制备时，取新鲜血浆或保存期不超过 2 年的冰冻血浆，用低温乙醇蛋白分离法分段沉淀提取白蛋白组分，经超滤或冷冻干燥脱醇，浓缩等工序制得。灭菌时，需加入灭菌注射用水，配制成规定的浓度，加适量稳定剂，在 60℃灭活病毒至少 10 小时，分装后置 20～25℃至少 4 周或 30～32℃至少 14 天，逐瓶检查，应符合规定。冻干人血白蛋白由人血白蛋白冻干制得，冻干过程制品温度不得超过 50℃。白蛋白于 2～8℃或室温避光保存和运输。

白蛋白由肝实质细胞合成，在血浆中的 $t_{1/2}$ 为 15～19 天，是血浆中含量最多的蛋白质，占血浆总蛋白的 40%～60%。其合成率虽然受食物中蛋白质含量的影响，但主要受血浆中白蛋白水平调控，在肝细胞中没有储存，在所有细胞外液中都含有微量的白蛋白。白蛋白溶于水，遇热凝固。

白蛋白的 $\overline{M_r}$ 为 $6.65×10^4$，由 585 个氨基酸残基组成，其中含 7 个二硫桥，N-末端是天冬氨酸。在体液 pH 值 7.4 的环境中，白蛋白为负离子，每个分子可以带 200 个以上负电荷。白蛋白是血浆中主要的载体，许多水溶性差的物质可通过与白蛋白的结合而被运输，这些物质包括胆红素、长链脂肪酸（每分子可以结合 4～6 个分子）、胆汁酸盐、前列腺素、类固醇激素、金属离子（如 Cu^{2+}、Ni^{2+}、Ca^{2+}）等。

（二）性质

人血白蛋白应为略黏稠、黄色或绿色至棕色澄明液体，不应出现浑浊；冻干人血白蛋白应为白色或灰白色疏松体，无融化迹象，复溶后应为略黏稠、黄色或绿色至棕色澄明液体，不应出现浑浊。

1. 溶解性　白蛋白易溶于稀盐溶液及水中，在 pH 值 7.4 下可制备 40%（W/V）的白蛋白水溶液；用 0.85%～0.90%氯化钠溶液将白蛋白稀释成 10g/L，pH 值应为 6.4～7.4。冻干人血白蛋白加入 20～25℃灭菌注射用水，轻轻摇动，应于 15 分钟内溶解。

2. 生物相容性　白蛋白系天然生物大分子，安全无毒、无免疫原性、生物相容性好。

3. 安全性　白蛋白作为注射用制剂的辅料，无刺激性，使用白蛋白一般不会产生不良反应，偶尔可出现寒战、发热、潮红、皮疹、恶心呕吐等症状，快速输注可引起血管超负荷导致肺水肿，偶有过敏反应。

（三）应用

1. 微球材料　白蛋白具有良好的可生物降解性、生物相容性和水溶性，同时，白蛋白分子中带有较多的极性基团，对很多离子型药物具有高度的亲和力，能和这些药物可逆地结合而发挥运输作用，其二级结构含有约 48%的 α-螺旋结构，15%的 β-折叠片结构，其余为无规线团结构，具有很多的网状空隙，白蛋白的分子结构和良好的性能为其携带药物创造了有利的空间条件。

白蛋白微球是以白蛋白作为载体，包封或吸附药物，经过固化分离得到的实心球体，其直径一般在几个微米到几十个微米，最常见的制备方法是将含药白蛋白水溶液与油相先通过乳化技术形成 W/O 型乳剂，加热固化或化学交联固化后，用乙醚除去油相即可。白蛋白微球包裹的药物包括抗癌药、激素、抗结核药、抗生素、降血糖药、支气管扩张剂等，其中，最引人注目的还是作为抗癌药物的载体，可以提高抗癌药物的靶向性。白蛋白微球的给药途径、粒径大小及分布、固化程度是影响药物体内分布的重要因素。

2. 稳定剂　白蛋白可以在注射剂中作为蛋白质类或酶类产品的稳定剂，常用浓度为 0.003%～5%。也可作为注射剂的混合溶剂或冻干制剂的载体。

3. 其他应用　白蛋白在临床上可以增加血容量、维持血浆胶体渗透压。白蛋白占血浆胶体渗透压的 80%，主要调节组织与血管之间水分的动态平衡。由于白蛋白 $\overline{M_r}$ 较高，与盐类及水分相比，透过膜内速度较慢，使白蛋白的胶体渗透压与毛细管的静力压抗衡，以此维持正常与恒定的血容量；同时在血循环中，1g 白蛋白可保留 18mL 水，每 5g 白蛋白保留循环内水分的能力约相当于 100mL 血浆或 200mL 全血的功能，从而起到增加血容量和维持血浆胶体渗透压的作用。

在治疗上，白蛋白注射液作为补充血浆容量以及治疗严重急性的白蛋白损失，如失血、脑水肿、低蛋白血症等。

【应用实例】紫杉醇白蛋白纳米粒

处方组成：紫杉醇；人白蛋白。

制备方法：将紫杉醇溶于氯仿和乙醇溶液（油相）中，逐滴滴入氯仿饱和的人白蛋白溶液（水相）中，低速混合制备初乳。再通过高压均质制备终乳，旋转蒸发除去有机溶剂，过 $0.22\mu m$ 滤膜，冻干，即得。

解析：

①紫杉醇白蛋白纳米粒是一种微管蛋白抑制剂，于 2005 年被 FDA 批准上市，已被用于治疗联合化疗无效的转移性乳腺癌或辅助化疗 6 个月内复发的乳腺癌。该制剂以人白蛋白为载体，制得的纳米粒平均粒径 130nm。紫杉醇以非晶体、无定形态存在于制剂中。使用时，用 0.9％生理盐水复溶，配制得 5mg/mL 药液静注给药。

②纳米粒的制备采用乳化挥发交联法。均质过程中产生的超氧化物使人白蛋白交联聚集。人白蛋白体内可降解，生物安全性好；进入体内后可通过小窝蛋白传递通道将药物转运至肿瘤细胞，具有一定的靶向能力。临床结果显示该紫杉醇白蛋白纳米粒较传统的紫杉醇注射液疗效更好、毒性更低，且患者的顺应性也有较好的改善。

第四节　其他药用天然高分子材料

一、西黄蓍胶

（一）概述

西黄蓍胶（tragacanth）为豆科植物西黄蓍胶树 *Astragalus gummifer* Labill. 提取的黏液经干燥制得。主要成分为黄蓍胶糖（60％～70％）和黄蓍糖，二者均为杂多糖，此外还含有少量纤维素、淀粉、蛋白质等成分，$\overline{M_r}$ 为 8.4×10^5。

《中国药典》（2020 年版）四部将西黄蓍胶作为药用辅料列入正文，按药典方法检查，西黄蓍胶的黏度应为标示黏度的 80％～120％；外来物质不得过 1.0％；灰分不得过 4.0％；重金属不得过百万分之二十；微生物限度：每 1g 西黄蓍胶中需氧菌总数不得过 10^3 cfu，霉菌和酵母菌总数不得过 10^2 cfu，不得检出大肠埃希菌。西黄蓍胶密闭，在干燥处保存。

（二）性质

西黄蓍胶为白色或类白色半透明扁平而弯曲的带状薄片；表面具平行细条纹；质硬平坦光滑；或为白色或类白色粉末。无臭，味淡。在酸性、中性条件下稳定，在碱性条件下稳定性较差。

1. 溶解性、溶胀性　西黄蓍胶难溶于水、乙醇及其他有机溶剂，但遇水溶胀成胶体黏液，体积增大约 10 倍。

2. 凝胶化　西黄蓍胶吸水后能膨胀成黏稠凝胶，易染菌，需加入苯甲酸钠、对羟基苯甲酸酯类等防腐剂。西黄蓍胶凝胶可以耐受热压灭菌。

3. 黏性　20℃时1%的西黄蓍胶浆黏度为100mPa·s，黏度因温度、浓度而异，随温度增加或浓度增加而增大。另外，西黄蓍胶浆的黏度还受溶液 pH 的影响，pH 值5时黏度最大，pH 低于5或高于6则黏度下降。实际应用中，可以根据制剂需要配制成不同黏度的西黄蓍胶浆制品。

4. 安全性　西黄蓍胶安全无毒。大鼠口服 LD_{50} 为 16.4g/kg、小鼠口服 LD_{50} 为 4g/kg、兔口服 LD_{50} 为 4g/kg。

（三）应用

1. 黏合剂、助悬剂　西黄蓍胶5%～10%的溶液可以作为黏合剂，用于片剂的生产。在混悬剂、搽剂的制备中作为助悬剂，提高制剂的稳定性。

2. 乳化剂　西黄蓍胶降低油水间界面张力的作用较弱，但可以凭借其黏稠性，增加乳剂的黏度，阻止分散相液滴聚集，避免乳剂分层，增加乳剂的稳定性。西黄蓍胶作为乳化剂很少单独使用，常与阿拉伯胶合用，制备优良的乳剂。

二、壳聚糖

（一）概述

壳聚糖（chitosan）为 N-乙酰-D-氨基葡萄糖和 D-氨基葡萄糖组成的无分支二元多聚糖，$\overline{M_r}$ 为 $3.0 \times 10^5 \sim 6.0 \times 10^5$。其化学结构式如下：

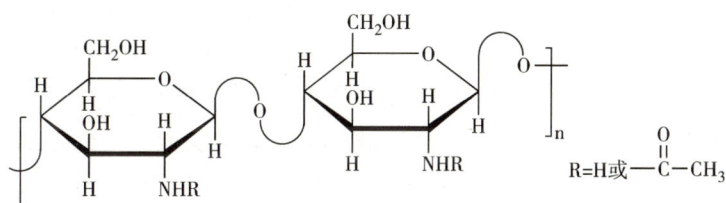

壳聚糖的化学结构式

《中国药典》（2020 年版）四部将壳聚糖作为药用辅料列入正文，按药典方法检查，壳聚糖在20℃时的动力黏度应为标示量的80%～120%；脱乙酰度应大于70%；1%（W/V）水溶液 pH 值为 6.5～8.5；蛋白质不得过 0.2%；干燥失重不得过 10%；炽灼残渣不得过 1.0%；重金属不得过百万分之十；砷盐不得过 0.0001%。壳聚糖密闭、凉暗处干燥保存。

（二）性质

壳聚糖为类白色粉末，无臭，无味。固体，溶解度、$\overline{M_r}$、乙酰化值因来源、制法不同而异。

1. 溶解性　壳聚糖微溶于水、溶于酸性水溶液，不溶于中性、pH 值大于 6.5 的碱性溶液、乙醇及其他有机溶剂。

2. 成膜性　壳聚糖溶于酸性水溶液形成高黏度的胶体溶液，该胶体溶液涂抹在物体表面可形成透明薄膜。壳聚糖 $\overline{M_r}$ 越大，成膜性越好，机械强度越大，加入明胶可改善膜的机械性能。

3. 黏性与胶凝性　壳聚糖水溶液的黏度与其浓度、脱乙酰基程度、温度、$\overline{M_r}$、溶液的 pH 值、离子种类有关。壳聚糖水溶液的黏度随其浓度、脱乙酰基程度的增加而增加，随温度的上升而下降。壳聚糖与盐酸、醋酸结合形成离子型聚合物而溶于水形成凝胶。

4. 降解性　壳聚糖可被结肠微生物所降解，也能够被溶菌酶酶解，具有优良的生物降解性。

5. 安全性 壳聚糖为天然碱性多糖，生物相容性好，无毒，安全，无抗原性。小鼠口服 $LD_{50}>10g/kg$、皮下注射 $LD_{50}>10g/kg$、腹腔注射 LD_{50} 为 $5.2g/kg$，无皮肤、眼黏膜刺激性。

6. 抑菌性 壳聚糖结构中的氨基带正电荷，能够与细菌细胞表面所带的负电荷作用，扰乱细菌细胞的正常生理活动，使细菌细胞膜通透性改变，导致细胞内物质泄漏，从而具有抑菌杀菌作用。

（三）应用

1. 缓控释材料 壳聚糖能够延缓药物的释放，可作为骨架材料，制备骨架片，如以壳聚糖 25%、卡波姆 2%、柠檬酸 6% 为复合骨架材料制备银杏叶缓释片，持续释药时间 12 小时，累积释放率达 80.11%。

壳聚糖还可以作为制备微囊、微球的材料，如以交联壳聚糖为载体制备壳聚糖-绞股蓝总苷缓释微球，体外持续 12 小时释药，有明显的缓释作用；采用凝聚法，以壳聚糖-海藻酸钠为囊材，制备微囊，所得微囊具有较高包封率和机械强度。

2. 靶向制剂载体 壳聚糖及其衍生物是很好的靶向制剂材料。以壳聚糖为磁性靶向制剂的载体，通过控制微球粒径和外加磁场可将制剂引导至肺部。壳聚糖还可以作为结肠靶向制剂的载体，保护药物安全通过胃和小肠，到达结肠释放药物以充分发挥疗效。

3. 崩解剂 壳聚糖作片剂崩解剂，可缩短崩解时间，提高溶出速率和生物利用度。在某些片剂的制备中，壳聚糖的崩解性能优于淀粉、MCC 等。

4. 成膜材料 壳聚糖单独使用或与其他材料合用可以作为膜剂的成膜材料，如采用明胶-壳聚糖为成膜材料，制备的口腔溃疡膜，疗效良好。

5. 澄清剂 壳聚糖在中药制剂生产及果汁生产中用作澄清剂，通过电中和、吸附架桥的方式除去药液中的蛋白质、果糖、较大的悬浮粗颗粒等，并利用天然胶体的保护作用，使制剂澄清并保留药液的有效成分，达到分离纯化的目的。壳聚糖作为澄清剂虽然具有效果好、简便、成本低、增强稳定性的优点，但不适用于脂溶性成分，在中药精制中不应盲目使用壳聚糖。

6. 增稠剂 壳聚糖作为增稠剂用于滴眼剂，可增加滴眼液的稠度，延长药物在眼部的滞留时间，增强药物的疗效。如更昔洛韦滴眼液，加入壳聚糖，不仅可以增加滴眼液的黏度，减轻药物对眼的刺激，还能促进眼部创伤的愈合。

7. 抑菌剂 壳聚糖作为抑菌剂配制成适宜的浓度，用于阴道炎等的辅助治疗。亦可结合其成膜性制备成抑菌膜，用于烧烫伤、皮肤、黏膜及手术创面，对创面起辅助治疗的作用。

8. 其他应用 以壳聚糖、CMC-Na 为凝胶材料制备的壳聚糖凝胶剂，具有涂展性好、黏附力强、形成的膜不易脱落、易清洗等优点。

另外，壳聚糖是目前唯一已知的天然碱性高分子材料，内服可调节体液的 pH 值，以改善酸性体质。

【应用实例】芦丁缓释片

处方组成：芦丁细粉；壳聚糖，阿拉伯胶，淀粉，淀粉浆，十二烷基硫酸钠，硬脂酸镁。

制备方法：芦丁细粉加入十二烷基硫酸钠溶液中，再与淀粉混匀；阿拉伯胶细粉、壳聚糖醋酸液加入淀粉浆中。将上述两者混合制软材，制粒，干燥，加硬脂酸镁，压片。

解析：

①芦丁在临床上主要用于高血压病的辅助治疗，普通芦丁片每日服 3~4 次，每次 1~2 片，血药浓度不稳定，药物不良反应增加。芦丁缓释片可减少给药次数，维持稳定的血药浓度，有利

于治疗。芦丁普通片和缓释片的体外释放试验结果显示（图3-4），芦丁普通片释放速度较快，而芦丁缓释片的缓释效果明显。

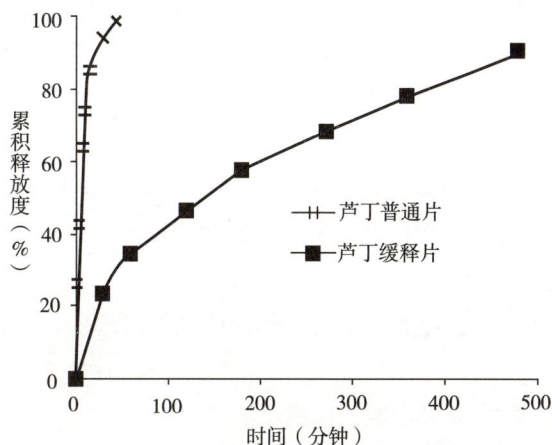

图3-4　芦丁普通片和缓释片的累积释放曲线

②处方中壳聚糖作为缓释材料，具有很强的亲水性，能在酸性介质中溶胀形成黏稠状态从而阻滞药物溶出、扩散，对药物起到缓释作用；阿拉伯胶遇水能形成酸性的黏稠液体，有利于形成壳聚糖凝胶，两者合用能起较好的缓释作用。

三、阿拉伯胶

（一）概述

阿拉伯胶（acacia），系自 *Acacia senegal*（Linne）Willdenow 或同属近似树种的枝干得到的干燥胶状渗出物。产于阿拉伯国家干旱高地，以苏丹及塞内加尔产品质量最佳。主要成分为杂多糖，其余为少量蛋白质，$\overline{M}_r$ 为 $2.4\times10^5\sim5.8\times10^5$。阿拉伯胶粗品中糖和蛋白质组分含量分析的结果显示，总糖量在85%以上，蛋白质含量仅约4%。

阿拉伯胶制备方法：将树皮割开，露出的渗出物，在树干上干燥后除去杂质，然后研磨过筛，分成不同等级、不同型号的产品，其细度、水中不溶物、溶液的色泽和澄清度均不同，也可用喷雾干燥法制得。

《中国药典》（2020年版）四部将阿拉伯胶作为药用辅料列入正文，按药典方法检查，阿拉伯胶的不溶性物质不得过0.5%；干燥失重不得过15.0%；总灰分不得过4.0%；酸不溶性灰分不得过0.5%；重金属不得过百万分之二十；砷盐不得过0.0003%；微生物限度：每1g阿拉伯胶中需氧菌总数不得过 10^3 cfu，霉菌和酵母菌总数不得过 10^2 cfu，不得检出大肠埃希菌；每10g阿拉伯胶中不得检出沙门菌。阿拉伯胶应密封，置干燥处保存。

（二）性质

阿拉伯胶为白色至棕黄色的半透明或不透明的球形或不规则的颗粒、碎片或粉末。

1. 溶解性和吸湿性　阿拉伯胶具有较高的水溶解度，能溶于冷、热水中。25℃时可以形成各种浓度的水溶液，浓度达50%时，水溶液流动性仍较好，与其他天然胶相比，其水中溶解度最大。在pH值2~10时稳定性良好。阿拉伯胶在25℃及 *RH* 为25%~65%时平衡含水量为8%~13%，*RH* 高于70%时则吸收大量水分，在乙醇中不溶。

2. 黏性   由于阿拉伯胶大分子结构上有较多的支链而形成粗短的螺旋结构，其水溶液表现出一定的黏稠性。阿拉伯胶溶液的黏度随浓度变化而变化。25℃时，5%水溶液的黏度低于5mPa·s；25%水溶液的黏度为80～1405mPa·s；50%的溶液的黏度达到最高值。溶液的黏度容易受到 pH、盐或其他电解质的存在和温度的影响。溶液浓度在40%以下呈现非牛顿流体的特性，对溶液的切变力增加，溶液黏度降低。温度升高或在阿拉伯胶溶液中加入电解质会降低溶液的黏度。

3. 稳定性   阿拉伯胶溶液呈现弱酸性，浓度为25%时 pH 值为4～5。溶液在 pH 值5～5.5时黏度最大。pH 值在4～8之间的变化对阿拉伯胶性状影响不大。当 pH 小于3时，由于结构中离子状态减少，溶解度下降，黏度降低。

阿拉伯胶热稳定性较好。一般性加热不会引起胶体性质的改变，但长时间加热会使胶体分子降解，导致乳化性能下降。

阿拉伯胶溶液易霉变，其溶液可用微波辐射灭菌。

4. 相容性   阿拉伯胶能与大多数胶质、淀粉、糖类和蛋白质相容，但这种相容性易受到溶液 pH 和浓度的影响。另外，阿拉伯胶与海藻酸钠、明胶在多数盐类溶液中会产生沉淀，尤其在三价金属盐溶液中。

5. 表面活性   阿拉伯胶是一种表面活性剂，其4%的水溶液在30℃时的表面张力为0.063N/m。可以作为乳剂的乳化剂。

6. 安全性   阿拉伯胶口服安全无毒，兔口服 LD_{50} 为8g/kg。不宜用作注射剂。

（三）应用

1. 助悬剂   阿拉伯胶粉末或胶浆能增加混悬剂中分散介质的黏度，从而降低药物微粒的沉降速度，阿拉伯胶又能被药物微粒表面吸附形成机械性或电性的保护膜，防止微粒间相互聚集或结晶的转型，使混悬剂稳定性增加，一般用量是5%～15%。作为天然高分子助悬剂使用时应加入防腐剂。

2. 黏合剂   阿拉伯胶作黏合剂一般用其10%～25%水溶液，但制软材时，不易混合均匀，干燥较慢，制成的颗粒较硬，崩解时间和药物的溶出速率比用淀粉浆要慢，有时可将阿拉伯胶浆与淀粉浆调匀混合使用。通常药物的溶出度和扩散速度与黏度呈反比关系。

3. 乳化剂   阿拉伯胶可作为乳化剂使用，一般用量为10%～20%。干胶法制备乳剂时取油相与阿拉伯胶粉于乳钵中研匀，加入蒸馏水，迅速向同一方向研磨，直至形成稠厚的初乳，再加其他辅料，搅匀即得。湿胶法可先将阿拉伯胶粉与水混合形成胶浆，再将油相分次少量加入，在乳钵中研磨，乳化形成初乳，再添加其余成分至足量。

4. 微囊材料   阿拉伯胶是最常用的制备微囊的天然高分子材料，具有成膜性好、稳定等特点，常与明胶配比作为微囊囊材。阿拉伯胶在水中经膨胀胶溶后，带负电荷；明胶为两性蛋白质，其荷电性取决于溶液的 pH 值，当 pH 值低于明胶的等电点时，$-NH_3^+$ 数目多于 $-COO^-$，溶液荷正电；当溶液 pH 高于明胶等电点时，$-COO^-$ 数目多于 $-NH_3^+$，溶液荷负电。因此在明胶与阿拉伯胶混合的水溶液中，调节 pH 值约为4.0时，明胶和阿拉伯胶因电荷性质相反相互吸引而形成复合物，溶解度降低，自体系中凝聚成囊析出，通过固化可使凝聚的囊膜硬化，成不可逆的微囊。阿拉伯胶用作囊材的浓度为3%～10%，与明胶配比通常为1∶1。

【应用实例】大蒜油微囊

处方组成：大蒜油；阿拉伯胶，明胶（A 型），37%甲醛，5%醋酸，20%氢氧化钠，蒸馏水。

制备方法：取阿拉伯胶溶于水中，加入大蒜油，乳化，于50℃保温；取明胶溶于60℃水中，搅拌下加入上述乳液中，用5％醋酸调节pH值至4～4.5，加水，冷却至10℃，加37％甲醛，用20％NaOH调节成弱碱性，继续搅拌，抽滤，水洗微囊至无甲醛味，pH中性，干燥，即得。

解析：

①将大蒜油制成大蒜油微囊，可以克服大蒜油易挥发、不稳定及对人体黏膜有较强刺激等应用缺陷。

②本方采用复凝聚法制备大蒜油微囊。复凝聚法是利用具有相反电荷的两种高分子材料作囊材，将囊心物分散在囊材的水溶液中，在一定条件下，相反电荷的高分子材料互相交联后，从溶液中凝聚析出成囊。处方中阿拉伯胶、明胶（A型）为微囊材料，阿拉伯胶在水中经膨胀胶溶后，带负电荷；明胶是两性蛋白质，A型明胶等电点为pH值8～9；阿拉伯胶与明胶混合后，调节溶液pH值至4～4.5，此时明胶含正电荷达最多，与带负电荷的阿拉伯胶互相交联，凝聚以制成微囊。37％甲醛为固化剂，醋酸、氢氧化钠为pH调节剂。

四、黄原胶

（一）概述

黄原胶（xanthan gum）又称汉生胶，系淀粉经甘蓝黑腐病黄单胞菌 *Xanthomonas campestris* 发酵后生成的多糖类高分子聚合物经处理精制而得。

黄原胶分子由D-葡萄糖、D-甘露糖、D-葡萄糖醛酸、乙酰基构成，$\overline{M_r}$ 在 $2.0 \times 10^6 \sim 5.0 \times 10^7$ 之间，结构研究显示，其一级结构主链与纤维素相同，由β-1,4-苷键连接D-葡萄糖结构单元而成，主链上每隔一个葡萄糖单元有一侧链从 C_3 引出，以α-1,3苷键与主链连接，侧链由三个单糖衍生物结构单元组成，从分支处开始依次为6-乙酰-D-甘露糖、D-葡萄糖醛酸盐和D-甘露糖丙酮酸盐缩酮。侧链上甘露糖与葡萄糖的摩尔比为2:1；侧链与主链及侧链上的键接方式的化学结构式所示如下：

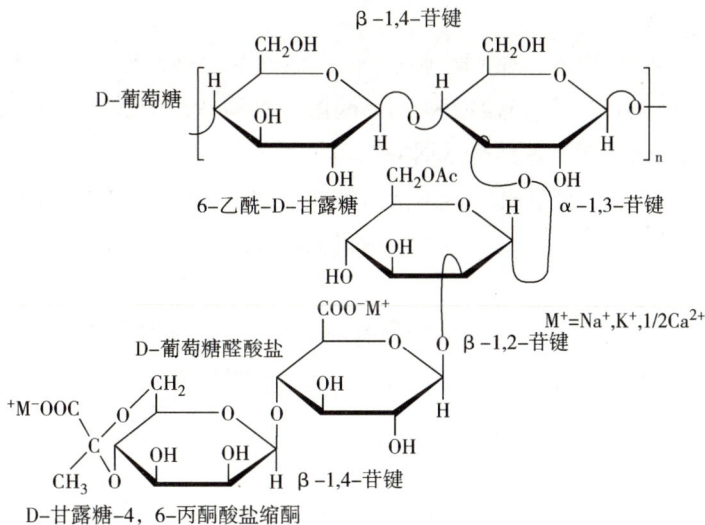

黄原胶化学结构式

黄原胶的二级结构是侧链绕主链骨架反向缠绕，通过氢键维系形成棒状双螺旋结构。黄原胶的三级结构是棒状双螺旋结构间靠微弱的非共价键结合形成的螺旋复合体。

《中国药典》（2020 年版）四部将黄原胶作为药用辅料列入正文，按药典方法检查，黄原胶在 25℃时的动力黏度应不低于 0.6Pa·s；含氮量不得过 1.5%；丙酮酸不得低于 1.5%；残留溶剂：含甲醇与乙醇均应符合规定，含异丙醇不得过 0.075%；干燥失重不得过 15.0%；灰分不得过 16.0%；重金属不得过百万分之二十；砷盐不得过 0.0003%；微生物限度：每 1g 黄原胶中需氧菌总数不得过 10^3 cfu，霉菌和酵母菌总数不得过 10^2 cfu，不得检出大肠埃希菌。黄原胶密封保存。

（二）性质

黄原胶为类白色至淡黄色的粉末，微臭，无味。

1. 溶解性　黄原胶在乙醇、丙酮或乙醚中不溶，在水中溶胀成胶体溶液，如果直接加入水中而搅拌不充分，外层吸水膨胀成胶团，会阻止水分进入里层。正确使用方法是：将黄原胶干粉或与盐、糖等干粉辅料拌匀后缓缓加入正在搅拌的水中，制成溶液使用。

2. 黏性　黄原胶溶液具有低浓度高黏度的特性，0.1% 的黄原胶黏度为 100mPa·s 左右，而许多胶类在 0.1% 时，黏度几乎为零，其 1% 水溶液的黏度相当于明胶的 100 倍，是一种高效的增稠剂。在 25℃时，质量分数为 0.2%、0.3%、0.7% 和 0.9% 的黄原胶黏度分别为 480、1300、5400 和 8600mPa·s，黏度随浓度的递减而不成比例地降低，质量分数 0.3% 是高低黏度的分界点。

3. 流变学特性　黄原胶具有良好的流变学特性，当黄原胶的水溶液在受到剪切作用时，黏度急剧下降，且剪切速度越高，黏度下降越快，如剪切速度为 6r/min、质量分数 0.3% 的黄原胶黏度为 1300mPa·s，而 60r/min 时黏度仅为 400mPa·s，不足原来的三分之一。当剪切力消除时，则立即恢复原有的黏度。黄原胶假塑性非常突出，该性质对稳定混悬液、乳浊液极为有效。当黄原胶与 MCC 联用时，能在水中形成高强度的全天然生物胶，其触变性变得更强。

4. 稳定性　黄原胶溶液对热具有较好稳定性。黄原胶水溶液在 10～80℃之间黏度几乎没有变化。1% 黄原胶溶液（含 1% 氯化钾）从 25℃加热到 120℃，其黏度仅降低 3%。

黄原胶溶液对酶稳定，许多酶类如蛋白酶、淀粉酶、纤维素酶和半纤维素酶等都不能使黄原胶降解。

黄原胶溶液对酸碱也较稳定。在 pH 值为 5～10 之间黏度不受影响，能溶于多种酸溶液，如 5% 硫酸、5% 硝酸、5% 乙酸、10% 盐酸和 25% 磷酸，且这些黄原胶酸溶液在常温下相当稳定。黄原胶也能溶于氢氧化钠溶液，并具有增稠特性。

黄原胶溶液对盐较稳定。能和许多盐溶液（钾盐、钠盐、钙盐、镁盐等）混溶，黏度不受影响。在较高盐浓度条件下，甚至在饱和盐溶液中仍保持其溶解性而不发生沉淀和絮凝，其黏度几乎不受影响。

5. 安全性　黄原胶广泛应用于口服或局部制剂中，无毒，无刺激性。WHO 允许的每日摄入量为 100mg/kg。大鼠口服 LD_{50} > 45g/kg，犬口服 LD_{50} > 20g/kg。

（三）应用

1. 黏合剂　在固体制剂中，用黄原胶作黏合剂制得的片剂黏合力强，片子不会过于坚硬，同时还可通过加入淀粉、阿拉伯胶等辅料，调整到所要求的硬度，在压片时和贮存过程中不易出现裂片现象。黄原胶也是咀嚼片和口含片的良好亲水赋形剂，能在口中因咀嚼和舌头转动产生的剪切力下，使黏度急剧下降而感觉清爽细腻，利于药物释放。

2. 助悬剂　黄原胶在液体制剂中可作助悬剂,特别是制备对胃有刺激性的糖浆剂中加入黄原胶液,既可减少对胃的刺激,又可掩盖药物的不良臭味,增加药物的稳定性。在混悬型液体制剂中,加入 0.1%~0.25% 黄原胶可使产品在较长时间内不分层,不沉淀。在滴鼻剂、滴眼剂中加入黄原胶既增加了药物的稳定性,减少了局部的刺激,又使药物与患部接触的时间延长,较好地发挥其疗效,同时也不因调节等渗而使黏度受到影响。

3. 崩解剂　黄原胶具有良好的膨胀、润湿和毛细管作用,是良好的崩解剂,常以 200 目的黄原胶细粉与淀粉或 MCC 配伍作干法、湿法压片的崩解剂。与不同辅料以不同比例混合,可制得在黏度、硬度、崩解时限、溶出速率等方面性能不同的片剂。黄原胶既适用于水溶性药物,亦适用于水难溶性药物,一般用量为 3%~8%（W/W）。

4. 稳定剂　黄原胶还可用作乳剂的稳定剂,在乳剂中加入黄原胶后,可使乳剂在较大的 pH 范围以及较高电解质浓度下,具有较好的稳定性。

5. 缓释材料　黄原胶有良好的黏度和流变学特性,可在亲水凝胶骨架型缓释制剂中表现出优良的水化作用,因具高度的假塑性和高弹性模量而应用广泛。利用黄原胶制备的山楂叶总黄酮亲水凝胶骨架片,降低了骨架片的膨胀程度,提高了凝胶层的强度,骨架溶蚀减慢,达到缓释效果。以黄原胶为载体材料分别制备难溶性药物对乙酰氨基酚和水溶性药物甲氧氯普胺缓释片时,当处方中黄原胶含量达到 16% 以上时则有良好的缓释作用,且释药速率与黄原胶在处方中的含量密切相关。以黄原胶作为缓释材料,用量达 30%~50% 时,可制得在人工肠液中近乎零级释放的制剂。

五、果胶

(一) 概述

果胶（pectin）系从柑橘皮或苹果渣中提取得到的碳水化合物。按干燥品计算,含甲氧基（-OCH₃）不得少于 6.7%,含半乳糖醛酸（$C_6H_{10}O_7$）不得少于 74.0%。

果胶存在于植物细胞壁和细胞内层,为内部细胞的支撑物质。柑橘、柠檬、柚子的果皮是果胶的主要来源,这类果皮大约含 30% 果胶。果胶的组成有同质多糖和杂多糖两种类型,同质多糖型果胶有 D-半乳聚糖、L-阿拉伯聚糖或 D-半乳糖醛酸聚糖等;杂多糖果胶最常见,是由半乳糖醛酸聚糖、半乳聚糖和阿拉伯聚糖以不同比例组成,通常称为果胶酸。

果胶的主要成分为多聚 D-半乳糖醛酸甲酯,由 α-半乳糖醛酸中的 C_1 和 C_4 通过 α-1,4-苷键连接而形成的直链高分子,$\overline{M}_r$ 为 1.2×10^5~2.0×10^5。在果胶的多聚半乳糖醛酸的长链结构中,部分羧基通常被甲酯化,如果彻底甲酯化,则甲氧基含量约为 $\overline{M}_r$ 的 16.3%。商品果胶一般把甲氧基含量 ≥7% 称为高酯果胶,甲氧基含量 <7% 称为低酯果胶。实际上果胶为多种聚糖的共混物,其中部分甲酯化的 D-半乳聚糖醛酸的化学结构式如下:

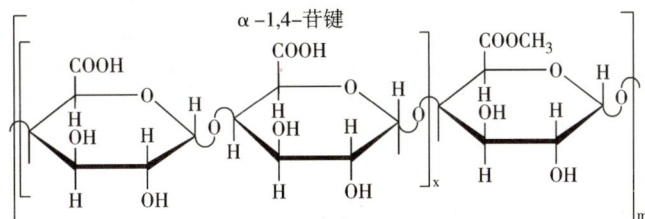

D-半乳聚糖醛酸化学结构式

《中国药典》（2020 年版）四部将果胶作为药用辅料列入正文，按药典方法检查，含二氧化硫不得过 0.005%；干燥失重不得过 10.0%；重金属不得过百万分之十；砷盐不得过 0.0003%；残留溶剂：甲醇、乙醇与异丙醇总量不得过 1.0%；微生物限度：每 1g 果胶中需氧菌总数不得过 10^3 cfu，霉菌和酵母菌总数不得过 10^2 cfu，不得检出大肠埃希菌。果胶应密封保存。

（二）性质

果胶为白色至浅棕色的颗粒或粉末。

1. 溶解性 果胶可溶于水，形成黏稠的溶液，带负电荷，不溶于乙醇或其他有机溶剂。用甘油、蔗糖浆等湿润可提高其溶解度。

2. 黏性 果胶溶液的黏度与其 $\overline{M}_r$ 密切相关。$\overline{M}_r$ 高的果胶，其溶液的黏度要比 $\overline{M}_r$ 低的果胶大。

溶液的 pH、温度和离子强度对果胶的黏度有很大的影响。在 0.01%～1.0% 果胶的稀溶液中，酸度为 pH 值 3～4，加酸降低其 pH 值时，黏度下降；到 pH 值 2.2 以下，黏度不再变化。温度上升，黏度会可逆地下降，温度到 50℃ 以上，黏度呈现不可逆地下降。外加物质如 Ca^{2+}、Mg^{2+}、Mn^{2+}、Zn^{2+}、Fe^{2+}、Ni^{2+} 等盐类会降低果胶溶液的黏度，而 Cu^{2+}、Al^{3+}、Fe^{3+} 等盐类则增加果胶溶液的黏度。

3. 稳定性 高酯果胶在 pH 值 2.5～4.5 范围内稳定，当 pH 值大于 4.5 时，高酯果胶仅在室温下稳定。当温度逐步升高时，高酯果胶分子快速解聚，其凝胶特性完全丧失。在高 pH 时，低酯果胶的稳定性比高酯果胶好，低酯果胶对 pH 值的变化稳定性高。果胶分子对热较为稳定。在 pH 值 3.5 时，果胶分子只有在高温下才发生链解聚。相同 pH 值的溶液中在加入糖并均匀溶解后，有助于改善果胶的热稳定性。

4. 胶凝性 果胶在特定条件下会形成凝胶。高酯果胶和低酯果胶的凝胶机理和成胶条件是不同的。高酯果胶形成凝胶需要糖和酸，其胶凝作用涉及多种分子间的相互作用，在溶液中立体结构以氢键和部分甲酯基团的疏水作用形成凝胶。影响高酯果胶胶凝作用的因素有果胶浓度、酯化度、$\overline{M}_r$、pH、离子强度、水分活度和冷却速率等。高酯果胶在较高的温度下开始凝胶，而且很快建立凝胶强度。pH 降低可提高胶凝温度和胶凝速度。增加可溶性固形物含量，可提高胶凝温度和胶凝速度。低酯果胶胶凝需要有钙离子参与，在果胶分子链间的羧基通过钙桥实现离子连接并同氢键共同作用产生凝胶。

5. 安全性 果胶口服安全。无毒，无刺激性。

（三）应用

1. 增稠剂 果胶作为增稠剂能增加溶液的黏度，保持体系的相对稳定性。果胶分子结构中含有许多亲水性基团，如羟基、羧基等，能与水分子发生水合作用，从而以分子状态高度分散于水中，形成高黏度的单相均匀分散体系。加入果胶后能改善制剂的物理性质，使制品黏滑适中，有时还兼有乳化剂的作用。

2. 缓释材料 果胶可作为释放阻滞剂，增加缓释制剂系统的稠度，药物释放速率可因果胶形成的凝胶屏障而被延缓，通过调节果胶的用量，可以控制凝胶屏障的厚度，实现对药物释放速率的调控。

3. 乳剂稳定剂 为增加乳剂的稳定性，常将果胶作为辅助乳化剂，增加乳剂水相的黏度。果胶还可作为弱的 O/W 型乳化剂，与阿拉伯胶合用起稳定剂的作用。

4. 结肠靶向给药材料　果胶在胃和小肠内稳定，不会被降解，但会被结肠内菌群产生的果胶酶特异性降解，因此，它是理想的结肠靶向给药材料。但果胶因高水溶性和膨胀性而无法单独作为结肠给药载体，如果将果胶和壳聚糖混合包衣，能有效减少药物在上消化道的释放，使药物顺利到达结肠部位。果胶与壳聚糖相互作用最适宜的重量比为 10：1。

5. 其他应用　果胶的衍生物果胶钙具有很好的生物相容性和生物粘连性，因它以较稳定的凝胶形式存在，而被广泛地用作药物和生物活性物质的载体。果胶的酯化程度较低时，可和钙离子或多价态的阳离子反应形成刚性凝胶。果胶钙的特点是在微碱性的溶液中发生溶胀，与结肠 pH 相似，当药物从上消化道向结肠转运时，果胶钙也同样作为结肠靶向定位材料，从而使药物定位释放。

果胶钙-藻酸钙的混合物也具有很好的生物相容性和生物黏附性，用果胶钙制成的制剂与用果胶钙-藻酸钙的混合物制成的相同剂型的制剂相比，前者释药速度较快，后者药物的完全释放在服用后 4～8 小时之间，因此，后者的结肠定位效果更好。

六、海藻酸钠

（一）概述

海藻酸钠（sodium alginate，SAL）又称藻酸钠、海草酸钠、褐藻胶，系从褐色海藻植物中用稀碱提取精制而得，其主要成分为海藻酸的钠盐，分子式为 $(C_6H_7O_6Na)_n$，海藻酸是由聚 β-1,4-D-甘露糖醛酸（β-1,4-D-mannosyluronic acid，简称 M）和聚 α-1,4-L-古洛糖醛酸（α-1,4-L-gulosyluronic acid，简称 G）组成的线型高分子嵌段共聚物。海藻酸钠 $\overline{M_r}$ 约为 2.4×10^5，化学结构式如下：

海藻酸钠化学结构式

《中国药典》（2020 年版）四部将海藻酸钠作为药用辅料列入正文，按药典方法检查，氯化物不得过 1.0%；干燥失重不得过 15.0%；炽灼残渣应为 30.0%～36.0%；钙盐不得过 1.5%；铅不得过 0.001%；重金属不得过百万分之二十；砷盐不得过 0.00015%；微生物限度：每 1g 海藻酸钠中需氧菌总数不得过 10^3 cfu，霉菌和酵母菌总数不得过 10^2 cfu，不得检出大肠埃希菌；每 10g 海藻酸钠中不得检出沙门菌。海藻酸钠应密封保存。

（二）性质

海藻酸钠为白色至浅棕黄色粉末，几乎无臭，无味。

1. 溶解性、吸湿性　海藻酸钠在水中溶胀成胶体溶液，不溶于乙醇，也不溶于酸（pH<3）、乙醚、三氯甲烷等有机溶剂，1%海藻酸钠水溶液的 pH 值约为 7.2。

海藻酸钠具有吸湿性，其平衡含水量与 RH 有关，RH 为 20%～40%时的平衡含水量为 10%～30%。

2. 黏性　海藻酸钠水溶液的黏度因聚合度、浓度、pH 值和温度的不同而异。聚合度为 75、

84、118 和 130 时，其黏度分别为 0.07、0.14、0.5 和 1mPa·s；其黏度在 pH 值 6～9 范围内稳定，pH 值 7 时最大；海藻酸钠水溶液高压灭菌时，黏度在 pH 值 4～10 范围内稳定，pH＞10 则黏度降低；20℃时 1‰的水溶液黏度变化范围为 0.02～0.4mPa·s，加热至 80℃以上，黏度降低；水溶液久置缓慢分解，黏度降低。

3. 凝胶性 海藻酸钠是一种阴离子聚电解质多糖，在 Ca^{2+}、Ba^{2+} 等金属离子的引发下即能形成凝胶。海藻酸钠的凝胶化过程主要是古洛糖醛酸上的钠离子与二价阳离子交换的过程，二价阳离子可与古洛糖醛酸螯合后形成凝胶网状结构。Ca^{2+} 加入的方式会影响凝胶的性质，缓慢加入 Ca^{2+}，可制得均匀的凝胶，快速加入 Ca^{2+}，则形成不均匀的凝胶。

海藻酸盐与不同的金属离子交联时，其凝胶化过程和形成的凝胶性质差异较大，且海藻酸盐凝胶的物理性质依赖于分子中两种单体的比例、分布方式以及聚合物的 $\overline{M}_r$。

4. 硬度与柔韧性 古洛糖醛酸含量高的海藻酸盐生成的凝胶硬度大但易碎，甘露糖醛酸含量高的海藻酸盐生成的凝胶则相反，柔韧性好、硬度小。调整两者的比例可生产出不同强度的凝胶，利用这一特性可以控制药物的释放。

5. 稳定性 干燥的海藻酸钠在密封良好的容器内于 25℃及以下温度储存相当稳定，随着温度升高，海藻酸钠开始逐渐分解，海藻酸钠的 M/G 比例影响海藻酸钠降解的起始温度，M/G 比例增大，海藻酸钠热稳定性下降；$\overline{M}_r$ 高的海藻酸钠稳定性不及 $\overline{M}_r$ 低的海藻酸钠；紫外光对海藻酸钠有明显降解作用，15W 的紫外光灯照射 8 小时后，黏度明显下降。

由于海藻酸钠属阴离子聚电解质，不能与阳离子药物混合配伍。

6. 安全性 海藻酸钠毒性较低。小鼠腹腔注射 LD_{50} 为 1.013g/kg，大鼠静注 LD_{50} 为 1g/kg，大鼠口服 LD_{50}＞5g/kg，猫腹腔注射 LD_{50} 为 0.25g/kg，兔静注 LD_{50} 为 0.1g/kg。

（三）应用

1. 助悬剂 海藻酸钠在水溶液中有一定的黏性，可以作为液体制剂的助悬剂，降低药物的沉降速率。海藻酸钠作为助悬剂时，应加入适当的防腐剂。

2. 缓控释材料 常利用海藻酸钠的溶解性、凝胶性将其作为缓控释材料。以海藻酸钠作为缓释制剂的骨架材料受介质的 pH 值影响较大，在偏酸性介质条件下，海藻酸钠能形成难溶型凝胶骨架，缓慢释放药物，酸性越强，释药速率越慢，当介质 pH 值由中性逐渐至碱性时，海藻酸钠凝胶骨架的溶解速率加快，药物的释药速率也随之加快。海藻酸钠的 $\overline{M}_r$ 与释药速率之间有良好的线性关系，$\overline{M}_r$ 越大，黏度越大，释药速率越慢。选择不同 $\overline{M}_r$ 的海藻酸钠或以不同比例混合，可使药物在介质中达到所需的缓释效果。

海藻酸钠常与其他材料共混后作为缓控释材料。以海藻酸钙 - CMC - Na 共混材料制成的中药水提物缓释微球，包封率高，无突释现象，缓释效果好。

海藻酸钠与壳聚糖可形成海藻酸钠 - 壳聚糖共混缓控释材料，壳聚糖分子链上的伯氨基正离子与海藻酸钠分子链上的羧酸根负离子，通过静电作用吸引形成聚电解质复合物。这种聚电解质复合物制得的微囊，可提高微囊的稳定性和载药量，调节药物释放率，还可通过控制两者的 $\overline{M}_r$、pH、浓度、离子强度等因素来制备具有不同控释效果的微囊。

3. 特殊药物的载体 海藻酸钠可以作为酸敏感药物的载体。海藻酸钠具有与多价阳离子发生胶凝反应形成凝胶的特性，如与 Ca^{2+} 形成海藻酸钙凝胶微球，该微球在酸性介质中几乎不溶胀，而在碱性介质中微球逐渐溶胀，药物缓慢释放，因此，海藻酸钠可保护酸敏感性药物免受胃液的破坏，常作为酸敏感性药物的保护载体。此外，将胰岛素、水蛭素等多肽包埋在海藻酸钙 -

壳聚糖微囊中，在人工胃液中没有明显释放，而在人工肠液中释放较快，可有效提高多肽药物的生物利用度。

与此相反，对于某些只在酸性环境稳定或需要在胃内释放的药物，为延长药物在胃中的停留时间，可利用海藻酸钠在胃液环境下形成凝胶的特点，采用海藻酸钠与 HPMC 制成胃漂浮制剂，延长药物在胃中的滞留时间，提高药物生物利用度。

4. 原位凝胶材料　原位凝胶是随着药用高分子材料的发展而产生的新剂型，它以溶液状态给药后立即在用药部位发生胶凝，从而形成非化学交联的半固体制剂。以海藻酸钠为原料制成的眼用原位凝胶制剂与传统眼用制剂相比，能较长时间与眼部紧密接触，有较好的生物黏附性，可以克服常规制剂很快被眼泪冲刷而无法达到有效药物浓度的缺点，从而提高药物生物利用度。

5. 生物黏附材料　海藻酸钠可与组织渗出液通过钠钙离子交换形成亲水凝胶，既能吸收创面渗液、维持创面生理性愈合的局部湿润环境，又能在保持氧气通畅的情况下防止细菌感染。利用海藻酸钠凝胶的生物黏附性，还可用于局部创伤修复敷料、鼻腔及眼部给药制剂、口腔药膜及咀嚼片。

此外，海藻酸钠还在片剂中作黏合剂、崩解剂和增稠剂，用量分别为 1%～3%、2.5%～10% 和 0.01～0.05g/mL，制备方法多为制粒压片，也可粉末直接压片；在乳剂中作稳定剂，还可作为糊剂及软膏的基质。

【应用实例】健脑丸

处方组成：当归，肉苁蓉（盐炙），山药，天竺黄，龙齿（煅），琥珀，五味子（酒蒸），天麻，柏子仁（炒），丹参，益智仁（盐炒），人参，远志（甘草水炙），菊花，九节菖蒲，胆南星，枸杞子，赭石，酸枣仁（炒）；海藻酸钠，桃胶。

制备方法：以上十九味，赭石、琥珀、天竺黄单研成细粉，其余当归等十六味粉碎成细粉，再与赭石、琥珀、天竺黄粉混匀，加海藻酸钠，混匀，用水泛丸，干燥，适量桃胶和剩余的赭石包衣，干燥，即得。

解析：

①健脑丸用于心肾亏虚所致的记忆减退、头晕目眩等。本方以泛制法制成水丸。泛制法为药粉和水交替加入，使药粉润湿、翻滚、黏结成粒，逐渐增大的一种制丸的方法。

②处方中海藻酸钠作为丸剂的黏合剂，其遇水后具有黏性，在制备过程中，对处方中各药粉起到黏合作用，以利于成丸；另外，海藻酸钠作为凝胶材料，与药粉混匀后泛制成水丸，服用后，其遇胃肠液呈现凝胶性质，使药物缓慢释放，起到缓释的作用。桃胶为黏合剂，赭石为矿物药，与桃胶混合包衣，确保包衣膜连续、致密。

七、琼脂

（一）概述

琼脂（agar），又名琼胶，系自石花菜科石花菜 *Gelidium amansii* Lamx 或其他属种红藻类植物中浸出并经脱水干燥而成的黏液质。琼脂由琼脂糖（agarose）和琼脂果胶（agaropectin）两部分组成，琼脂糖是不含硫酸酯（盐）的非离子型多糖，琼脂果胶是带有硫酸酯（盐）、葡萄糖醛酸和丙酮酸醛的复杂多糖。琼脂糖具有高胶凝力，琼脂果胶具有高黏度，但胶凝力弱。

《中国药典》（2020 年版）四部将琼脂作为药用辅料列入正文，按药典方法检查，吸水力：5.0g 琼脂加水至 100mL，搅匀，静置，过滤，滤液的总量不得过 75mL；淀粉检查不得显蓝色；凝胶检查不得出现黄色沉淀；水中不溶物不得过 1.0%；杂质不得过 1.0%；酸不溶性灰分不得过 0.5%；干燥失重不得过 20.0%；灰分不得过 5.0%；重金属不得过百万分之四十；砷盐不得过 0.0003%；微生物限度：每 1g 琼脂中需氧菌总数不得过 10^3 cfu，霉菌和酵母菌总数不得过 10^2 cfu，不得检出大肠埃希菌。琼脂应密闭保存。

（二）性质

线形琼脂呈细长条状，类白色至淡黄色，半透明，表面皱缩，微有光泽，质轻软而韧，不易折断，完全干燥后，则脆而易碎，无臭，味淡。

粉状琼脂为细颗粒或鳞片状粉末，无色至淡黄色，用冷水装片，在显微镜下观察，为无色的不规则多角形黏液质碎片，无臭，味淡。

1. 溶解性 琼脂在沸水中溶解，不溶于冷水，但能膨胀成胶块状；水溶液显中性反应。不溶于甲醇、乙醇、丙酮、冰醋酸等有机溶剂。

2. 黏性 琼脂溶解后，其胶液有一定的黏性，黏度大小与琼脂的原料品种和生产方法有关。在一定温度下，一旦胶凝，琼脂溶胶的黏度就将随时间的延长而增大。

3. 凝胶性与脱水收缩性 琼脂溶液达到一定浓度即可形成凝胶，琼脂溶液形成凝胶的最低浓度约为 0.1%。形成的凝胶具有明显的脱水收缩性，影响琼脂脱水收缩的因素除型号外，还包括盐类、pH 值、糖以及树胶，一般来说，增加盐类、降低 pH 值会促进脱水收缩，加糖类或与树胶并用，有抑制脱水收缩的倾向。

4. 滞后性 琼脂溶胶的胶凝温度远低于凝胶的熔化温度，二者之间的温度差，称为琼脂的滞后性，琼脂的滞后性比其他胶大，一般在 40～60℃。较大的滞后性是琼脂作为理想的微生物培养基凝固剂的主要原因。

5. 稳定性 与明胶等其他胶类相比，琼脂的耐热性非常好。琼脂在碱性条件下稳定，酸性条件下易降解。

6. 安全性 琼脂的安全性较高，WHO 和 FDA 均未限制每日的摄入量。

（三）应用

1. 助悬剂 琼脂的水溶液黏性较强，可以作为混悬液的助悬剂，通过增加混悬液中分散介质的黏性，降低药物微粒的沉降速度，起到稳定的作用，用量为 0.5%～3.35%，与 CMC-Na 合用，能显著增加助悬效果，稳定性更好。

2. 成膜材料及缓释材料 琼脂在碱性条件下与环氧氯丙烷交联后可以包合凹凸棒（血液净化吸附剂）形成微囊，该微囊表面光滑，无粘连，弹性好，能耐热压灭菌，体外实验表明其具有良好的血液相容性；琼脂糖还可与透明质酸形成共聚物，在 pH 值 3～5.4 间可与胰岛素形成离子复合物，缓慢释放药物，产生的粒子大小在 2～10μm 之间，复合物的缓释行为受 pH 影响。

3. 硬胶囊壳辅料 硬胶囊壳的主要成分是明胶，除明胶之外一般还需加入琼脂、甘油、二氧化钛等辅料，其中，加入琼脂的作用是为了减少明胶蘸膜后的流动性，增强胶液的凝结力。

4. 胶浆剂 液体药剂特别是中药合剂、口服液等剂型常常需要加入胶浆剂以干扰味蕾的味觉，降低药物的刺激性，或矫正酸涩味。琼脂有较强的黏稠性，可以在水中形成胶浆剂，对液体制剂起矫味的作用。

5. 其他应用 琼脂是制备培养基的重要原料。几乎所有营养肉汤加入 1.5%～2.0% 的琼脂后都可凝固，且本身不受微生物生长的影响。由于琼脂凝胶的熔化温度与琼脂胶液的胶凝温度相比，存在明显的滞后性，用琼脂配制的固体培养基，高温培养而不熔化，在凝固之前接种，也不会将培养物烫死。

此外，琼脂还可作为膜剂的膜材，在片剂中作为黏附材料，在软膏、巴布剂和栓剂中作基质。

八、透明质酸

(一) 概述

透明质酸（hyaluronic acid，HA）又称玻璃酸，商品用其钠盐，即透明质酸钠（sodium hyaluronate，SH）。分子式为$(C_{14}H_2ONO_{11})_n$。透明质酸是由一分子β-1,4-D-葡萄糖醛酸和一分子β-1,3-D-乙酰氨基葡萄糖结合的双糖重复单元所构成的黏多糖，$\overline{M}_r$为$5.0\times10^4\sim8.0\times10^6$，其化学结构式如下：

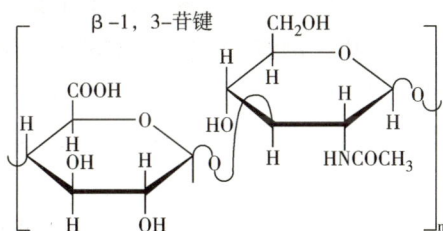

透明质酸化学结构式

透明质酸存在于脊椎动物的结缔组织、黏液组织、眼球的晶状体及某些细菌荚膜中，常以蛋白复合物的形式存在于细胞间隙，在公鸡鸡冠、人脐带和皮肤中以凝胶形式存在，在眼玻璃体和滑液中以溶液形式存在。

早期所用透明质酸主要从鸡冠中分离提取，因价格较高使其应用受到限制。目前所用的透明质酸，主要用微生物发酵法生产。发酵法生产的透明质酸，产量不受动物原料的限制，成本较低，易于大规模工业化生产，纯度较高，$\overline{M}_r$可控。就透明质酸的化学本质而言，无论是鸡冠提取的还是微生物发酵的，以及皮肤中固有的透明质酸，其化学结构是完全一致的，无种属差异性。

(二) 性质

透明质酸为白色或类白色颗粒或粉末，无臭，有吸湿性。

1. 吸湿性和溶解性 透明质酸钠有强吸湿性，易溶于水，可吸收自重1000倍的水分，不溶于一般的有机溶剂。

透明质酸的多糖苷键非常坚固，在水溶液中能形成黏弹性网络，与人皮肤亲和性好，在制剂中使用能使皮肤保持光泽和润滑性，软化真皮的角蛋白和减少皮肤表面弹性蛋白分子间的交联度，从而减少皱纹，延缓皮肤老化。

2. 黏性 由于透明质酸结构具有较长的可折叠链和羧基上负电荷的相互排斥作用，其分子的空间伸展性特别大，即使在低浓度下，分子间亦有强烈的相互作用。因此，透明质酸分子具有较高的黏度。黏度随着$\overline{M}_r$的不同而变化，同时也受pH值和离子强度的影响。$\overline{M}_r$越高，其黏度越大。在以下4种条件下，可使透明质酸溶液的黏度发生不可逆下降：①pH值过低或过高；②有玻璃酸酶存在；③有还原性物质如半胱氨酸、焦性没食子酸、抗坏血酸或重金属离子存在；

④紫外线、电子束照射。

3. 成膜性　透明质酸具有很强的成膜性。涂于皮肤后，可在皮肤表面形成一层薄膜，使皮肤产生良好的光滑感和湿润感，对皮肤起到保护作用。含透明质酸钠的护发品，可在头发表面形成一层薄膜，起到保湿、润滑、护发、消除静电等作用。

4. 稳定性　透明质酸热稳定性较好，0.2%～0.6%水溶液60℃加热12小时，黏度几乎无变化。透明质酸钠为聚阴离子，带大量负电荷，与阳离子表面活性剂或防腐剂反应产生沉淀或混浊，因此透明质酸钠与阳离子型乳化剂或防腐剂不宜同时使用。

5. 安全性　安全性好，无毒、无抗原性。

（三）应用

1. 眼用制剂材料　透明质酸钠是目前眼用制剂常用的载体，既可增加药物的生物利用度，又可减轻药物对眼的刺激，促进眼部创伤的愈合，迅速缓解眼部不适症状。含有透明质酸钠的药物可较长时间附着于眼球表面，有利于眼组织对药物持久且有效地吸收，明显增加生物利用度，充分有效地发挥药物的抗炎或抗菌作用。例如，含0.1%透明质酸钠的氯霉素滴眼液与泪液的流变学特性一致，具有很好的生物相容性；含0.25%透明质酸钠的硫酸庆大霉素滴眼液具有良好的抗菌性，对大肠埃希菌、铜绿假单胞菌、金黄色葡萄球菌、白色念珠菌及曲霉菌均显示出良好抗菌效果，且对眼无刺激性。

2. 保湿剂　含有透明质酸钠的制剂涂在皮肤表面时，能在皮肤表面形成一层弹性水化膜，该水化膜能润湿角质层，维持和加强角质层自身的吸水能力和屏障功能。

与常用的保湿剂如甘油、丙二醇、山梨醇、聚乙二醇、乳酸钠、吡咯烷酮羧酸钠等相比，周围环境的RH对透明质酸钠保湿性的影响较小。透明质酸钠在低RH下的吸湿量高，而在高RH下的吸湿量低。这种独特的性质，特别适应皮肤在不同季节、不同环境湿度下的保养。透明质酸钠的保湿性与其$\overline{M}_r$有关，$\overline{M}_r$越高，保湿性能越好。透明质酸钠作为保湿剂较少单独使用，常与其他保湿剂配合使用。

3. 缓控释材料　透明质酸及其钠盐（透明质酸钠）具有很强的黏稠性，在制剂中能抑制药物的扩散、沉降，同时它可使制剂黏附在特定的作用部位，缓慢释放药物而发挥作用；透明质酸还可通过化学键修饰脂质体和通过交联、吸附、静电作用包裹纳米球等，延长药物的作用时间，达到缓释的目的。

4. 其他应用　透明质酸是关节软骨和滑液的主要成分，$\overline{M}_r$高的透明质酸注入关节腔内，可恢复病理状况下的滑液至正常状态，重建其润滑、屏障和保护功能，为病变的关节提供一个自然修复的时间，使软骨自然修复和愈合。此外，$\overline{M}_r$高的透明质酸还可抑制血管和组织的增生，$\overline{M}_r$高的外源性透明质酸注射在关节腔内，可改善关节腔的生物环境，促进患者自身合成$\overline{M}_r$高的透明质酸。

【应用实例】氯霉素滴眼液

处方组成：氯霉素；透明质酸钠，硼酸，硼砂，羟苯乙酯，蒸馏水。

制备方法：取灭菌注射用水加热煮沸，加入硼酸、硼砂、透明质酸钠使溶解，待冷至40℃，再加入氯霉素、羟苯乙酯搅拌使溶解，灭菌注射用水加至处方量，滤过；灭菌即得。

解析：

①普通氯霉素滴眼液在使用时，在眼部停留时间短，易流入口、鼻腔，对口和鼻腔造成不适，加入透明质酸钠的氯霉素滴眼液，可以改善这些状况，提高患者使用的顺应性。

②透明质酸钠在氯霉素滴眼液中为增稠剂，在其作用下该滴眼剂呈非牛顿流体特性，该特性与泪液的流变学特性一致，使滴眼剂生物相容性良好，显著延长了氯霉素在眼部的滞留时间，明显增强氯霉素的疗效，同时，改善了普通氯霉素滴眼液通过鼻泪管流入口腔造成的不适感。由于透明质酸钠的润滑性和保湿性，使患者使用后感觉眼部舒适。另外，透明质酸钠可延长泪膜破裂时间，可明显缓解干眼症症状，并对继发性细菌感染的防治具有明显效果。处方中硼砂、硼酸为pH 值缓冲液；羟苯乙酯为抑菌剂。

九、阿拉伯半乳聚糖

（一）概述

阿拉伯半乳聚糖（arabino galactan，AG）系由松科落叶松 *Larix gmelinii* 木质部提取的水溶性多糖。是一类长的、高度支链的由阿拉伯糖与半乳糖组成的半纤维素。其主链是半乳聚糖，分支主要是阿拉伯糖侧链，通过 β-1,3 键或 β-1,6 键与半乳糖链连接。

《中国药典》（2020 年版）四部将阿拉伯半乳聚糖作为药用辅料列入正文，按药典方法检查，阿拉伯半乳聚糖的干燥失重不得过 12.0%；灰分不得过 4.0%；重金属不得过百万分之二十；砷盐不得过 0.0003%。阿拉伯半乳聚糖密闭保存。

（二）性质

阿拉伯半乳聚糖为白色至淡黄色粉末。

1. 溶解性及吸湿性　阿拉伯半乳聚糖是一种能溶于水的半纤维素，有较好的水溶性，但不溶于乙醇，阿拉伯半乳聚糖 6g，溶于 10mL 水中，形成琥珀色黏液。

2. 黏度　阿拉伯半乳聚糖溶液属于牛顿流体，黏度较低，浓度增加对黏度影响较小，浓度在 40%（W/W）以下者，黏度随浓度上升变化缓慢，浓度大于 50% 者，黏度上升明显，但黏度值仍较低。黏度随温度升高而下降；在 pH 值 3~10 之间，pH 对黏度影响较小。

3. 表面活性　阿拉伯半乳聚糖具有表面活性作用，能大大降低其水溶液表面张力，其表面张力降低程度与浓度上升成反比。电解质对阿拉伯半乳聚糖的表面活性影响较小。

4. 安全性　阿拉伯半乳聚糖在人体的口腔、胃和小肠内不被消化，但可被大肠内的某些微生物降解；小鼠长期毒理试验表明没有毒性，食用无副作用，具有良好的安全性。

（三）应用

食品添加剂　国外对阿拉伯半乳聚糖的研究起步较早，美国 FDA 已于 2002 年通过认证批准阿拉伯半乳聚糖为食品添加剂。利用阿拉伯半乳聚糖的低黏度和促进乳化效果，可应用在冷藏或非冷藏饮料和固体饮料中。阿拉伯半乳聚糖具有类似松树的味道，口感细腻，溶液黏度比较低，还可作为高倍甜味度、低热量的甜味剂，其食感、味和量感与炒糖相同，应用在糖果制品、焙烤制品、饮料和营养棒食品中。

另外，阿拉伯半乳聚糖具有促进健康作用，主要体现在：阿拉伯半乳聚糖能提高机体免疫力，增强免疫抗原中单核细胞、巨噬细胞、T 细胞和自然杀伤细胞的免疫反应活性，产生非特异性的细胞杀伤作用，并能诱导体内产生内源性干扰素、LAK 和肿瘤坏死因子；具有双歧杆菌增殖效果，有助于增加肠道益生菌，调节肠道功能；保持心脏健康，降低血中胆固醇、葡萄糖和胰岛素水平的作用。

思考题

1. 淀粉、预胶化淀粉与预胶化羟丙基淀粉三者之间的异同。

2. 甲基纤维素和乙基纤维素结构、性质及应用的异同。

3. 羟丙甲纤维素在骨架材料应用上的特点。

4. 新技术之一微囊化技术，具有缓控释、靶向性、稳定性等独特优点。明胶与阿拉伯胶常作为制备微囊的囊材，请分析这两种材料制备微囊的机理。

5. 在我国现代新药创制历程中，药用高分子材料起到了不可磨灭的作用，试比较明胶胶囊与羟丙甲纤维素胶囊的特点和应用。

6. 白蛋白用作医用起源于第二次世界大战，根据来源不同其可分为牛血清白蛋白（BSA）、人血清白蛋白（HSA）等，它们的性质、结构和用途各有差别，请查阅资料比较它们的异同。

7. 壳聚糖常与阴离子或聚阴离子材料通过离子胶凝方法制成不同性能的壳聚糖聚离子复合物水凝胶，请从理化性质方面解释壳聚糖发生离子胶凝的原因。

随着缓控释制剂、靶向制剂和智能给药系统等新型药物传递系统的发展，对药用高分子材料，尤其是合成药用高分子材料提出了更高要求，同时也极大地促进了药用高分子材料的发展。如可生物降解高分子材料促进了静脉注射用缓控释制剂、靶向制剂与植入给药系统的发展，环境敏感水凝胶促进了智能释放药物传递系统的设计与开发，两亲性嵌段共聚物催生了药物纳米胶束型制剂，为细胞靶向提供了载体。

药用合成高分子材料大多有明确的化学结构和相对分子质量，性能优良，供选择的品种及规格较多，还可通过分子设计和新的聚合方法获得具有特定结构的高分子材料，以满足不同类型药物制剂尤其是新型给药系统的需要。本章分四节，系统地介绍目前常用的药用合成高分子材料的概况、主要性质及其在药剂学中的主要应用，内容包括丙烯酸类均聚物和共聚物、乙烯基类均聚物和共聚物、环氧乙烷类均聚物和共聚物，以及其他类合成高分子材料。

第一节　丙烯酸类均聚物和共聚物

一、聚丙烯酸树脂

（一）概述

聚丙烯酸树脂（polyacrylic resin）是由甲基丙烯酸、甲基丙烯酸酯、丙烯酸和丙烯酸酯等单体按不同比例共聚而成，并应用于药剂领域的一大类合成高分子材料的统称。根据组成，分为甲基丙烯酸共聚物（methacrylic acid copolymer）和甲基丙烯酸酯共聚物（polymethacrylate copolymer）两大类型。

在光照、加热、辐射或引发剂存在条件下，甲基丙烯酸、甲基丙烯酸酯、丙烯酸和丙烯酸酯等单体均容易共聚并释放出大量反应热，其机理属于自由基共聚。在药用聚丙烯酸树脂生产中，一般选择过硫酸盐作引发剂，根据需要，可采用乳液聚合、溶液聚合和本体聚合等方法制备。

聚丙烯酸树脂由于单体构成、比例和聚合度不同，产品型号与规格各异，国外主要有德国 EVONIK 公司的 Eudragit（尤特奇）E、L、S、RL、RS、NE 以及 Eastacryl、Kollicoat 等型号商品，有粉末、颗粒、水分散体和有机溶液四种形态。《中国药典》（2020 年版）四部收载的品种有聚丙烯酸树脂 Ⅱ、Ⅲ、Ⅳ 号，聚甲丙烯酸铵酯 Ⅰ、Ⅱ 号。

甲基丙烯酸共聚物与甲基丙烯酸酯共聚物的化学组成、类型和相应品名见表 4-1，化学结构式如下：

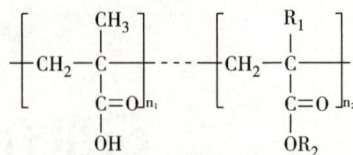

甲基丙烯酸共聚物化学结构式

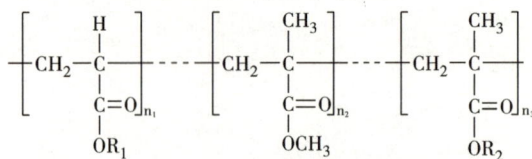

甲基丙烯酸酯共聚物化学结构式

表 4-1 聚丙烯酸树脂组成、类型及相关产品

树脂类别	国产树脂品名	类型	共聚物单体 $n_1 : n_2 : n_3$	$\overline{M}_w$	R_1	R_2	黏度 (mPa·s)	德国树脂 (EVONIK公司)品名
甲基丙烯酸共聚物	聚丙烯酸树脂Ⅰ水分散体	肠溶型	甲基丙烯酸/丙烯酸乙酯 (1:1:0)	2.5×10^5	H	C_2H_5	≤50	Eudragit L30D-55①
	*聚丙烯酸树脂Ⅱ	肠溶型	甲基丙烯酸/甲基丙烯酸甲酯 (1:1:0)	1.35×10^5	CH_3	CH_3	≤50	Eudragit L100②
	*聚丙烯酸树脂Ⅲ	肠溶型	甲基丙烯酸/甲基丙烯酸甲酯 (35:65:0)	1.35×10^5	CH_3	CH_3	≤50	Eudragit S100③
甲基丙烯酸酯共聚物	聚丙烯酸树脂水分散体④	胃崩型	丙烯酸乙酯/甲基丙烯酸甲酯 (1:2:0)	8.0×10^5	C_2H_5	—	—	Eudragit NE30D⑤
	*聚丙烯酸树脂Ⅳ	胃溶型	丙烯酸二甲氨基乙酯/甲基丙烯酸甲酯/甲基丙烯酸丁酯 (2:1:1) 的共聚物	1.5×10^5	$C_2H_4N(CH_3)_2$	C_4H_9	5~20	Eudragit E100⑥
	*聚甲丙烯酸铵酯Ⅰ	高渗透型	丙烯酸乙酯⑦/甲基丙烯酸甲酯/甲基丙烯酸氯化三甲铵基乙酯 (30:60:10)	1.5×10^5	C_2H_5	$C_2H_4N^+(CH_3)_3Cl^-$	≤15	Eudragit RL100
	*聚甲丙烯酸铵酯Ⅱ	低渗透型	丙烯酸乙酯⑧/甲基丙烯酸甲酯/甲基丙烯酸氯化三甲铵基乙酯 (30:65:5)	1.5×10^5	C_2H_5	$C_2H_4N^+(CH_3)_3Cl^-$	≤15	Eudragit RS100

注：①Eudragit L30D-55 为甲基丙烯酸/丙烯酸乙酯共聚物的水分散体；55 表示 pH 值 5.5 以上溶解，可重分散为水胶乳的商品。

②Eudragit L100 黏度为 50~200mPa·s。

③Eudragit S100 黏度为 50~200mPa·s。Eudragit L 型与 S 型均为阴离子型的甲基丙烯酸与中性的甲基丙烯酸甲酯的共聚物，分子中酸和酯比例分别约为 1:1 和 1:2。二者均为肠溶型辅料。

④聚丙烯酸树脂水分散体为非 pH 值控制型甲基丙烯酸酯共聚物，不含增塑剂，习称胃崩型树脂，但结构中不含功能基团，

在胃、肠环境均不崩解，而具渗透性，适于制备骨架片应用或缓释片包衣用。

⑤Eudragit NE30D 为中性的甲基丙烯酸酯共聚物。

⑥Eudragit E100 为阳离子型的甲基丙烯酸二甲氨基乙酯与中性的另外两种甲基丙烯酸酯的共聚物，为胃溶型辅料。黏度为 3~12mPa·s；商品中相关型号带有 PO 者，表示供应形式为细粉。

⑦Eudragit RL100 为丙烯酸丁酯/甲基丙烯酸甲酯/甲基丙烯酸氯化三甲铵基乙酯（1:2:0.2）的共聚物。

⑧Eudragit RS100 为丙烯酸丁酯/甲基丙烯酸甲酯/甲基丙烯酸氯化三甲铵基乙酯（1:2:0.1）的共聚物。

⑨标"＊"者为《中国药典》（2020 年版）收载。

表 4-2 为《中国药典》（2020 年版）收载的国产聚丙烯酸树脂品种的相关参数，聚丙烯酸树脂需在密封、阴凉处保存。

表 4-2　国产聚丙烯酸树脂（药典收载）品种相关参数

主要参数	聚丙烯酸树脂Ⅱ	聚丙烯酸树脂Ⅲ	聚丙烯酸树脂Ⅳ	聚甲丙烯酸铵酯Ⅰ	聚甲丙烯酸铵酯Ⅱ
pH	4.0~6.0	4.0~6.0	—	—	—
酸值或碱值	300~330（酸值）	210~240（酸值）	162.0~198.0（碱值）	23.9~32.3（碱值）	12.1~18.3（碱值）
干燥失重（限量）	5.0%	5.0%	3.0%	5.0%	5.0%
炽灼残渣（限量）	—	—	0.2%	0.3%	0.3%
重金属含量（限量）	百万分之三十	百万分之三十	百万分之十	百万分之三十	百万分之三十
砷盐（限量）	0.0002%	0.0002%	0.0002%	0.0002%	0.0002%

（二）性质

聚丙烯酸树脂Ⅱ、Ⅲ为白色条状物或粉末，聚丙烯酸树脂Ⅳ为淡黄色颗粒状或片状固体，有特臭；聚甲丙烯酸铵酯Ⅰ、聚甲丙烯酸铵酯Ⅱ为类白色半透明或透明的形状大小不一的固体。

1. 溶解性　不同型号的聚丙烯酸树脂在有机溶剂中的溶解性不同。如聚丙烯酸树脂Ⅱ、Ⅲ在温乙醇中 1 小时内溶解，在水中不溶；聚丙烯酸树脂Ⅳ在温乙醇中 1 小时内溶解，在盐酸溶液（9→1000）中 1 小时内略溶，在水中不溶。聚甲丙烯酸铵酯Ⅰ在沸水或丙酮中溶解，在异丙醇中几乎不溶；而聚甲丙烯酸铵酯Ⅱ在丙酮中略溶，在沸水或异丙醇中几乎不溶。

聚丙烯酸树脂在水中的溶解性取决于其结构中侧链基团的性质和水溶液的 pH 值。

肠溶型聚丙烯酸树脂结构中的羧基在酸性条件下不发生解离，因此不溶解；当介质的 pH 值升高时，其羧基发生解离，蜷曲的大分子链因而伸展、水化而溶解；介质 pH 值越高，溶解速率越快；分子中羧基比例越大，溶解所需要的 pH 值越高。

胃溶型聚丙烯酸树脂在胃酸环境（酸性条件）中的溶解性能取决于其分子结构中的碱性基团叔胺基，叔胺基遇酸成盐而溶于水，所以能溶于胃液，一般在 pH 值 5~8 时溶胀，pH 值 1.2~5.0 溶解，能抗唾液溶解。

胃崩型聚丙烯酸树脂与渗透型聚丙烯酸树脂中的酯基和季铵基在酸性和碱性环境中均不解离，故在胃、肠环境都不溶解。

2. 成膜性

（1）玻璃化转变温度与成膜性　聚丙烯酸树脂由于甲基和酯侧基的含量、酯侧基柔性的差异，造成不同类型树脂的 T_g 有很大差异。甲基丙烯酸及其甲酯结构单元 α-位上的甲基及刚性的甲酯基（系统名称为甲氧甲酰基）使 C-C 单键的旋转受阻，共聚物大分子链段运动困难，刚性较大，T_g 较高；而丙烯酸酯结构单元的 C-C 单键的旋转较容易，且随着酯侧链长度的增大，C-C 单键的旋转更容易，因此当共聚物结构中存在丙烯酸酯结构单元时，大分子链段的运动相对容易，大分子的柔性增强，共聚物分子链中丙烯酸酯的链段越长，共聚物的柔性越好。实际上，侧基体积大小对主链柔性的影响分两种情况：①从主链 σ 键旋转的自由程度来说，侧基的体积越大，受阻程度越大，T_g 增大，柔性降低；②侧基体积大，可以增加大分子主链之间的距离，降低分子链之间对 σ 键旋转的影响，当侧基为柔性基团时，即起增塑剂的作用，高分子材料的柔性更好，即 T_g 降低。随着酯侧基碳链长度的增大，C-C 单键的旋转更容易，比如，含丙烯酸丁酯的树脂较含丙烯酸乙酯或甲酯的树脂具有更好的成膜性。所以，完全由甲基丙烯酸和甲基丙烯酸甲酯共聚的聚丙烯酸树脂Ⅱ、Ⅲ的 T_g 在 160℃ 以上，成膜脆性大；胃崩型聚丙烯酸树脂的 T_g 可低达 −8℃，有较好的柔性和流动性。渗透型聚丙烯酸树脂的 T_g 则介于二者之间，在 55℃ 左右。

在实际应用时，可根据需要加入增塑剂调节聚丙烯酸树脂的 T_g，改善成膜性。合用其他类型的聚丙烯酸树脂，也可调节 T_g，改善成膜性及膜性能。

（2）最低成膜温度   最低成膜温度（minimum film-forming temperature，MFT）是指聚丙烯酸树脂胶乳液在梯度加热干燥条件下形成连续、均匀而无裂纹的薄膜所需的最低温度。在 MFT 以下，聚丙烯酸树脂不能发生熔合而成膜。聚丙烯酸树脂的 T_g 越高，MFT 就越高，加入增塑剂或与低 T_g 聚丙烯酸树脂混用均可有效降低 MFT。

包衣用聚丙烯酸树脂的 MFT 一般在 15~25℃ 范围有利于薄膜衣形成。为改善聚丙烯酸树脂Ⅱ、Ⅲ的成膜性，可加一定量增塑剂或联用 MFT 较低的聚丙烯酸树脂，增塑剂种类的选择较为重要。研究表明，一些疏水性增塑剂反而升高聚丙烯酸树脂的 MFT 值；而亲水性增塑剂，如 PEG6000，可有效降低其 MFT，降低的程度与增塑剂用量成正比。

（3）聚丙烯酸树脂膜及其力学性质   聚丙烯酸树脂能够在药片上形成薄膜衣主要依赖于其分子中酯侧基与药片表面物质相关基团形成的氢键、大分子链在药片缝隙的渗透以及对包衣液中其他成分的吸附作用。聚丙烯酸树脂的 $\overline{M_r}$ 越大、酯基碳链越长，形成的薄膜衣对药片的黏附性就越强，薄膜衣的拉伸强度和断裂伸长率越大。

含有丙烯酸丁酯结构单元的胃崩型聚丙烯酸树脂和聚丙烯酸树脂Ⅰ，有较好的柔性，能独立形成具一定拉伸强度及柔性的薄膜。其他类型的聚丙烯酸树脂脆性大，单独使用很难形成具有一定力学强度的薄膜。几种肠溶型聚丙烯酸树脂薄膜的拉伸强度和断裂伸长率见表 4-3。

3. 渗透性   渗透型聚丙烯酸树脂分高渗型（含 10% 季铵基团）与低渗型（含 5% 季铵基团）两类，其渗透性源于季铵基团的亲水性，季铵基团比例越高，聚丙烯酸树脂的渗透性越大。因此，对于高渗型聚丙烯酸树脂制备的薄膜，水可自由渗透；而低渗型聚丙烯酸树脂制备的薄膜对水只有微渗透作用；二者以不同比例合用，可以调节渗透性。

表 4-3   聚丙烯酸树脂及混合物的力学性质

聚丙烯酸树脂及其混合物的组成	拉伸强度（MPa）	断裂伸长率（%）
聚丙烯酸树脂Ⅰ（含 10%PEG6000）	9.8	14
聚丙烯酸树脂Ⅱ	23.5	1
聚丙烯酸树脂Ⅲ	51.0	3
聚丙烯酸树脂Ⅰ/胃崩型丙烯酸树脂（含 10% 吐温 80）		
9/1	21.6	72
8/2	16.7	93

续表

聚丙烯酸树脂及其混合物的组成	拉伸强度（MPa）	断裂伸长率（%）
7/3	5.9	290
5/5	16.7	75
3/7	6.9	410
聚丙烯酸树脂Ⅲ/胃崩型丙烯酸树脂（含10%吐温-80）		
3/7	20	620

胃崩型聚丙烯酸树脂结构中的酯侧基，具有一定疏水性，在水中不溶，但可膨胀，渗透性较小，单独形成的薄膜衣在胃肠液中既不溶解也不崩解，必须添加适量糖粉、淀粉等亲水性物质，成膜后，由于亲水性物质在胃肠液中的快速溶解而在薄膜衣上形成孔隙，利于水分渗入。

肠溶型聚丙烯酸树脂在纯水和稀酸溶液中不溶解且对水分子的渗透有一定的抵抗作用，适合用作隔离层以阻滞水分或潮湿空气的渗透；同理，胃溶型聚丙烯酸树脂对非酸性溶液和潮湿空气亦有类似阻隔作用。

4. 安全性　聚丙烯酸树脂安全性较好，大鼠、兔和犬口服 LD_{50} 为 6～28g/kg，动物慢性毒性试验亦未见组织及器官的毒性反应。尽管用于制备聚丙烯酸树脂的各种单体的毒性很低，如丙烯酸乙酯、甲基丙烯酸、甲基丙烯酸二甲氨基乙酯和甲基丙烯酸甲酯等大鼠口服的 LD_{50} 分别为 1.02、2.2、7.6 和 7.9g/kg，但口服容易吸收，故聚丙烯酸树脂中残留单体总量仍应控制在 0.1% 以下，最大不得过 0.3%。

（三）应用

1. 包衣材料　聚丙烯酸树脂主要用作片剂、丸剂、颗粒剂等的薄膜包衣材料。

（1）普通薄膜衣料　用于防潮、避光、掩色和掩味等，主要采用胃溶型聚丙烯酸树脂。以聚丙烯酸树脂Ⅳ为例，其成膜性能好，有良好的光泽、韧性、抗湿性，在 pH 值 5～8 介质中溶胀，pH 值 1～4 介质中迅速溶解。聚丙烯酸树脂Ⅳ也可与其他包衣材料联合使用，如与 HPMC 混合包衣可增加成膜性、提高崩解度，与玉米朊混合包衣可提高抗湿性。

（2）肠溶衣料　肠溶型聚丙烯酸树脂主要用于易受胃酸破坏或对胃刺激性较大的药物的包衣，也可以作为防水隔离层使用。以聚丙烯酸树脂Ⅰ（水分散体）为例，其固形物含量达 30%（W/W），可加入 3%（W/W）三醋酸甘油酯作增塑剂，用一定量的水稀释即可使用，也可再制成有色薄膜。以 Eudragit L30D-55 为肠溶衣材料时，可加入 Eudragit NE30D 调整肠溶衣膜的延展性，以 PEG6000 为增塑剂调节最低成膜温度。采用聚丙烯酸树脂Ⅱ包衣，衣层外观较差，但包衣不易粘连；聚丙烯酸树脂Ⅲ易成膜，光泽较好，但易粘连；因此，实际生产中，两者常以一定比例混合应用，制备的薄膜衣衣层坚实，抗湿性、抗热性、脆碎度及崩解度等均较理想。

【应用实例】肠溶包衣溶液

处方组成：聚丙烯酸树脂Ⅱ，邻苯二甲酸二乙酯，蓖麻油，吐温-80，滑石粉，钛白粉，柠檬黄，乙醇。

制备方法：先以乙醇配制聚丙烯酸树脂Ⅱ溶液，再将处方中其余组分加入树脂溶液中混匀，即得。

解析：

①本处方为肠溶型包衣液，适用于对胃刺激性大或在胃液中不稳定的药物包衣，该包衣液成膜性良好，能控制药物在肠中定位释放。

②处方中聚丙烯酸树脂Ⅱ为肠溶型成膜材料，其在胃液中不溶，而在pH值6.0以上的肠液中溶解；邻苯二甲酸二乙酯和蓖麻油为增塑剂；吐温-80为润湿剂，增加衣料和片芯的结合力；滑石粉为抗黏剂，降低包衣溶液的黏度，使其均匀分散；钛白粉为遮光剂，提高光敏性药物的稳定性。

【应用实例】奥美拉唑肠溶胶囊

处方组成：奥美拉唑；滑石粉，柠檬酸三乙酯，Eudragit L30D—55，磷酸氢二钠，Opadry© 全配方薄膜包衣系统。

制备方法：将磷酸氢二钠和Opadry©溶解于水中，加入原料药奥美拉唑，配制药物混悬液，置于流化床中制备奥美拉唑载药微丸，并对微丸进行隔离层包衣，再加入含有滑石粉、柠檬酸三乙酯的Eudragit L30D—55水分散体稀释液，采用流化床侧喷工艺对载药微丸进行肠溶包衣，制备包衣微丸，再将微丸灌装于硬明胶胶囊中。

解析：

①奥美拉唑是H^+，K^+—ATP酶抑制剂，可抑制胃酸分泌，用于治疗消化性溃疡等疾病。

②欧巴代© （Opadry©） 全配方薄膜包衣系统是美国卡乐康药用辅料公司开发的以HPMC为主、可定制的混合全配方薄膜包衣系统，包含所需的聚合物、增塑剂及着色剂。

③奥美拉唑在酸性条件下很不稳定，一般辅料如微晶纤维素、乳糖都可使奥美拉唑变色。隔离层包衣系统中加入磷酸氢二钠，保持水溶液呈弱碱性，提高药物稳定性；以柠檬酸三乙酯作为增塑剂，降低Eudragit L30D—55的玻璃化转变温度T_g值，改善包衣的柔韧性和完整性；滑石粉在包衣液中起抗黏剂作用，防止因丸粒粘连结块及包衣耗时过长而影响成品的外观、收率及缓控释效果；Eudragit L30D—55是肠溶型聚丙烯酸树脂，可使药物免受胃酸破坏或减少药物对胃的刺激。

（3）缓控释衣料　常用渗透型聚丙烯酸树脂，或合用其他类型聚丙烯酸树脂为包衣材料制备膜控型缓控释制剂。如用低渗透型的Eudragit RS100为包衣材料制备控释微囊，以控制药物释放速率；用Eudragit Retard与Eudragit L/S混合材料包衣，可提高弱碱性药物在肠液中的释放度，增加Eudragit L/S量，可因聚甲基丙烯酸溶解，在膜上形成小孔，当Eudragit L/S达成膜材料的50%时，包衣膜在pH 7的介质中4小时内崩裂，因而保证了溶解度小的药物在肠液中可完全释放与溶出。胃崩型聚丙烯酸树脂亦有类似应用，如以Eudragit NE30D为载体材料的缓释微丸，24小时体外释药过程符合一级动力学模型。

【应用实例】盐酸地尔硫䓬微丸

处方组成：盐酸地尔硫䓬；乳糖，甲基纤维素水溶液，Eudragit RS100，柠檬酸三乙酯，滑石粉，无水乙醇。

制备方法：取处方量盐酸地尔硫䓬与辅料，采用高速搅拌制粒机制备微丸，干燥；选取18~24目盐酸地尔硫䓬微丸，采用离心包衣法包衣，低温干燥，即得。

解析：

①盐酸地尔硫䓬为苯噻氮䓬类钙拮抗剂，临床常用于治疗心律失常、心绞痛和高血压等心血管疾病，但其半衰期较短，制成控释制剂可减少服药次数和血药浓度波动，降低不良反应。

②Eudragit RS100为控释膜的主要材料，因其含有季铵基和酯基，在酸性和碱性环境中均不发生解离，形成的衣膜在水中不溶解但能溶胀，水可以渗入由致孔剂形成的孔道而溶解药物，从而使药物缓慢释放。本处方所制备的盐酸地尔硫䓬控释微丸在12小时内释药速度平稳，且释放完全，实现了较好的控释效果，其释药曲线见图4-1。

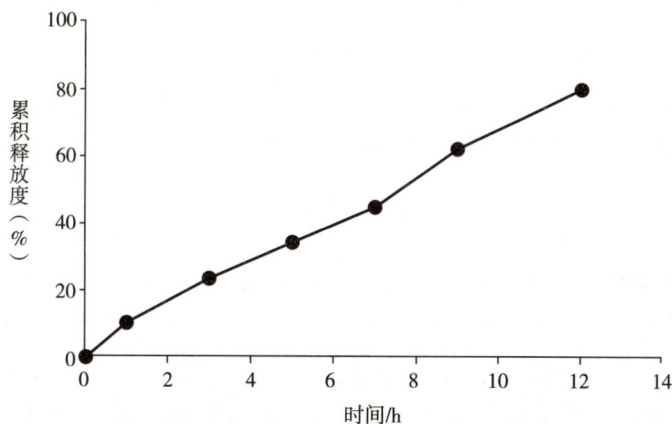

图 4-1　盐酸地尔硫草微丸释药曲线

③柠檬酸三乙酯能显著降低包衣材料的 T_g，提高膜的柔韧性和完整性，并且能够有效地控制药物释放。

2. 口服缓控释制剂的骨架材料　聚丙烯酸树脂可作为骨架材料，与药物制成颗粒、胶囊、丸剂、片剂等口服缓控释制剂，由于聚丙烯酸树脂的类型及用量可影响释药速率，选择适宜类型、确定药物与树脂的适宜比例是控制释药速率的关键，不同类型的树脂有不同的渗透性能，配合使用可获得理想的释药速率。如采用丙烯酸树脂、乙基纤维素制备布洛芬缓释片，处方中乙基纤维素用量不变，调节聚丙烯酸树脂Ⅱ、Ⅲ的配比可得到不同释药速率的缓释片；聚丙烯酸树脂Ⅲ增加时，释药速率减慢，体外释药符合一级动力学过程。聚丙烯酸树脂常用量为 5%～10%，直接压片时，用量可达 50%。

3. 固体分散体材料　聚丙烯酸树脂可在体液中溶胀且不被吸收，对人体无害，常与药物、其他调节释放性能物料制备为缓释型固体分散体。可控制药物释放速率，并可提高制剂的释放均匀性。

采用肠溶型聚丙烯酸树脂，还可制成肠溶型固体分散体，如以聚丙烯酸树脂Ⅱ为载体材料制成的黄褐毛忍冬总皂苷固体分散体，能避免药物口服后在胃内溶出而被胃酸水解。以聚丙烯酸树脂Ⅱ、Ⅲ制备的青蒿素固体分散体，在人工胃液中药物几乎不溶，而分别可在 pH 值 6.8 和 pH 值 7.5 的人工肠液中较快释放。

4. 微囊、微球材料　用 Eudragit L100 和 Eudragit S100 制备的胰岛素微球，在胃中不溶，避免了胃酸对胰岛素的破坏；而在 pH 值 7.5 时，1 小时内释放 90% 以上胰岛素，从而保证胰岛素在小肠下部释放，可显著提高生物利用度，增强降血糖作用。以 Eudragit RL/RS 为载体材料制备的硝苯啶缓释微球，释药方式符合 Higuchi 一级动力学方程，两者比例不同对所形成微球的粒径影响不大，但对载药量有一定影响，Eudragit RS 的比例提高，药物的包封率趋于增加；以聚丙烯酸树脂Ⅳ为囊材制备盐酸小檗碱微囊，可有效掩盖药物的苦味，提高患者的依从性。

5. 透皮给药系统的骨架材料　采用 Eudragit E100 制备骨架型经皮给药系统，具有理想的释药特性，体外释放符合零级动力学方程。采用聚丙烯酸树脂为基质制备的巴布剂，具有良好的生物相容性，黏附性和控释性能，体外释放符合 Higuchi 方程。用聚丙烯酸树脂和 EVA 作控释膜，用 PVA 作黏附层，制备的膜控型透皮给药系统，控释效果理想。

6. 固体制剂的黏合剂　聚丙烯酸树脂可溶于乙醇中形成黏性溶液，黏度随浓度的升高而增加，适宜浓度的聚丙烯酸树脂可作颗粒剂、片剂等固体制剂的黏合剂，具有隔离颗粒组分、降低颗粒剂及片剂引湿性等的作用。如以10％的聚丙烯酸树脂Ⅱ为黏合剂制备对乙酰氨基酚（扑热息痛）片剂，提高了可压性，降低了脆性；采用聚丙烯酸树脂Ⅲ的90％乙醇溶液为黏合剂制备的尼可地尔片，光洁美观，防湿、防热性好，使制剂质量更稳定，且适宜于大批量生产。

此外，聚丙烯酸树脂还可作为制备植入剂的载体材料、结肠靶向制剂的材料等。

附：聚丙烯酸酯压敏胶

1. 概述　聚丙烯酸酯压敏胶（polyacrylate pressure sensitive adhesive）由三类单体共聚而成：第一类单体是主要成分，用以提高黏附性，为 T_g 较低、柔软性较好的丙烯酸酯类，包括丙烯酸丁酯、丙烯酸乙酯、丙烯酸-2-乙基己酯等；第二类单体 T_g 较高，刚性，用于提高内聚力，用量较少，如醋酸乙烯酯、丙烯酰胺、丙烯腈、苯乙烯等；第三类为官能团单体，用以化学交联，改进内聚力，有丙烯酸、甲基丙烯酸等，用量较少。化学结构式如下：

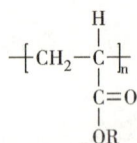

$$\begin{array}{c} H \\ | \\ {+CH_2-C+}_n \\ | \\ C=O \\ | \\ OR \end{array}$$

R 为 H，C_2H_5，C_4H_9，$CH_2CH(C_2H_5)C_4H_9$

聚丙烯酸酯压敏胶化学结构式

聚丙烯酸酯压敏胶一般可采用溶液聚合和乳液聚合两种方法制备，聚丙烯酸酯压敏胶乳液国内有地方标准，溶液型（有机溶剂）聚丙烯酸酯压敏胶有原卫生部暂行标准；目前国际市场上通用的水性聚丙烯酸酯压敏胶有德国罗姆公司生产的聚丙烯酸酯压敏胶水分散体等。

2. 性质　聚丙烯酸酯压敏胶在常温下具有优良的压敏性和黏合性，但抗蠕变性较弱，内聚力较橡胶类压敏胶材料低；乳液聚合易制得高分子量聚合物，内聚力较溶液聚合的压敏胶有所提高；涂布后长时间高温加热也可使丙烯酸类压敏胶实现分子间交联，提高内聚力。

聚丙烯酸酯压敏胶的剥离强度为 1.76～17.64N/cm，但在低温条件下黏度可能下降；其对非极性表面的黏贴力比硅橡胶压敏胶略低。

影响聚丙烯酸酯压敏胶性能的主要因素包括共聚物组成、$\overline{M_r}$ 及其分布、极性基团与交联度等。增加共聚物中酯基侧链的碳原子数，有利于提高聚合物的无序程度、降低结晶度和 T_g、增加黏度、改善压敏胶的柔软性和抗剪强度。

聚丙烯酸酯压敏胶还具有优良的耐老化性、耐光性、耐热性、耐寒性和耐水性，长期贮放其压敏性未见明显下降。安全性也较好，很少引起过敏、刺激反应。

3. 应用　聚丙烯酸酯压敏胶主要用作皮肤黏贴制剂的胶黏材料，作为医用胶带已有30多年历史；适度交联的丙烯酸酯压敏胶也可直接作为基质，不需增黏剂、抗氧化剂；还可作为经皮给药系统的控释材料。

二、卡波姆均聚物

（一）概述

卡波姆均聚物（Carbomer homopolymer）原称卡波姆（Carbomer），在《中国药典》（2020年版）四部中改称为卡波姆均聚物，是以非苯溶剂为聚合溶剂的丙烯酸键合烯丙基蔗糖或季戊四醇烯丙醚的高分子聚合物。

卡波姆 900 系列为聚丙烯酸（PAA）与蔗糖或季戊四醇的烯丙基醚在醋酸乙酯（或醋酸乙酯与环己烷混合液）中交联而成，化学结构式如下：

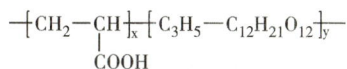

$$\begin{array}{c}\left[\!\!\begin{array}{c}CH_2{-}CH\\|\\COOH\end{array}\!\!\right]_x\!\!\left[C_3H_5{-}C_{12}H_{21}O_{12}\right]_y\end{array}$$

卡波姆化学结构式

其中，羧基含量为 56.0%～68.0%，交联剂（烯丙基蔗糖）含量 0.75%～2.0%，产品交联度不高。

卡波姆钠盐是由卡波姆 900 系列聚合物与氢氧化钠部分中和制得。聚卡波菲（polycarbophil）钙盐则是其与丁二烯乙二醇相交联的丙烯酸聚合物。

卡波姆 1300 系列为丙烯酸-烷基异丁烯酸共聚物与烯丙基季戊四醇交联的聚合物。

美国 Goodrich 化学公司最早生产卡波姆均聚物，其商品名是卡波普（Carbopol），包括 Carbopol 910、934、934P、940、941、954、971P、974P、980、981 及 Carbopol 1342、1382、2984、5984 等品种。按药典方法检查，卡波姆均聚物 1%（W/V）水溶液的 pH 值应为 2.5～3.5；苯不得检出；干燥失重不得过 2.0%；炽灼残渣不得过 2.0%；重金属含量不得过百万分之二十；残留溶剂中乙酸乙酯不得过 0.5%，环己烷不得过 0.3%，苯不得过 0.0002%，丙烯酸不得过 0.25%。25℃时黏度 A 型应为 4～11Pa·s，B 型应为 25～45Pa·s，C 型应为 40～60Pa·s。卡波姆均聚物应密闭保存。

根据聚合时使用的材料不同和聚合度不同，有多种药用规格的卡波姆均聚物产品，如卡波姆 934P、卡波姆 940GE、卡波姆 941GE、卡波姆 980GE、卡波姆 971GE、卡波姆 974P，其中 GE 指药用级，P 指口服级。

（二）性质

卡波姆均聚物为白色疏松状粉末，有特征性微臭，平均粒径为 2～7μm，极具引湿性。卡波姆均聚物具有良好的溶胀性、凝胶性、增稠性，大多与其结构上的羧基密切相关。

1. 溶解、溶胀性　卡波姆均聚物分子中微弱（约 2%）的交联结构，使其具有交联聚合物的溶解特性，粉末状的卡波姆均聚物分子链蜷曲很紧，不溶于水；卡波姆均聚物虽不溶于水，但可分散于水中，迅速吸水溶胀，原因是卡波姆均聚物分子中含有大量的羧基，具有一定的亲水性，其一旦分散于水，即发生水合作用，分子链产生一定程度的伸展而溶胀，但黏度很低。

卡波姆均聚物有大量游离羧基，其 pK_a 值通常较小，当介质的 pH 值小于 4 时，羧基几乎不解离，pH 值大于 4 时，羧基开始解离，聚合物溶胀，黏度增加，在解离基本完全时，黏度最大（不同型号的卡波姆均聚物其 pH 值临界点不完全一致）。

2. 中和反应与凝胶性　分子中存在的大量羧基使卡波姆均聚物易被碱中和，当其水分散液用碱中和时，分子中羧基解离，而在聚合物主链上产生负电荷，同性电荷之间的排斥作用使分子链进一步伸展，分子体积增加 1000 倍以上，形成弥漫状结构，在水（醇和甘油）中逐渐溶解，黏度迅速增加。低浓度时为澄明溶液，浓度较大时（≥1%）形成半透明凝胶。

卡波姆均聚物凝胶具一定强度和弹性，型号、浓度、温度、电解质对卡波姆均聚物的流变学性质均有影响，其中电解质对卡波姆均聚物凝胶性质影响很大。电解质的存在能使卡波姆均聚物凝胶的黏度急剧下降，能完全解离的电解质比未完全解离的电解质对卡波姆均聚物黏度的影响大。二价离子比一价离子对卡波姆均聚物黏度的影响要大，一价离子只降低卡波姆均聚物的增稠效率，而二价离子不但能使其变稀薄，如果含量足够时，还能产生不溶的沉淀物。

卡波姆均聚物可与麻黄碱、小檗碱、阿托品、普鲁卡因、利多卡因、卡波卡因等碱性药物中和成盐而发生凝胶化，使药物缓慢释放，延长疗效。

3. 增稠作用   卡波姆均聚物分子中羧基完全解离后，聚合物溶胀、溶解或形成凝胶，黏度增加，具增稠性。卡波姆均聚物的增稠机制主要有成盐增稠与氢键增稠。

成盐增稠是指将卡波姆均聚物形成适当的盐，使羧基解离、大分子链张开而增稠。在水及其他极性溶剂中，常用氢氧化钠、氢氧化钾、氢氧化铵、乙二胺和碳酸氢钠等碱性物质中和成盐；在极性较弱或非极性溶剂中需用非极性的月桂胺和硬脂胺等中和成盐。

图 4-2 是几种型号卡波姆均聚物中和时黏度随 pH 值变化曲线，中和开始后黏度急剧增加，在 pH 值为 6～10 时达到最大黏度；如 pH 值继续增加，黏度反而下降，这是由于过多的中和剂可抑制卡波姆均聚物分子中羧基的解离，因此控制 pH 值可调节黏度。

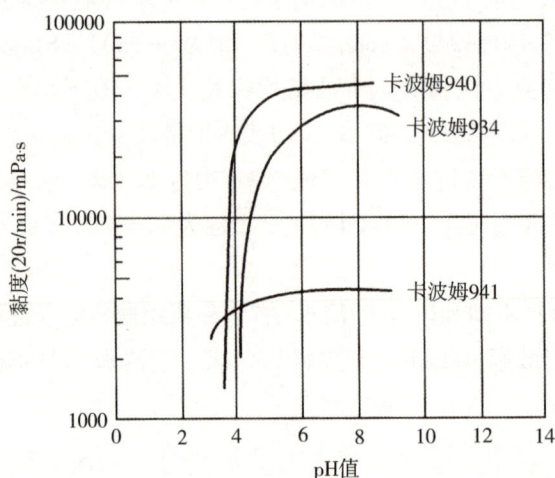

图 4-2   0.5%卡波姆均聚物水分散液中和过程中黏度与 pH 值的关系

氢键增稠是指通过与偏酸性的羟基供给体中的羟基形成氢键，使卡波姆均聚物蜷曲的分子伸展而增稠，该过程较费时，提高温度（不宜超出 70℃）可加快增稠速度。常用的羟基给予体为非离子型表面活性剂、多元醇、乙二醇-硅烷共聚物、聚环氧乙烷等。最终体系呈酸性，尤其适合对碱敏感的药物。

4. 生物黏附性   卡波姆均聚物有很强的生物黏附性，主要是由于卡波姆均聚物的大分子链可以与黏膜糖蛋白大分子相互缠绕，之后与糖蛋白寡糖链上的糖残基形成氢键，产生较强的黏性凝胶网状结构，而维持长时间黏附作用，氢键断裂会大大削弱黏附强度，形成氢键是其具有生物黏附作用的重要原因。其中以卡波姆 934 的黏附性最强，适合于腔道给药，与一些水溶性纤维素衍生物配伍使用有更好的效果。

5. 乳化作用   卡波姆 1300 系列，由于引入了疏水性基团，分子中同时存在亲水与疏水基团，而具有乳化作用，常用作乳化剂的型号为卡波姆 1342。卡波姆均聚物用作乳化剂时，用水溶性无机碱、油溶性（长链）有机胺双重中和卡波姆均聚物，可得到在水相与油相都可溶的盐，在水相与油相之间发挥桥梁作用，在较大范围内调节两相黏度，形成的乳剂稳定性极佳。因而卡波姆均聚物在乳剂系统中具有乳化和稳定双重作用，这是其用于乳剂系统的最大优点。

6. 稳定性   固态卡波姆均聚物性质较稳定，104℃加热 2 小时不影响其性能，但 260℃加热 30 分钟完全分解。卡波姆均聚物凝胶在正常情况下不水解、不氧化，也不受反复冻熔的破坏；

在 pH 值 6～11 范围内可用高压蒸汽灭菌或 γ-射线照射，不分解，黏度不变；pH 值过高或过低均使黏度下降。在长时间贮放后，黏度略有增加。光照下黏度会大大下降，加入抗氧剂可减缓。

苯甲酸及其钠盐、苯扎氯铵会使卡波姆均聚物溶液或凝胶黏度下降，并产生沉淀；盐类电解质会降低分子间的静电斥力，使卡波姆均聚物溶液或凝胶的黏度下降；碱土金属离子以及阳离子聚合物等均可与卡波姆均聚物结合生成不溶性盐。

7. 安全性 卡波姆均聚物毒性很低，对皮肤无刺激性，如卡波姆 934P 与卡波姆 910 大鼠口服 LD_{50} 分别为 2.5、10.25g/kg，但残存溶剂对人体有害，故《中国药典》对残留溶剂限量做了规定。卡波姆干粉对耳朵、呼吸道等黏膜有刺激性，但适当浓度和 pH 值的水溶液或凝胶对眼、鼻均无刺激性。

（三）应用

卡波姆均聚物在很低的浓度下即能够形成高黏度的凝胶，自 20 世纪 50 年代应用以来，作为基质、缓控释制剂材料、助悬剂、增稠剂、生物黏附材料等，被广泛用于药品的研究与生产。

1. 局部外用半固体制剂的基质 $\overline{M}_r$ 高的卡波姆均聚物适用于制备亲水性凝胶剂、栓剂与软膏（乳膏）剂的基质，常用量为 0.5%～3%，具有优良的流变性质与增湿、润滑能力，搽于皮肤表面具有细腻、滑爽感，铺展性良好等特点。

卡波姆均聚物水性凝胶基质释药迅速，无油腻性，对皮肤及黏膜无刺激，能与水溶液混合并能吸收组织渗出液，有利于分泌物的排出。与凡士林基质、乳膏基质相比，具有制备简便、质量稳定等优点，尤其适用于易挥发、热稳定性差的药物。目前广泛用作皮肤、牙齿、口腔用凝胶剂的基质，如以卡波姆 934 制备的皮肤用凝胶剂，可延长药物在皮肤上的滞留时间。

【应用实例】炉甘石凝胶剂

处方组成：炉甘石，氧化锌；甘油，西黄蓍胶，卡波姆 940，三乙醇胺，纯水。

制备方法：取处方量炉甘石、氧化锌混匀，加入甘油，混匀；取处方量卡波姆 940，用适量纯水处理，使充分溶胀，备用；取西黄蓍胶，用少量甘油润湿；将炉甘石、氧化锌甘油溶液等加至溶胀的卡波姆 940 凝胶基质中，混匀，加适量三乙醇胺调节 pH 值至弱碱性，混匀，即得。

解析：

①炉甘石与氧化锌对皮肤有抗菌、收敛、滋润保护的作用，治疗湿疹、皮肤瘙痒等症，疗效确切。其常用制剂为洗剂（混悬型），放置会出现沉淀，临用前需摇匀。本处方采用卡波姆 940 等为基质制成的亲水性凝胶剂，不仅使药物易于分散，而且增大了黏度，延长了药物与患部接触时间，有利于药物的吸收。

②卡波姆 940、西黄蓍胶、甘油和水构成水性凝胶基质，三乙醇胺用于调节 pH 值。以卡波姆均聚物为基质的凝胶剂细腻，黏度适宜，稳定性好，易涂展，并可在皮肤表面形成一层均匀的透气性薄膜。

2. 缓控释材料 利用卡波姆均聚物的凝胶特性及溶胀性，可制备水凝胶骨架型口服缓控释制剂。卡波姆均聚物的种类及用量可影响药物释放，卡波姆 974P 的缓释作用强于卡波姆 934P，含 10% 卡波姆 974P 的片剂与含 30% 卡波姆 934P 的释放速率相近；以乳糖和不同含量的卡波姆 974P 制备茶碱缓释片，在保持片重不变的情况下，增加卡波姆均聚物的用量，药物的释放速率下降。

环境的 pH 值影响卡波姆均聚物水凝胶骨架型制剂的释药性能，因为 pH 值的大小可以影响卡波姆均聚物骨架的松弛与溶胀；卡波姆均聚物完全水化时，其内部的渗透压可使结构破裂，降低凝胶密度，但仍能保持完整性，药物以均匀的速率通过凝胶层向外扩散，释药呈零级或近于零级动力学过程；卡波姆均聚物用量较小时，具有一般阻滞剂的功能。

卡波姆均聚物与碱性药物中和成盐形成可溶性凝胶，适合制备缓释液体制剂，如滴眼剂、滴鼻剂等，同时还可掩盖药物不良气味。

【应用实例】葛根素缓释小丸

处方组成：葛根素；卡波姆974P，氯化钙，微晶纤维素，吐温-80。

制备方法：取处方量葛根素、卡波姆974P、氯化钙，微晶纤维素，过80目筛，混合均匀，加吐温-80，再加适量润湿剂制软材；采用挤出滚圆法制备小丸，干燥筛分，即得。

解析：

①葛根素为中药葛根中主要有效成分，可用于治疗冠心病、心绞痛和心脑循环障碍有关的疾病，以及视网膜动脉和静脉阻塞、突发性耳聋等疾病。

②葛根素水溶性和脂溶性均较差、口服吸收效果也不好。本处方采用缓释微丸技术以减少给药次数，提高其生物利用度。卡波姆974P具有良好的溶胀性和凝胶特性，在本处方中作为水凝胶骨架材料，口服给药后，在胃肠介质中形成水凝胶层以控制药物释放；微晶纤维素为填充剂，吐温-80可改善亲水性，氯化钙可降低黏度而促进分散均匀，利于制剂成型。

③本处方研制的葛根素缓释微丸在12小时内，可持续、缓慢释药，无突释，释药平稳而完全，具有较好的缓释效果，其释药曲线见图4-3。

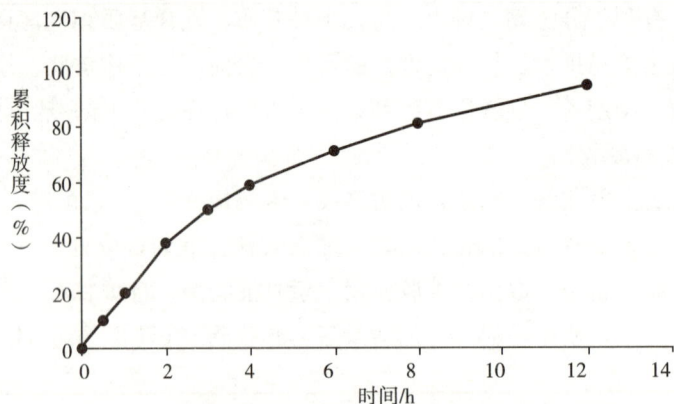

图4-3 葛根素缓释小丸释药曲线

3. 眼用制剂辅料 普通滴眼剂因为药物在眼中滞留的时间短，而导致药物吸收差。用卡波姆均聚物作为基质制成的眼用凝胶剂，不仅能延长药物在角膜的滞留时间，增加药物的吸收，而且还能耐高温、高压，并保持释药速率和外观不变。如采用卡波姆均聚物为基质的硝酸毛果芸香碱眼用凝胶剂，比普通滴眼剂的缩瞳时间延长3倍左右。采用卡波姆均聚物作辅料研制的马来酸噻吗洛尔眼用胶体溶液，增加了制剂的黏度，延长药物与眼局部接触时间；此外，卡波姆均聚物中的酸性基团可与碱性药物生成可溶性凝胶型内盐，使药物缓释而达到延效与增效目的，无刺激性且稳定性好。

【应用实例】硝酸毛果芸香碱滴眼剂

处方组成：硝酸毛果芸香碱；磷酸氢二钠（无水），磷酸二氢钠（无水），卡波姆940，硝酸苯汞，氢氧化钠溶液，注射用水。

制备方法：将硝酸毛果芸香碱用注射用水溶解，加入卡波姆940使其分散，并用氢氧化钠溶液中和；另将磷酸氢二钠、磷酸二氢钠和硝酸苯汞用注射用水溶解，与前述药液混匀，即得。

解析：

①硝酸毛果芸香碱为拟胆碱药，作为一种治疗青光眼的经典药物已有较长的临床应用历史，至今仍是治疗闭角型青光眼的首选药物，但其普通滴眼剂在眼角膜滞留时间短，需要频繁给药。

②本处方中卡波姆 940 为增黏剂，可增加药液的黏度以减少药液的损失；与普通滴眼液相比，含有卡波姆 940 的硝酸毛果芸香碱滴眼液可延长药物在眼部的滞留时间，其缩瞳作用时间延长了 3 倍左右。氢氧化钠用于碱化卡波姆，使其凝胶化；磷酸氢二钠、磷酸二氢钠可构成磷酸缓冲体系，调节制剂的 pH 值。硝酸苯汞为抑菌剂。

4. 乳化剂、增稠剂和助悬剂　卡波姆均聚物在乳剂系统中具有乳化和稳定双重作用，特别适合作 O/W 型乳化剂或辅助乳化剂，常用型号卡波姆 1342，常用量为 0.1%～0.5%。

卡波姆均聚物增稠作用强，可制备黏度范围很宽和具有不同流变性的乳剂、洗剂等外用液体制剂，常用量为 0.25%～0.5%。

卡波姆均聚物具有交联的网状结构和高黏度性，可作助悬剂，常用量为 0.5%～1%，如采用卡波姆 974P 作为助悬剂制备的干混悬剂，整个体系较均匀、稳定。

5. 黏附材料　卡波姆均聚物具有很强的生物黏附性，以其为基质的生物黏附制剂在临床中已有广泛应用，如常见的鼻用、阴道用、直肠用、口含或口腔黏附制剂用等。以卡波姆 940 与 HPMC 为辅料制备的口腔黏附片，能黏附于口腔黏膜，接触初期释药速率较快，随时间延长释放速率减慢，使药物较长时间作用于病灶；以卡波姆 971P 制备的鼻腔粉雾剂，具有缓释作用，生物利用度与皮下注射相当。

此外，卡波姆均聚物是颗粒剂、片剂和丸剂的较好黏合剂，常用量为 0.2%～10.0%；还可用作片剂、丸剂的包衣材料，涂膜剂、膜剂的成膜材料。

【应用实例】斑蝥素生物黏附小片

处方组成：斑蝥素；卡波姆 934，壳聚糖，β-环糊精，交联聚维酮，硬脂酸镁。

制备方法：将处方中原料药以 β-环糊精包合后，加其他辅料混合均匀，制粒，压小片，填充入胶囊，即得。

解析：

①斑蝥素是中药斑蝥中主要有效成分，抗肿瘤作用明确，但存在毒性较大、对生物膜有刺激性、水溶性差、半衰期短等缺点。本处方采用 β-环糊精为包合材料对斑蝥素进行包合，以改善其水溶性，同时可以降低局部药物浓度，减少生物膜（胃肠道）刺激性等。

②本处方中卡波姆均聚物和壳聚糖为黏附材料，口服给药后，卡波姆均聚物与壳聚糖能吸收胃肠液中的水分溶胀而产生较强的黏附性，使制剂黏附在胃肠道黏膜上，延长药物在胃肠道的滞留时间，从而促进药物吸收，提高生物利用度。交联聚维酮为黏合剂，硬脂酸镁为润滑剂。

附：卡波姆共聚物和卡波姆间聚物

卡波姆共聚物（Carbomer copolymer）为长链烷基甲基丙烯酸酯共聚物，以非苯溶剂（乙酸乙酯）为聚合溶剂，由丙烯酸键合多元醇烷基醚的长链烷基所得，结构式如下。按干燥品计，含羧酸基（-COOH）应为 52.0%～62.0%。主要的型号有 Carbopol Ultrez 20 和 Carbopol Ultrez 21，属于易分散型共聚物，是由路博润（Lubrizol）公司于 2002 年到 2004 年相继推出的。根据黏度分为 A 型、B 型和 C 型。

$$\left[\begin{array}{c} H_2 \\ C - CH \\ | \\ COOH \end{array}\right]_x \left[\begin{array}{c} H_2 & R_1 \\ C - C \\ | \\ COOR_2 \end{array}\right]_y \qquad \begin{array}{l} R_1 = -H \text{ or } -CH_3 \\ R_2 = C_{10} - C_{30} \text{烷基} \end{array}$$

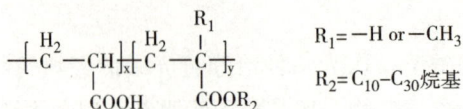

卡波姆共聚物化学结构式

《中国药典》（2020 年版）四部将卡波姆共聚物作为药用辅料列入正文。按药典方法检查，1% 的水溶液 pH 值应为 2.5～3.5；干燥失重不得过 2.0%；炽灼残渣不得过 2.0%；含重金属不得过百万分之二十；残留溶剂中乙酸乙酯不得过 0.5%，环己烷不得过 0.3%，苯不得过 0.0002%，丙烯酸不得过 0.25%。动力黏度 A 型应为 4.5～13.5Pa·s，B 型应为 10～29Pa·s，C 型应为 25～45Pa·s。本品应密闭保存。

由 Lubrizol 公司生产的 Carbopol Ultrez 20 和 Carbopol Ultrez 21，是将聚合物骨架用烷基甲基丙烯酸盐长链进行疏水性修饰而得到的聚合物。具有自行润湿的特点，能够很快地润湿和分散。在室温下，即便非常高的浓度，润湿一般也仅需 10 分钟不到。相比于传统卡波姆，能显著地减少工艺时间和能耗。

与 Carbopol Ultrez 21 相比较，Carbopol Ultrez 20 具有更好的流变改性能力、高透明度等特性；具有高效的增稠性能；具有较好的触变性，在较低的剪切速率下可以较快地恢复到原来的黏度；悬浮能力优于传统卡波姆。

卡波姆共聚物主要用作软膏基质和释放阻滞剂。卡波姆间聚物（Carbomer interpolymer）是以非苯溶剂为聚合溶剂的含有聚乙二醇和长链烷基酸酯嵌段共聚物的卡波姆均聚物或共聚物。按干燥品计算，含羧酸基（—COOH）应为 52.0～62.0%。

三、聚丙烯酸和聚丙烯酸钠

（一）概述

聚丙烯酸（polyacrylic acid，PAA）是由丙烯酸（acrylic acid）单体通过加成反应聚合生成的高分子聚合物。通常采用自由基聚合制备，一般在 50～100℃ 的水溶液中进行，以过硫酸钾、过硫酸铵或过氧化氢等为引发剂，以异丙醇、次磷酸钠或巯基琥珀酸钠等为链转移剂调节 $\overline{M_r}$。PAA 的 $\overline{M_r}$ 随丙烯酸单体浓度的增加而增大，随反应温度的升高和引发剂浓度的增加而下降。

聚丙烯酸钠（sodium polyacrylate，PAA-Na）常以 PAA 的水溶液采用氢氧化钠中和方法制备，也可以用丙烯酸钠（sodium acrylate，AA-Na）单体的水溶液聚合制得，还可以利用聚丙烯酸甲酯、聚丙烯酰胺或聚丙烯腈的碱水解反应制备。

PAA 与 PAA-Na 的化学结构式如下：

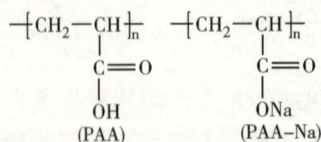

$$\left[\begin{array}{c} CH_2 - CH \\ | \\ C=O \\ | \\ OH \end{array}\right]_n \qquad \left[\begin{array}{c} CH_2 - CH \\ | \\ C=O \\ | \\ ONa \end{array}\right]_n$$
(PAA)　　　　　(PAA-Na)

聚丙烯酸和聚丙烯酸钠的化学结构式

（二）性质

室温下，PAA 是透明片状固体或白色粉末，硬而脆。PAA 遇水易溶胀和软化，在空气中易潮解，T_g 为 102℃，随着分子链上羧基中和程度的提高，T_g 逐渐升高，PAA-Na 的 T_g 可达 251℃。

PAA 与 PAA-Na 的性质主要与其结构上的羧基的解离及反应有关。

1. 溶解性　PAA 属于极性高分子聚合物，易溶于水、甲醇、乙醇和乙二醇等极性溶剂，不溶于烷烃及芳香烃等非极性溶剂；而 PAA-Na 仅溶于水，不溶于有机溶剂。

PAA 的 pK_a 为 4.75，在水中可解离成高分子阴离子和氢离子，羧基阴离子的同性电荷排斥作用促使大分子链伸展并发生水合作用；被碱中和形成 PAA-Na 时，解离程度增加，在水中的溶解度增大。但是，当溶液中氢氧化钠过量时，钠离子与羧酸根阴离子结合的概率增加，羧基解离度减小，溶解度下降，溶液由澄明变得混浊。当溶液中加入氢离子或其他一价盐离子时，也会出现类似现象。

PAA-Na 对盐类电解质的耐受能力更低，若遇碱土金属离子，则形成水不溶复合物，导致其稀溶液生成沉淀，浓溶液凝胶化。

2. 黏度和流变性　聚合物溶解度越高，黏度越大，因此影响其溶解度的各种因素也影响聚合物溶液的黏度。PAA 与 PAA-Na 在水中呈阴离子聚电解质性质，羧酸根阴离子基团间的静电排斥作用，使大分子链自发伸展。解离度越大，溶解度越大，黏度也越大。降低溶液的 pH 值或加入小分子盐，可抑制-COOH 或-COONa 的解离，使分子链蜷曲，流体力学阻力下降，聚合物的黏度减小。另外，聚合物溶液温度升高，黏度变小。

PAA 水溶液的流变性具明显的聚电解质效应，溶液的比浓黏度（η_{sp}/c）随溶液的稀释而升高，在到达某一最大值后，又随进一步稀释而下降。

PAA 与 PAA-Na 的水溶液呈现假塑性流体性质，聚合度越高、溶液浓度越大，假塑性越明显，并表现出较强的触变性。大分子还可以对溶液中共存的固体粒子产生强烈的吸附作用并形成稳定的三维网状结构，类似于凝胶。

3. 化学反应性　PAA 除可以被氢氧化钠中和外，还可被氨水、三乙醇胺、三乙胺等弱碱性物质中和；但被多价金属的碱中和则生成难溶性盐。

在较高温度下，PAA 可与乙二醇、甘油、环氧烷烃等发生酯键结合并形成交联聚合物。有报道，PAA 亦能在常温下与 PEG 等一些含醚氧原子的水溶性高分子结合生成不溶性络合物。

PAA 能够与阳离子型聚合物通过静电相互作用形成离子复合物，如 PAA 与壳聚糖分子在乙酸溶液中能够复合形成具有孔隙的离子凝胶。

4. 稳定性　PAA 在 150℃以上干燥时，可致分子内脱水，形成聚丙烯酸酐，同时缓慢发生分子间缩合作用，形成交联异丁酐类聚合物，当温度升高到 300℃左右，上述聚合物进一步缩合成环酮，逸出 CO_2，并逐渐分解。

PAA-Na 有较好的耐热性。

5. 安全性　PAA 与 PAA-Na 无毒。小鼠口服 PAA-Na 的 $LD_{50}>10g/kg$，未见对皮肤有刺激性。但应控制残余单体量<1%，低聚物量<5%，无游离碱。

（三）应用

1. 外用制剂及化妆品的基质、增稠剂、增黏剂与分散剂　PAA 与 PAA-Na 主要用于软膏剂等外用半固体制剂及化妆品中的基质、增稠剂与增黏剂，搽剂等液体制剂的分散剂、增稠剂。

PAA 与 PAA-Na 可与 PVP、PEG 等水溶性聚合物共混用作凝胶膏剂的基质，具有较好的皮肤黏附性和良好的生物相容性，久存黏度变化小，不易腐败。

【应用实例】复方独一味凝胶贴膏

处方组成：独一味，镰形棘豆，白花秦艽，唐古特乌头；聚丙烯酸钠-700，甘油，甘羟铝，EDTA，酒石酸。

制备方法：将处方量 EDTA、甘羟铝加入甘油中，混匀；再依次加入 PAA-Na700、药物提取液、酒石酸；制备的膏体混匀后，延压法涂布于无纺布上，低温干燥，成型包装，即得。

解析：

①复方独一味为藏医经验方，有祛风除湿、活血通络、消肿止痛之功效，治疗痛风性关节炎效果良好；临床以药物粉末调敷，使用不便。本处方是以 PAA-Na700 为主要基质研制的凝胶膏剂。

②本处方以 PAA-Na700 为骨架材料，以酒石酸、EDTA 为交联调节剂，以甘羟铝为交联剂，提供 Al^{3+} 与 PAA-Na700 的羧基发生交联，形成三维网状结构的凝胶基质。甘油作为保湿剂能与凝胶中的水结合，防止水分的蒸发和损失，使膏体保持较高的含水量，长时间维持基质的性能。

2. 缓控释材料   PAA 与 PAA-Na 在药物缓控释制剂中呈现出较大的应用价值，它与 EVA、PEG 形成的可逆络合物以及与壳聚糖离子复合凝胶能够较好地控制蛋白、多肽类药物的释放，并呈现环境敏感性。

3. 生物黏附材料   PAA 有较好的生物黏附性，可用作蛋白、多肽类药物的口服或黏膜制剂的黏附剂，以促进这类药物经黏膜组织的吸收，如 PAA 与 EVA、PAA 与 HPMC 等混合体系被用作制备胰岛素等药物的生物黏附制剂。又如以 PAA 与淀粉混合为黏附基质制备的生物黏附片，可延长体内滞留时间，增加吸收而提高生物利用度。

<h3 style="text-align:center">附：聚丙烯酸水凝胶</h3>

PAA 水凝胶具有 pH 敏感性，在较高 pH 值介质中，-COOH 解离成 $-COO^-$，羧基的解离增加了其水合程度，羧酸根阴离子基团间的静电排斥作用，使大分子链进一步伸展，当介质 pH>4 时，凝胶体积突然膨胀，在 pH 值 7～9 范围有较大的膨胀度，如图 4-4 所示。PAA 凝胶的膨胀度随交联剂用量的增大而减小，随介质小分子盐浓度的增大而减小。

据此，常将 PAA 水凝胶设计在中性和微碱性环境下释放药物的亲水凝胶骨架型缓释制剂。为改善 PAA 水凝胶的性能，常与丙烯酰胺、甲基丙烯酸羟乙酯、异丙基丙烯酰胺等共聚形成共聚物水凝胶。

采用芳香偶氮类化合物交联的 PAA 水凝胶，结构如图 4-5 所示，pH 值 1～3 时收缩，pH 值 4.8～8.4 时溶胀，偶氮键只可以被结肠（pH 值 7～8）内微生物降解。

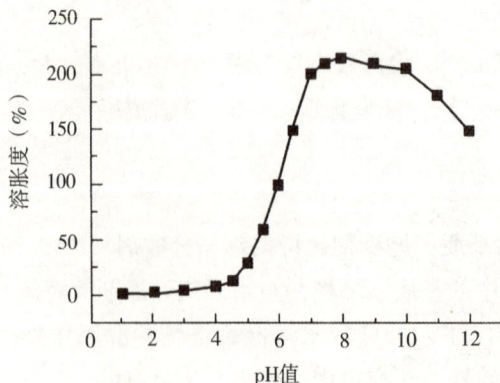

图 4-4 PAA 水凝胶的溶胀度与 pH 值的关系曲线

图 4-5 用芳香偶氮类化合物交联的 PAA 水凝胶

以这种 PAA 水凝胶设计的给药系统，由于胃中 pH 较低，药物很少释放，但肠内的 pH 较高，水凝胶因羧基的解离而膨胀，药物开始释放，而在结肠部位由于偶氮键的降解，交联网络被破坏而使药物快速释放。因此，可以作为结肠靶向给药系统的载体材料。

PAA 与其他聚合物形成的接枝或嵌段共聚物凝胶也用于控制药物的释放，如聚苯乙烯-PAA 嵌段共聚物纳米粒、PAA 接枝的聚偏二氟乙烯膜等。

四、交联聚丙烯酸钠

（一）概述

交联聚丙烯酸钠（cross-linked sodium polyacrylate）是以 PAA-Na 为原料，经沉淀聚合反应制备的交联聚合物，其化学结构示意图如下：

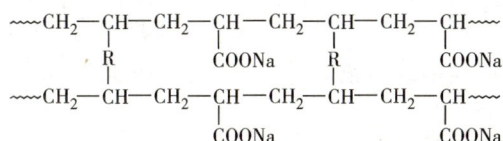

交联聚丙烯酸钠化学结构示意图

常用的聚合引发剂为过硫酸盐，交联剂为二乙烯基类化合物。聚合产物呈胶冻状或透明的弹性体。目前，国内生产的药用交联聚丙烯酸钠有 SDL-400 等品种。

（二）性质

交联聚丙烯酸钠为白色或微黄色的颗粒状粉末，是一种高吸水性树脂材料。SDL-400 的表观密度为 $0.6 \sim 0.8 g/cm^3$，粒径为 $38 \sim 200 \mu m$。

1. 溶胀性　交联聚丙烯酸钠在水中不溶，但能迅速吸收自重数百倍的水分而溶胀。如 SDL-400 在 90 秒内可吸收其自重 300~800 倍的水。

交联聚丙烯酸钠的吸水机理如图 4-6 所示，其羧基的亲水性，能吸引与之配对的可动离子和水分子，产生很高的渗透压，结构内外的渗透压差和聚电解质对水的亲和力，促使大量水迅速进入树脂内。

交联聚丙烯酸钠外部溶液中的盐离子浓度增加，可降低渗透压差和抑制羧基的解离，使其吸水量和吸水速度均减弱。如相同规格的 SDL-400 树脂在 120 秒内对生理盐水和人工尿液的最大吸收量分别为其自重的 100 倍与 80 倍。

影响交联聚丙烯酸钠吸水能力的因素还有树脂的粒度、网络结构孔径、交联度和交联链的链长等。另外，长时间受热也会使其吸水率下降。

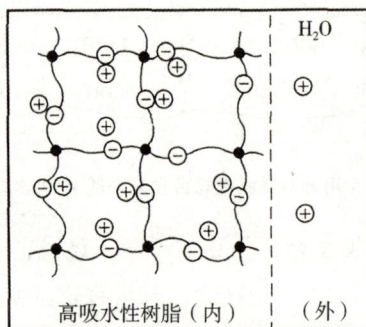

○ 高分子电解质 ⊕ 可动离子 ● 交联点

图 4-6 交联聚丙烯酸钠树脂的离子网络

2. 凝胶性　交联聚丙烯酸钠树脂吸水溶胀后形成凝胶，这种凝胶具有很高的强度和弹性，即使施加一定压力，水分也不会被挤出。

（三）应用

1. 外用制剂的基质　交联聚丙烯酸钠具有保湿、增稠、皮肤浸润等作用，主要用作外用软膏（乳膏）、凝胶剂的水溶性基质，常用量为 1%～4%（水溶液或乳液量）。如用 1% SDL-400 为凝胶基质制备的炉甘石凝胶剂，相比于混悬剂而言，凝胶剂色泽均匀、细腻，涂擦均匀、方便且临用前无须摇匀。采用交联聚丙烯酸钠 SDL-400 为基质制备的乳膏，与传统乳膏相比，用量小、配制方便、药物释放性好。

交联聚丙烯酸钠还可作硬膏剂、凝胶贴膏与膜剂的基质材料，常用量为 6% 左右。

2. 卫生材料　交联聚丙烯酸钠是医用尿布、吸血巾等产品的主要材料；还可作为婴儿尿不湿、成人尿失禁、妇女卫生巾等一次性复合卫生材料的主要填充剂或添加剂。

五、聚氰基丙烯酸烷基酯

（一）概述

聚氰基丙烯酸烷基酯（poly-alkylcyanoacrylates，PACA）是氰基丙烯酸烷基酯（alkylcyanoacrylate，ACA）单体在亲核试剂（如 OH^-、CH_3O^- 或 CH_3COO^- 等）引发下进行阴离子聚合反应制备的一类聚合物，在温和的条件下即可聚合，制备方法有乳液聚合法、界面聚合法、界面沉积法等。PACA 包括聚氰基丙烯酸甲酯、乙酯、丁酯、异丁酯和己酯等，其化学结构式如下：

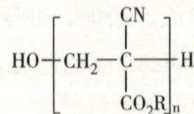

$$HO-[CH_2-\underset{CO_2R}{\overset{CN}{C}}]_n-H$$

聚氰基丙烯酸烷基酯化学结构式

（二）性质

PACA 是一种可生物降解的聚合物，黏度低，有一定的耐热性和耐溶剂性，有较强的组织靶向性，是较具发展前景的聚合物胶态药物传输系统之一。

1. 溶解性 PACA 具有疏水性，烷基侧链越长，疏水性越强，吸附脂溶性药物的量越多。

2. 生物降解性 PACA 具有优异的生物降解性，其降解机制为水解。PACA 的水解可能有两种途径：一种降解是由烷基侧链的酯键水解引起的，降解产物是可溶于水并经肾消除的聚氰基丙烯酸和相应的一元醇，这种降解受血浆、溶酶体和体液中酯酶的催化，根据这种机制，纳米粒的降解反应比较快，构成纳米粒的 PACA 烷基侧链长度会影响降解时间。另一种水解过程受水和生理环境 pH 的限制，在体内可能被氨基酸诱导，降解可产生氰基丙烯酸烷基酯和甲醛，这种水解过程很慢，24 小时可能只降解 5%；醛类的生成又可加速载体材料的溶蚀。

随着烷基酯碳链的增长，PACA 的水解速率明显下降。同时，水解从链端开始，属于表面溶蚀，水解速率与比表面积有关。只有选用 $\overline{M}_r$ 低的聚合物制备纳米粒时，才会从体内完全排泄。

3. 生物相容性 PACA 具有较好的生物相容性。但是降解产物有一定毒性，聚氰基丙烯酸甲酯、乙酯降解较快，毒性相对较大，聚氰基丙烯酸丁酯降解速率慢、毒性小、体内耐受性好。

（三）应用

1. 微球和纳米球材料 利用 PACA 具有的良好生物降解性与生物相容性，可作静脉用微球或纳米球载体材料，通过控制药物在微球或纳米球中的释放，起到长效作用，目前主要用于紫杉醇、放射菌素 D、表阿霉素、米托蒽醌、去甲斑蝥素、氟尿嘧啶等抗癌药中。以 PACA 载体材料制备的表阿霉素聚氰基丙烯酸正丁酯（poly-butylcyanoacrylate，PBCA）纳米粒具有良好的肝靶向性、可降解性和较高的稳定性、无毒性等诸多优点。

由于 PACA 纳米粒的疏水性，静脉注射的 PACA 纳米粒很快被单核巨噬细胞捕捉，并从血液循环系统中排出去，药物难以在网状内皮系统以外的组织或器官中保持一定浓度并发挥药效。将 PEG 接枝到 PACA 上生成的两亲性接枝共聚物（PEG-g-PACA），在水介质中缔合成具有疏水性 PACA 内核和亲水性 PEG 外壳的纳米胶束。PEG-g-PACA 纳米胶束在肝脏等网状内皮系统丰富的组织或器官中的累积量减小，而在血液中可循环较长时间。

PACA 作为药物的微粒或纳米粒载体材料，还可用于皮下注射、口服、眼用等多种血管外给药领域。

【应用实例】表阿霉素磁性纳米粒

处方组成：表阿霉素；右旋糖酐-70，Fe_3O_4 胶体溶液，α-氰基丙烯酸正丁酯，CH_2Cl_2，蒸馏水。

制备方法：取处方量右旋糖酐-70 溶于水中，再加入表阿霉素，搅拌使其溶解；加入 Fe_3O_4 胶体溶液，混匀；注入用 CH_2Cl_2 稀释的 α-氰基丙烯酸正丁酯（BCA）单体（$V_{CH_2Cl_2} : V_{BCA} = 3 : 1$），在弱酸性条件下乳化聚合；滤过，滤液（胶体溶液）冷冻干燥，即得。

解析：

①表阿霉素（EPI）为目前治疗肝癌的主要药物，其毒性相对较低。本处方系以 Fe_3O_4 为磁性材料、聚氰基丙烯酸正丁酯为载体的表阿霉素磁性纳米给药系统。

②聚氰基丙烯酸正丁酯是中等长度氰基侧链的聚合物，毒性较低，降解时间比较适中，而且具有优良的稳定性。

③表阿霉素聚氰基丙烯酸正丁酯磁性纳米粒（EPI-PBCA-NPS）与 EPI 大鼠尾静脉注射，EPI-PBCA-NPS 组大鼠肝脏中药物浓度明显高于 EPI 组，结果见图 4-7。

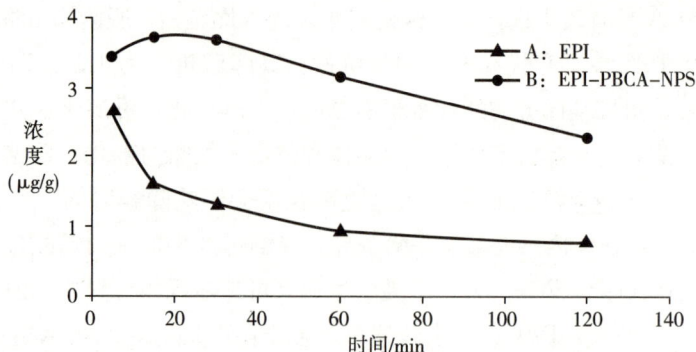

图 4-7　尾静脉注射大鼠肝脏中药物浓度-时间曲线图

2. 医用卫生材料　PACA 在生物体液中有良好的铺展性、胶黏性与生物相容性，长期用作人体骨骼的修复剂、外科手术的黏合剂。

第二节　乙烯基类均聚物和共聚物

一、聚乙烯醇

（一）概述

聚乙烯醇（polyvinyl alcohol，PVA）是一种水溶性聚合物，由聚乙酸乙烯酯（polyvinyl acetate，PVAc）醇解而成，分子式为 $(CH_2CHOH)_n (CH_2CHOCOCH_3)_m$，其中 m＋n 为平均聚合度，m/n 应为 0～0.35，药用 PVA 的 $\overline{M}_r$ 为 2×10^4～2.2×10^5。其化学结构式如下：

$$\begin{array}{c} +CH-CH_2\frac{1}{n} \\ | \\ OH \end{array}$$

聚乙烯醇化学结构式

聚醋酸乙烯醇解百分率称为醇解度，部分醇解的醇解度通常为 87%～89%，完全醇解的醇解度为 98%～100%。USP/NF 规定药用 PVA 醇解度为 85%～89%。常取平均聚合度的千、百位数放在前面，将醇解度的百分数放在后面，如 PVA17-88 即表示聚合度为 1700，醇解度为 88%。国产市售工业规格常用的有 PVA05-88 和 PVA17-88 等。根据 $\overline{M}_r$ 的不同国外市售有不同黏度的产品，其产品级别与对应的 $\overline{M}_r$ 见表 4-4。

表 4-4　市售 PVA 产品级别及相对分子质量（$\overline{M}_r$）

产品级别	相对分子质量（$\overline{M}_r$）
高黏度	1.8×10^5～2.0×10^5
中等黏度	1.1×10^5～1.3×10^5
低黏度	1.6×10^4～2.0×10^4

《中国药典》（2020 年版）四部将 PVA 作为药用辅料列入正文。按药典方法检查，PVA 在（20±0.1）℃时动力黏度应为标示量的 85.0%～115.0%；水解度应为 85%～89%；pH 值应为 4.5～6.5；水中不溶物不得超过 0.1%；甲醇与乙酸甲酯均不得过 1.0%；干燥失重不得过 5.0%；炽灼残渣不得过 1.0%；重金属含量不得过百万分之十；砷盐不得过 0.0002%。PVA 需

密闭保存。

（二）性质

PVA 为白色至微黄色粉末或半透明状颗粒，无臭，无味。25℃时的相对密度为 1.19～1.31。其物理化学性质与其化学结构、醇解度、聚合度密切相关。

1. 溶解性 PVA 在热水中溶解，在乙醇或丙酮中几乎不溶。$\overline{M_r}$ 越大，结晶性越强，水溶性越低，但水溶液的黏度相应增加。

PVA 的溶解性受其醇解度和聚合度的影响，其中醇解度是影响溶解性的主要因素。部分醇解和低聚合度的 PVA 溶解性好，醇解度为 87%～89% 的 PVA 水溶性最好。醇解度在 89% 以上的 PVA，一般都需加热才能完全溶解，醇解度越高，溶解所需的温度越高；醇解度在 99% 以上的 PVA 需加热到 95℃ 以上，高速搅拌 1.5～2 小时才能完全溶解；而醇解度在 75%～80% 的 PVA，在热水中不溶，只在冷水中溶解；醇解度低至 50% 以下，PVA 将不再溶于水。

在加热条件下，PVA 也可溶解于少部分的有机溶剂中，这些溶剂多为多元醇，如甘油、乙二醇、$\overline{M_r}$ 低的聚乙二醇、酰胺、三乙醇胺、二甲基亚砜等。

2. 水溶液的黏度及混溶性 PVA 水溶液与大多数聚合物溶液类似，均为非牛顿流体。PVA 溶液的黏度受醇解度、聚合度、温度、浓度和放置时间等因素的影响。常温下 PVA 溶液的黏度稳定。在相同的温度下，PVA 溶液黏度随浓度的升高而增加；在相同浓度下，PVA 溶液黏度随温度升高而降低。随着聚合度的增加，PVA 溶液的黏度也升高。部分醇解 PVA 水溶液的黏度比较稳定，基本上不受放置时间的影响；高醇解度的 PVA 水溶液，随放置时间延长，黏度升高，最终出现凝胶化。不同产品级别的 PVA 黏度不同。表 4-5 为 20℃时 4%（W/V）不同产品级别的 PVA 水溶液的黏度值。

表 4-5 市售 PVA 产品级别的黏度（20℃）

产品级别	4%（W/V）水溶液黏度（mPa·s）
高黏度	40.0～65.0
中等黏度	21.0～33.0
低黏度	4.0～7.0

PVA 水溶液可与许多水溶性聚合物混合，但与西黄蓍胶、阿拉伯胶和海藻酸钠等混合时，在放置后因配比不当可能出现分离倾向。PVA 水溶液与大多数无机盐有配伍禁忌，低浓度 NaOH、$CaCO_3$、K_2SO_4、Na_2SO_4 和 $Cu(OH)_2$ 等也可使 PVA 从溶液中析出，但能与大多数无机酸混合。

硼砂或硼酸水溶液与 PVA 水溶液混合时发生不可逆的凝胶化现象。醇解度越大，凝胶化所需的硼砂或硼酸用量越大。高锰酸钾、重铬酸盐等多价金属盐均可使 PVA 水溶液转变成不溶性凝胶。

3. 成膜性和黏附性 PVA 溶液具有良好的成膜性和优越的黏附性，可以形成透明、柔韧及具有黏着力的薄膜。PVA 膜的机械性能优良，拉伸强度大、耐磨性好，不易腐败，与其他黏附剂具有很好的相容性，对各类纤维素都具有良好的黏附性能，是一种很好的黏附材料。PVA 膜的拉伸强度、黏附性随聚合度、醇解度升高而增强；柔顺性则随醇解度的升高而降低，加入增塑剂可改善膜的柔韧性。

4. 稳定性 PVA 的化学结构中有羟基，可发生酯化反应、醚化反应等。在强酸中降解，在弱酸和弱碱中软化或溶解。PVA 在 100℃时缓慢脱水降解，200℃时熔融并迅速脱水降解，同时发生分子间醚化；PVA 对光稳定。

5. 安全性   PVA 无毒，浓度高达 10%时，对皮肤和眼睛无刺激性。大鼠实验表明，5%（W/V）的 PVA 水溶液皮下注射会引起贫血，并浸润不同器官和组织。小鼠口服的 LD_{50} 为 14.7g/kg，大鼠口服的 $LD_{50} > 20$g/kg。

（三）应用

1. 成膜材料   PVA 的成膜性、抗拉强度、柔韧性、黏附性、水溶性和吸水性等性能优良，在中药制药工业中，广泛用作涂膜剂和膜剂的成膜材料。用 10%～30%PVA 水溶液涂布在光洁平板上，待水分蒸发后即得具有优良力学性能的无色透明薄膜，加入增塑剂甘油、多元醇等可改善膜的柔韧性及保湿率。研究表明，采用 PVA05-88 作为成膜材料，可直接与中药醇提物以任意比例混溶，制备的涂膜剂，性质稳定，涂在皮肤上能迅速成膜，膜片不易脱落，容易洗脱，不污染衣物。

【应用实例】疏通安涂膜剂

处方组成：透骨草，伸筋草，红花，薄荷脑；聚乙烯醇，甘油，50%乙醇。

制备方法：透骨草、伸筋草、红花等三味中药加水适量，用稀醋酸调 pH 至适当值后，采用水提醇沉法制备提取液，滤过，滤液备用。另取聚乙烯醇以乙醇溶解后，加入上述滤液，再加薄荷脑及甘油，混匀，加 50%乙醇至总量，即得。

解析：

①本涂膜剂具有舒筋活血、消肿止痛之功效，主要用于风中经络、脉络瘀滞所致的头面疼痛、口眼歪斜，或跌打损伤所致的局部肿痛等。使用时，喷至作用部位，溶剂快速挥发，从而形成质地均匀、厚薄适宜的药膜，达到持续释放药物的效果。

②本制剂采用水提醇沉法制备药效组分，经纯化后，可以降低中药涂膜剂载药的压力。聚乙烯醇是成膜材料，其成膜性随聚合度和醇解度升高而增强，但是柔顺性随之降低，需要添加增塑剂。本处方中甘油是增塑剂，可以提高药膜的柔韧性，同时可以改善膜的保湿性。

2. 凝胶材料   以 PVA 凝胶为载体的透皮给药系统，具有较高含水量，与皮肤表面有很好的耦合性，能形成弹性膜，皮肤局部无不适感，并有缓释、增稠和稳定作用，这对于皮肤的水合作用以及药物的释放渗透非常有利。

3. 眼用制剂辅料   在眼用制剂中，PVA 是较理想的助悬剂、增稠剂及增黏剂，最大用量为 10%。如在滴眼液、人工泪液及隐形眼镜保养液中，PVA 浓度为 0.25%～3.0%时，具润滑和保护作用，可显著延长药物与眼组织的接触时间。

4. 缓控释骨架材料   PVA 可用作片剂的缓控释骨架材料。体外实验表明，采用 PVA 作为骨架材料，缓释片中含药量虽不同，但释药完全的时间均在 7～10 小时之间，且释药较平稳，可避免普通片释药太快所引起的过高的血药峰值，从而减少不良反应。

5. 凝胶贴膏基质   PVA 作为一种水溶性高分子材料，用作凝胶贴膏的基质，与皮肤有很好的相容性，能增强皮肤的水合作用，有利于药物的透皮吸收，同时，还能较多地容纳中药提取物，保证临床疗效，在凝胶贴膏中，PVA 除作为基质外，还能起增强凝胶贴膏膏体的内聚力和黏弹性。

6. 其他应用   在糊剂、面霜、面膜等众多化妆品中，PVA 具有增稠、增黏及在皮肤、毛发表面成膜等作用，一般常用浓度为 2.5%，最大用量为 7%。PVA 与一些表面活性剂合用时还有辅助增溶、乳化及稳定作用，常用量为 0.5%～1%。

二、聚维酮

（一）概述

聚维酮（povidone，PVP）系吡咯烷酮和乙炔在加压下生成乙烯基吡咯烷酮单体，在催化剂作用下聚合得到的 1-乙烯基-2-吡咯烷酮均聚物，又称聚乙烯吡咯烷酮。其化学结构式如下：

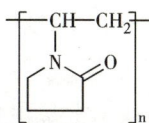

聚维酮化学结构式

聚合时反应机理与所用的引发剂类型有关。在三氟化硼、氨基化钾和过氧化物引发下，分别发生阳离子型、阴离子型和自由基聚合。纯度高的乙烯基吡咯烷酮单体，在空气中可自行发生自由基聚合。目前应用较多的是以过氧化物为引发剂的自由基聚合。在酸性条件下，乙烯基吡咯烷酮单体很容易水解成乙醛和吡咯烷酮，故贮放时常加入少许碱、氨或低分子有机胺使之稳定。

PVP 的系列产品中，PVP K30 作为药用辅料被《中国药典》（2020 年版）四部列入正文。按药典方法检查，PVP K30 的 K 值（K 值与聚合物的 $\overline{M}_r$ 有关，K 后面的数值越大，表明 $\overline{M}_r$ 越大）应为 27.0～32.0；5% 水溶液 pH 值应为 3.0～5.0；水分不得过 5.0%；炽灼残渣不得过 0.1%；重金属含量不得过百万分之十；含氮量为 11.5%～12.8%。PVP K30 需遮光，密封保存。

目前，国际上主要生产 PVP 的厂家为德国的 BASF 公司和美国的 ISP 公司，我国产量比较低。

（二）性质

PVP K30 为白色至乳白色粉末，无臭或稍有特臭，无味，有吸湿性，平均分子量为 3.8×10^4。PVP 可压性良好，流动性一般。

1. 溶解性及吸湿性　PVP 的结构中，其亚甲基是非极性基团，具有亲油性；分子中的内酰胺是强极性基团，具有亲水性。这种结构特征使 PVP 易溶于水及极性较强的有机溶剂，在丙酮中极微溶解，不溶于乙醚。

PVP 极易引湿，在 RH 为 30%、50% 和 70% 时，吸湿量分别为 10%、20% 和 40%，因此其原料及其制品均应遮光、密封保存。

2. 溶液黏性　$\overline{M}_r$ 的大小是影响 PVA 水溶液黏度的主要因素。K 值是与 PVA 水溶液的相对黏度有关的特征值，$\overline{M}_r$ 越大，黏度越大，K 值也越大，反之亦然。PVP 不同规格产品的分级，就是通过在一定条件下测定其水溶液的 K 值来确定的。不同规格的 PVP K 值与对应的 $\overline{M}_r$ 如表 4-6 所示。

表 4-6　PVP 不同规格的 K 值与对应的相对分子质量（$\overline{M}_r$）

规格	相对分子质量（$\overline{M}_r$）
PVP K15	8×10^3
PVP K25	3×10^4
PVP K30	5×10^4

续表

规格	相对分子质量（$\overline{M_r}$）
PVP K60	4×10^5
PVP K90	1×10^6
PVP K120	3×10^6

　　10%以下浓度的 PVP 水溶液的黏度很小，略高于水的黏度。当溶液浓度超过 10% 时，K 值增加，溶液的黏度增加，但溶解速率下降。

　　PVP 溶液的黏度在 pH 值 4～10 范围内几乎不发生变化，温度对黏度影响较小。浓盐酸会增加 PVP 溶液的黏度，浓碱液则使 PVP 产生沉淀。

　　3. 化学反应性　PVP 化学性质稳定，基本上呈惰性，可与大多数无机盐及天然或合成聚合物、化合物在溶液中混溶。亦可与多种物质形成不溶性复合物或分子加成物。如与水杨酸、单宁酸、聚丙烯酸以及甲基乙烯基醚-马来酸酐共聚物等形成在多种溶剂中均不溶解的复合物，用碱中和这些多元酸可使复合物重新溶解。

　　PVP 也可与碘、普鲁卡因、丁卡因、氯霉素等药物形成可溶性复合物，延长药物作用时间，效果取决于二者复合的比例。PVP 用量越大，复合物在水中的溶解度也随之增加。如 PVP 与碘结合为聚维酮碘，可逐渐分解出游离碘而起消毒防腐作用，延长药效，克服碘溶解性差、刺激性大等缺点，而且稳定性好。

　　在水溶液和固态条件下，PVP 均较稳定，水溶液可耐 110～130℃ 蒸汽热压灭菌，但在 150℃ 以上，PVP 固体可因失水而颜色变深，同时软化，水溶性降低。

　　4. 安全性　PVP 安全、无毒、无刺激性，不被肠胃吸收，可在腹膜、肌肉、静脉内注射等非肠道方面应用。$\overline{M_r}$ 超过 6×10^4 的 PVP 不能通过肾脏排泄，而被贮积。PVP 大鼠口服 $LD_{50} > 8.25g/kg$，长期口服 2 年亦未见毒副作用。小鼠静脉注射 $LD_{50} > 11g/kg$。

（三）应用

　　1. 黏合剂　由于 PVP 有很好的溶解性，既可以溶于水，又可以溶于一些常用的有机溶剂，常被作为片剂、颗粒剂、胶囊剂等剂型制粒过程中的黏合剂使用。通常作为黏合剂使用的 PVP 型号有 K25 和 K30 两种，用量为 3%～5%（W/W），黏合剂溶液浓度为 0.5%～5%（W/W）。

　　对于湿热敏感的药物用 PVP 的乙醇溶液制粒，既可避免水分、高热对药物的影响，又可加快干燥速度；对于疏水性药物，用 PVP 的水溶液作黏合剂制粒，不但易于湿润药物，而且能使疏水性药物颗粒表面具有较好的亲水性，有利于药物的溶出；泡腾制剂中一般含有碳酸氢钠和枸橼酸的混合物，制备过程中需严格控制水分，用 PVP 的无水乙醇溶液制粒，可避免与水分的接触而发生酸碱反应，保证制剂质量。PVP 也可用作直接压片的干燥黏合剂，还可与淀粉、预胶化淀粉、CMC-Na 等合用，如作为药用炭片等质地疏松药物的黏合剂，可增加片剂的可压性。

　　以 PVP 为黏合剂的片剂，在贮藏过程中，硬度会有所增加，若 PVP 的规格或用量不当，还有可能延长片剂崩解时间和溶出度，应引起注意。

　　【应用实例】布洛芬缓释片

　　处方组成：布洛芬；葡萄糖水化合物，蔗糖单棕榈酸酯，聚维酮，滑石粉，硬脂酸镁。

　　制备方法：将布洛芬、葡萄糖水化合物和蔗糖单棕榈酸酯混合均匀，加适量 PVP 乙醇溶液，采用湿法制粒压片法制备。

解析：

①布洛芬为芳基丙酸类非甾体抗炎药，具镇痛、抗炎、解热作用。布洛芬缓释片主要用于缓解轻至中度疼痛，如头痛、关节痛、偏头痛、牙痛、肌肉痛、神经痛、痛经。与普通片剂相比，布洛芬缓释片可减少患者服药次数，降低用药总量。

②本制剂为溶蚀型骨架缓释片，主要以固体脂质等疏水辅料为骨架材料，口服给药后，被胃肠液逐渐溶蚀，通过孔道扩散和溶蚀控制药物的释放，该缓释片可以控制药物在 24 小时内缓慢释放。

③本处方中 PVP 是黏合剂，采用 PVP 的乙醇溶液作黏合剂，可缩短湿法制粒的干燥时间，降低干燥温度，避免水分和高温对药物稳定性的影响；但应注意 PVP 对片剂硬度的影响，如果用量过大，随着贮存时间的延长，可能导致片剂溶出超限等问题。蔗糖单棕榈酸酯是缓释骨架材料，葡萄糖水化合物是填充剂，滑石粉和硬脂酸镁是润滑剂。

2. 包衣材料　PVP 具有较好的成膜性、黏性、分散性，在片剂的糖衣胶浆或薄膜包衣液中添加 PVP，可增加包衣材料对片芯的黏着力，使包衣液中的色素分布均匀。但是由于 PVP 具有吸湿性，包衣操作过程中易产生黏结现象，包衣后在潮湿空气中易吸潮软化，一般情况下 PVP 不单独作包衣材料，常与聚丙烯酸树脂、EC、CA 合用。采用 PVP 包衣的主要优点有：①能改善衣膜对片剂表面的黏附能力，减少碎裂现象；②可作薄膜增塑剂；③能缩短疏水性材料薄膜的崩解时间；④可改善着色剂、遮光剂的分散性，减少可溶性着色剂在片剂表面的颜色迁移，避免包衣液中着色剂与遮光剂的凝结。

3. 固体分散体载体　由于 PVP 具有极强的亲水性，适于作为速释型固体分散体载体，提高难溶性药物的溶出度和生物利用度。固体分散体制备过程中分别将药物和 PVP 溶于相同溶剂后混合，蒸去溶剂，药物与 PVP 可形成氢键发生复合作用，使药物以分子状态或无定形态分散于载体中，可抑制许多药物晶型的转变，PVP 易吸湿，制成的分散体对湿的稳定性差。

4. 缓控释制剂材料　在制备不溶性骨架片或溶蚀性骨架片时，PVP 常用作骨架的黏合材料，调节药物释放速率。$\overline{M_r}$ 较高的 PVP K90 可用作制备亲水凝胶型缓释片，改变骨架材料与药物用量的比例可调节释药速率。

PVP 可以作为膜控型缓释包衣制剂的致孔剂。膜控型缓释包衣膜材料多为水不溶性高分子材料，单独使用这些材料对片芯进行包衣，水分无法由外向内渗入，药物也无法从衣膜内向外释放，因此常在这些水不溶性的包衣材料中加入适量水溶性的致孔剂，以改善包衣膜的通透性，满足释药速率的需要。

5. 助溶剂或稳定剂　$\overline{M_r}$ 低的 PVP 在注射剂中可以作为助溶剂或阻碍晶体生长；在口服液体制剂中，加入 $\overline{M_r}$ 高的 PVP K90，可增加分散介质的黏度，从而降低微粒的沉降速度，同时能被药物微粒表面吸附形成机械性或电性保护膜，防止微粒间互相聚集或产生晶型转变；在液体制剂中，10% 以上的 PVP 具有助悬、增稠和胶体保护作用，少量的 PVP K90 能增加乳剂或混悬剂的稳定性；PVP 是一种对 pH 变化和添加电解质不敏感的黏度改善剂。

6. 其他应用　聚维酮碘是一种常用的消毒防腐药，《中国药典》（2020 年版）二部收载了聚维酮碘乳膏、聚维酮碘栓、聚维酮碘溶液及聚维酮碘凝胶四种制剂应用于临床。

PVP 用于眼用制剂，可减少药物对眼的刺激性，增加溶液黏度，延长药物在眼部的滞留时间。由于 PVP 具有亲水性和润滑作用，含有 2%～5%PVP 的滴眼液可兼作人工泪液，尤其适用于隐形眼镜佩戴者。

PVP 是涂膜剂的主要材料，对皮肤有较强黏着力、无刺激性，常用量为 4%～6%，一般与聚乙烯醇合用。

三、交联聚维酮

（一）概述

交联聚维酮（crospovidone，PVPP）又称交联聚乙烯吡咯烷酮、不溶聚维酮、交联 PVP。其化学结构式如下：

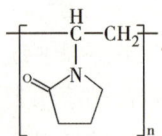

$$\left[\begin{array}{c} \overset{H}{\underset{|}{C}} - CH_2 \\ \\ O = \\ \\ N \end{array} \right]_n$$

PVPP 由 1-乙烯基-2-吡咯烷酮在碱性催化剂或 N,N'-二乙烯咪唑存在下，加入少量多官能度单体作交联剂进行聚合，得到交联均聚物粗品，再用水、5％醋酸和 5％乙醇回流至萃取物≤ 50g/g 为止，即得 N-乙烯-2-吡咯烷酮合成交联的不溶于水的均聚物。经 X-射线、差热分析等物理方法检测结果显示，交联聚维酮实际属于高度物理交联的网状体。PVPP 的 $\overline{M_r}$ 在 1×10^6 以上。

《中国药典》（2020 年版）四部将 PVPP 作为药用辅料列入正文。按药典方法检查，PVPP 的 1％（W/V）水溶液 pH 值应为 5.0～8.0；水中可溶物的遗留残渣不得过 1.0％；N-乙烯基-2-吡咯烷酮不得过 0.001％；过氧化物不得过 0.04％；水分不得过 5.0％；炽灼残渣不得过 0.1％；重金属不得过百万分之十；砷盐不得过 0.0002％。PVPP 需遮光，密封保存。

（二）性质

PVPP 为白色或类白色粉末。

1. 溶解性 PVPP 具有高度的交联网状结构，其 $\overline{M_r}$ 较高，不溶于水、乙醇或三氯甲烷。

2. 吸湿性和溶胀性 PVPP 有极强的吸水性，能在短时间内迅速吸水溶胀，体积可增加 150％～200％。PVPP 的最大吸水量与其他吸水溶胀的高分子材料如 CMC-Na、CMS-Na、L-HPC 相比较少，但其吸水溶胀的速度远远大于这几种物质，在 1 分钟内 PVPP 吸水量可达到其最大吸水量的 98.5％，而 CMS-Na 仅为 21％，CMC-Na 为 28％，故 PVPP 作崩解剂，其崩解性能好。

PVPP 的吸水性，在相同温度下，随 RH 的增大而增大；在相同 RH 下，随温度的升高而减小；PVPP 的溶胀性受温度和 pH 变化影响很小。

3. 安全性 PVPP 大鼠口服 $LD_{50} > 6.8g/kg$，小鼠腹腔注射 LD_{50} 为 12g/kg，长期口服无毒、无刺激性、不被胃肠道吸收。FDA 已批准用于口服、外用、黏膜给药。

4. 其他性质 PVPP 外观为较大的多孔性颗粒，但显微镜观察发现这些颗粒系由 5～10μm 的球形微粒熔合而成。这就是 PVPP 具有高吸水性、高溶胀性的原因，亦是 PVPP 具有良好的可压性及流动性的原因。

（三）应用

1. 崩解剂 由于 PVPP 具有较强的吸水膨胀能力，用量很大时也不会产生凝胶，在普通片剂、口腔速崩片、分散片和胶囊剂中常用作崩解剂。PVPP 崩解作用机制还兼有毛细管作用，扫描电镜照片显示，PVPP 粉末粒子外表呈现海绵样的多孔状结构；松密度较小，在片剂制备过程中，不论采用内加法还是外加法加入都能很好地分散，遇水后能使水迅速进入到片剂中，促其崩解。

PVPP 作为崩解剂的用法和用量需要按主药和辅料的具体性质进行选择，无固定统一的模式。一般情况下，当用量为片重的 2%～5%时，就可以达到最佳崩解效果，超过 5%则崩解时间无明显的改变。

PVPP 与 CMS-Na、CC-Na、L-HPC 等共同享有"超级崩解剂"之称。用 PVPP 制备的片剂，其崩解时间不会随放置时间的延长而延长。

【应用实例】盐酸心得安片

处方组成：盐酸心得安；糊精，交联聚维酮，微粉硅胶，硬脂酸镁。

制备方法：将处方中物料混合均匀，采用粉末直接压片法制备。

解析：

①盐酸心得安适用于各种原因所引起的心律失常，对室上性心动过速效果最好，也用于窦性心动过速、房性或室性早搏、心房颤动等，但室性心动过速宜慎用。

②交联聚维酮为崩解剂和干燥黏合剂。其在水中不溶，但具有较高的毛细管/水含容量，比表面积大，水合能力强，吸水作用迅速，吸水膨胀能力强，几乎无凝胶倾向，一般以片重的 2%～5%用量时，即可获得优于普通崩解剂的崩解效果，故有"超级崩解剂"之称，其崩解机理在于吸水膨胀和毛细管作用。此外，交联聚维酮粉末在干燥状态下即可增加物料黏结性，是粉末直接压片黏合剂的常用品种。

③糊精为稀释剂，为了使其流动性和可压性满足粉末直接压片的要求，选用微粉硅胶和硬脂酸镁一起作润滑剂。

2. 黏合剂和填充剂 PVPP 作为片剂的干燥黏合剂和填充剂，其粒度较小者可以减少片剂表面的斑纹，改善其均匀性，用量视主药的具体情况而定。还可以利用其立体网状结构和对液体高吸附能力，作中药挥发油的固化载体。

3. 其他应用 采用共蒸发法，用适当的溶剂将药物吸附于 PVPP，然后将溶剂蒸发制备为固体分散体，可增加难溶性药物的溶解度。此外，PVPP 还可用作澄清剂、吸附剂、着色稳定剂和胶体稳定剂。

四、聚异丁烯

（一）概述

聚异丁烯（polyisobutylene，PIB）系由异丁烯在氯化铝等路易斯（Lewis）酸类催化下经阳离子聚合而成，其化学结构式如下：

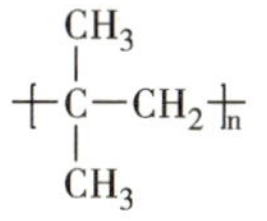

$$\left[\begin{array}{c} CH_3 \\ | \\ C-CH_2 \\ | \\ CH_3 \end{array}\right]_n$$

聚异丁烯化学结构式

聚异丁烯属于工业化最早的聚烯烃，是用途较广、用量较大的一类化工产品。国外聚异丁烯的工业化发展始于 1940 年，我国的聚异丁烯开发较晚。

（二）性质

$\overline{M}_r$ 低的聚异丁烯（$\overline{M}_r$ 为 $1\times10^3\sim2.5\times10^4$）是一种无色透明黏稠液体或膏状物，其密度为 $880\sim910kg/m^3$，动力黏度取决于 $\overline{M}_r$，在 50℃时为 $20\sim2500Pa\cdot s$。$\overline{M}_r$ 高的聚异丁烯（$\overline{M}_r$ 为 $7\times10^4\sim2.25\times10^5$）则是一种白色或淡黄色有弹性的橡胶半固体或固体，其密度为 $913\sim920kg/m^3$，二者均无臭、无味、或稍有特异的气味，无毒。

1. 溶解性　$\overline{M}_r$ 低的聚异丁烯在脂肪烃、芳香烃、汽油、矿物油和氯代烃中极易溶解，但不溶于低级醇类和酮类溶剂中。$\overline{M}_r$ 高的聚异丁烯可溶于芳香烃类、氯代烷烃、汽油、二硫化碳和矿物油类中，但在低级醇类、酮类化合物、乙二醇中不溶解。

2. 黏性和柔性　$\overline{M}_r$ 低的聚异丁烯，具有触黏性、柔软性，能够润湿各类难黏基材的表面，并改善其黏附性能。

3. 稳定性　聚异丁烯是饱和型的碳氢长链聚合物，呈现良好的热稳定性和耐寒性。聚异丁烯耐高温，在 $140\sim200℃$ 下进行加工，其 $\overline{M}_r$ 和基本性能不发生变化，在 300℃ 或在更高的温度下受热时才发生热分解。聚异丁烯具有优良的耐寒性能，在 -50℃ 下仍保持良好的弹性，$\overline{M}_r$ 高的聚异丁烯 T_g 在 $-65\sim77℃$ 之间。

聚异丁烯耐酸、耐碱、耐盐、耐水、耐臭氧和耐老化。室温下对酸、碱和盐类稳定。

（三）应用

1. 压敏胶材料　聚异丁烯的 T_g 较低，具有较高的柔性和持久的黏性，是常见的压敏胶基质，多用于透皮吸收制剂（TDDS），对皮肤无过敏性、刺激性。聚异丁烯压敏胶是 $\overline{M}_r$ 高和 $\overline{M}_r$ 低的聚异丁烯混合物，$\overline{M}_r$ 低的聚异丁烯在压敏胶中起增加黏性和改善柔软性的作用，$\overline{M}_r$ 高的聚异丁烯用于增加压敏胶的内聚力和剥离强度。配制压敏胶时，将一定比例的高分子量聚异丁烯和低分子量聚异丁烯混合，获得相应的黏合力与内聚力；然后，再与胶黏剂、增塑剂、填充剂等添加剂混合，以获得所需的黏度。

聚异丁烯化学性质稳定，不会改变药物的性质和疗效，适用于不同性质的药物。由于聚异丁烯耐候性优良，弹性好，拉伸强度大，成型加工能力独特，适合不同尺寸、不同弹性、不同伸缩度、不同柔软度的背衬材料的成型加工，可制成各种透皮给药制剂。

目前，中药贴膏大多以橡胶为基质，因为橡胶使用后容易产生皮肤过敏现象，而聚异丁烯性质稳定，耐寒性、耐热性及抗老化性良好，是安全、无毒的基质，不会对皮肤产生刺激，从根本上克服了基质对皮肤的刺激性、致敏性问题。

【应用实例】聚异丁烯压敏胶

处方组成：聚异丁烯，氧化锌，氢氧化铝，液体石蜡，改性松香树脂，烃类溶剂。

制备方法：将聚异丁烯、改性松香树脂用溶剂完全溶胀，加入液体石蜡混匀后，加入氧化锌和氢氧化铝充分混匀后超声波除去气泡，于涂布机上均匀涂布，烘干，即可。

解析：

①聚异丁烯压敏胶，具有较高的柔性和持久黏性，通常情况下，可不加入增黏剂，但是由于其黏性由相对分子量（低分子量者呈柔软胶状，高分子量者呈韧性和弹性）、卷曲程度和交联度决定，也可根据实际情况适当添加增黏剂。

②改性松香树脂为增黏剂，以松香衍生物作增黏剂，由于其中含松香酸对皮肤有一定刺激性，

可引起皮肤过敏，所以在选用这类物质时，应选择适宜的软化点（70～75℃）和酸值（170～175mgKOH/g）。

③氧化锌和氢氧化铝具有填充剂的作用，同时可以中和改性松香树脂中的松香酸，降低松香酸对皮肤的刺激性；液体石蜡为软化剂。

2. 其他应用　聚异丁烯是缓释片剂、丸剂、颗粒剂的优良黏合剂，也可用作水不溶性骨架缓释片的骨架材料。聚异丁烯在微囊的制备中可作为微囊的囊材和相分离剂。

五、乙烯-醋酸乙烯（酯）共聚物

（一）概述

乙烯-醋酸乙烯共聚物（ethylene-vinyl acetate copolymer，EVA）是由乙烯与醋酸乙烯（VA）经催化聚合而得。聚合的方法有高压本体聚合、溶液聚合及乳液聚合三种。不同聚合方法制得 EVA 的 $\overline{M_r}$ 不同，三种方法生产的 EVA，其 $\overline{M_r}$ 分别为 $2.0\times10^4\sim5.0\times10^4$、$1.0\times10^5\sim2.0\times10^5$ 及 2.0×10^5 以上。EVA 化学结构式如下：

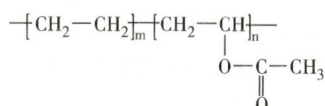

$$\begin{array}{c}+\!\!\!-CH_2-CH_2\!-\!\!\!\!\Big]_m\!\!\Big[CH_2-CH-\!\!\!\!+\\ \qquad\qquad\qquad |\\ \qquad\qquad\qquad O-C-CH_3\\ \qquad\qquad\qquad\quad \|\\ \qquad\qquad\qquad\quad O\end{array}$$

乙烯-醋酸乙烯共聚物化学结构式

EVA 共聚物可视为聚乙烯、聚醋酸乙烯的改进。在 EVA 组成中，醋酸乙烯含量在 7% 以下的称为聚乙烯改性，60% 以上的称为聚醋酸乙烯改性。

（二）性质

EVA 兼具聚乙烯和聚醋酸乙烯两者的性能，其性能与其 $\overline{M_r}$ 及醋酸乙烯含量有很大关系。聚乙烯的 T_g 在 $-68℃$ 左右，是结晶性聚合物，聚醋酸乙烯的 T_g 在 28℃ 左右，结晶性能较差。随着 $\overline{M_r}$ 增加，共聚物的 T_g 和机械强度均升高。当 $\overline{M_r}$ 相同时，则醋酸乙烯比例越大，其性质趋向聚醋酸乙烯性质，溶解性、柔软性、弹性和透明性越大，结晶度越小，改进了聚醋酸乙烯的耐水、耐碱性能；相反，醋酸乙烯比例越小，其性质趋向聚乙烯性质。EVA 通常为透明至半透明、略带弹性的颗粒状物。

1. 溶解性　含醋酸乙烯比例高的 EVA 溶于二氯甲烷、三氯甲烷；含醋酸乙烯比例低的 EVA 则类似于聚乙烯，只有在熔融状态下才能溶于有机溶剂。

2. 通透性　EVA 的结晶度和 T_g 直接影响药物的通透性，含醋酸乙烯比例 40% 以内的 EVA，药物通透性主要受结晶度的影响，醋酸乙烯比例越大，结晶度越低，药物通透性越大，见图 4-8。当含醋酸乙烯比例高于 50% 时，结晶度虽然下降，但 T_g 升高，见图 4-9。此时其药物的通透性取决于结晶度和 T_g 二者的综合作用。

对于同一种共聚物材料在使用不同工艺加工时，可能会影响材料的结晶度和 T_g，从而影响药物的通透性。制备方法不同，其通透性不同。

增塑剂的加入或与其他聚合物（如聚硅氧烷、聚丙烯、聚氯乙烯等）共混，可改变 EVA 的通透性，其原因是增塑剂的加入可改变 EVA 的有序结构，提高链段运动性，使结晶度和 T_g 降低。与其他聚合物共混的结果是聚合物以极小的微粒分散于 EVA 中形成非均相共混体系，通透性改变。

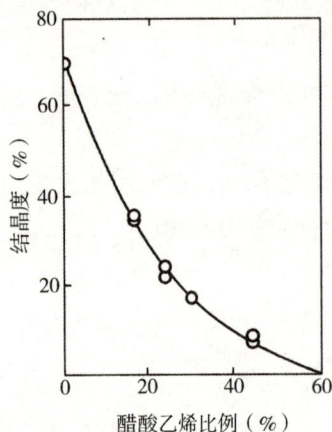

图 4-8 EVA 中 VA 比例与结晶度的关系图

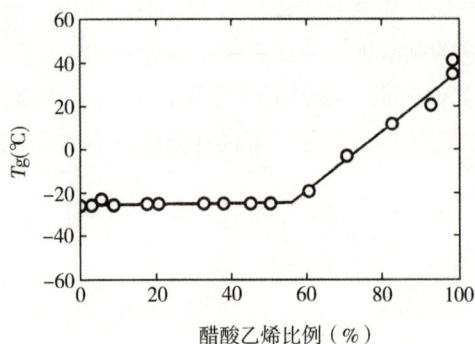

图 4-9 EVA 中 VA 比例与 T_g 的关系

EVA 对药物的通透性还与其结构中所含的乙酰基有关。含有羟基或酮基的药物可与 EVA 结构中的羧基发生氢键缔合而使药物的通透性下降。

3. 稳定性　EVA 的化学性质稳定，耐强酸和强碱，抗老化和耐臭氧强度好，但强氧化剂可使之变性，长期高温受热可使之变色。此外，对油性物质耐受性差，例如，蓖麻油对其有一定的溶蚀作用。

4. 安全性　EVA 无毒，无刺激性。国内外对药用乙烯-醋酸乙烯乳液的毒性研究表明，小鼠 LD_{50} 为 1886mg/kg，小鼠亚急性试验未发现任何异常。在兔眼内试验亦未见刺激性和不良反应。

（三）应用

1. 经皮给药控释膜材料　在经皮给药制剂中，可根据醋酸乙烯含量不同的 EVA 膜调节控释速率。一般而言，随着醋酸乙烯含量的增加，药物的释放速率增加，贮库中的药物以溶解、扩散的方式透过 EVA 膜。如硝酸甘油贴片应用 EVA 膜作为控释膜，药物体外释放呈零级速度模式；东莨菪碱、可乐定、雌二醇的经皮给药制剂也是通过 EVA 膜控制药物的释放，开始时，药物释放较快，之后维持在比较平稳的血药浓度。

【应用实例】睾酮贴剂

处方组成：睾酮；乙醇，卡波姆，二羟基丙基十八烷酸酯，月桂酸甲酯，EVA，丙烯酸酯，铝箔。

制备方法：取处方量睾酮与有关辅料分别制备载药黏胶层与药库层，再按背衬层、药库层、控释膜层、黏胶层和保护层的顺序复合，切割成一定面积，即得。

解析：

①本处方为膜控型经皮贴膏剂，适用于男性性腺机能减退的睾酮替代治疗。其中乙醇、卡波姆、二羟基丙基十八烷酸酯和月桂酸甲酯作为药物贮库材料，EVA 为控释膜材料，丙烯酸酯是黏胶剂，铝箔是背衬层材料。

②本处方药库层和黏胶层中均含药物，黏胶层中药物释放快，而贮库层中药物由 EVA 控制缓慢释放而实现长效作用；EVA 膜的通透性主要取决于其结晶度和 T_g 二者的综合作用。此外，还受药物结构、增塑剂、制备工艺等因素影响。

2. 宫内避孕器　在 EVA 制成的管内放入黄体酮的混悬液封于聚乙烯棒中可制成宫内避孕

器，该宫内避孕器在体内可以每天 65μg 的速率释放药物，维持释药时间长达 400 天，每年只要放置 1 次。EVA 宫内避孕器的释药速率与避孕器中 EVA 药管的厚度及管的醋酸乙烯含量有关，EVA 药管厚度越厚、醋酸乙烯含量越低，药物释放越慢。

3. 眼用膜材料 周效眼用膜是美国 ALZA 公司最先开发的产品，内含毛果芸香碱，可降眼压，该眼用膜系由三氯甲烷溶解 EVA 后干燥而得，呈椭圆形，厚度在 0.5mm 以下，毛果芸香碱经过 EVA 控释膜向外恒速释放。根据 EVA 膜的厚度、醋酸乙烯的含量不同，具有不同的释药速率。目前国外有二种规格的商品：Pilo-40 及 Pilo-20，分别可以每小时 40μg、20μg 的速率释放毛果芸香碱，药效能维持 1 周，故称周效眼用膜。国内已有上市产品，周效眼用膜副作用小，释药恒定，降眼内压效果确切。

4. 药液的软包装材料 EVA 不仅无毒性，而且安全可靠，在加工过程中不需要加入任何增塑剂和稳定剂，透明度高，光泽性好，透气性低，尤其对氧气、二氧化碳的透过性低，同时在柔韧性、耐低温、耐老化性、热封性等方面皆优于聚氯乙烯（PVC），能满足液体制剂对包装材料的要求，即除了安全无毒和对药液稳定外，还具有柔软、透明、物理机械强度高、耐低温、耐高温消毒、阻隔性好等多种功能。目前在日本、美国和德国的一些大制药厂已开始使用 EVA 复合膜软包装材料。

此外，EVA 可以用作骨架型缓释片、植入剂材料。

第三节 环氧乙烷类均聚物和共聚物

一、聚乙二醇

（一）概述

聚乙二醇（polyethylene glycol，PEG）为环氧乙烷与水缩聚而成的混合物，属于 $\overline{M}_r$ 较低的聚醚，化学结构式如下，其中 n 代表氧乙烯基的平均数，n≥4。

$$HO\text{---}(CH_2\text{---}CH_2\text{---}O)_n\text{---}H$$

聚乙二醇化学结构式

《中国药典》（2020 年版）四部将 PEG300（供注射用）、PEG400、PEG400（供注射用）、PEG600、PEG1000、PEG1500、PEG4000、PEG6000 作为药用辅料列入正文。按药典方法检查，PEG300（供注射用）5% 水溶液的 pH 值应为 4.5～7.5，其他 pH 值应为 4.0～7.0；炽灼残渣不得过 0.1%；水分不得过 1.0%；乙二醇、二甘醇、三甘醇均不得过 0.1%；环氧乙烷不得过 0.0001%，二氧六环不得过 0.001%；含重金属不得过百万分之五；砷盐含量不得过 0.0003%；PEG1000、PEG1500、PEG4000 需密闭保存，PEG300（供注射用）、PEG400、PEG400（供注射用）、PEG600 需密封保存，PEG6000 需密闭，在干燥处保存。

PEG3350 和 PEG4000 在美国、法国、意大利等国作为渗透性缓泻剂使用，有上市品种销售。

（二）性质

PEG 有多种规格。室温下，$\overline{M}_r$ 为 200～600 的 PEG 是无色或几乎无色的黏性液体，$\overline{M}_r$ 为 1000 以上者为白色蜡状固体薄片或颗粒状粉末；PEG 略有特臭。

1. 溶解性与吸湿性 PEG 易溶于水和乙醇，在乙醚中不溶。液态 PEG 能溶于丙酮、甘油和二醇类化合物；固态 PEG 能溶于丙酮、二氯甲烷和甲醇，在脂肪烃、苯及矿物油等非极性溶剂中不溶。随着 $\overline{M_r}$ 的升高，PEG 在极性溶剂中的溶解度逐渐下降。PEG 相互间可以任意比例混合（必要时熔化后混合）。

液态 PEG 具有较强的吸湿性，随着 $\overline{M_r}$ 增大，末端羟基对整个分子极性的影响减小，吸湿性迅速下降，如 PEG4000 无吸湿性。但在高温条件下长期放置，$\overline{M_r}$ 较高的 PEG 也会吸收一定量的水分。PEG 的部分物理性质见表 4-7。

表 4-7　PEG 部分物理性质

主要性质	PEG 400	PEG600	PEG 1000	PEG 1500	PEG 4000	PEG 6000
相对分子质量	380~420	570~630	900~1100	1350~1650	3400~4200	5400~7800
密度（g/cm³）	1.110~1.140	1.115~1.145	1.170	1.15~1.21	1.212	1.212
固化点或凝点（℃）	4~8	15~25	33~38	41~46	50~54	53~58
运动黏度（40℃，mm²/s）	37~45	56~62	8.5~11.0	3.0~4.0	5.5~9.0	10.5~16.5
吸湿性（甘油为100）	~55%	~40%	~35%	低	低	很低

注：PEG400、PEG600 黏度测定毛细管内径分别为 0.8mm 和 1.5mm，PEG1000、PEG1500、PEG4000 采用毛细管内径为 0.8mm 的平氏黏度计，PEG6000 采用毛细管内径为 1.0mm 的平氏黏度计。

2. 黏性 $\overline{M_r}$ 低的 PEG 水溶液的黏度不高，随着 $\overline{M_r}$ 增高，PEG 的黏度呈上升趋势；低浓度 PEG 溶液的黏度几乎与水相似；盐、电解质及温度对 PEG 溶液的黏度影响不大，但在高温和大量盐存在时，黏度会明显下降。PEG 只有在很高浓度或在某些极性溶剂中才会形成凝胶。

3. 化学反应性 PEG 分子链上两端的羟基具有反应活性，易发生酯化反应、氰乙基化反应以及被多官能团化合物交联等，因此常被用作蛋白类药物的载体及脂质体等载体的修饰材料。

4. 表面活性与昙点 10%液态 PEG 及 10%固态 PEG 的水溶液表面张力分别为 44mN/m 和 55mN/m，仅具有微弱的表面活性。随着 PEG 水溶液浓度增加，其表面张力逐渐减小。当 PEG 分子端羟基被酯基等疏水性基团取代后，表面活性有很大提高。

在常温常压下，$\overline{M_r}$ 低于 2×10^4 的 PEG 观察不到起昙现象，但当水溶液中含有大量电解质时，由于其与 PEG 同时竞争水分子，昙点会降低，如 0.5% PEG6000 水溶液，含有 5%氯化钠时即使加热到 100℃也不会发生起昙现象，但当氯化钠含量达到 10%时，昙点会下降至 86℃，含量达 20%时昙点下降到 60℃。

5. 稳定性 通常情况下 PEG 性质稳定，但在 120℃以上时可与空气中的氧发生氧化反应，尤其是当产品中残留过氧化物时，氧化降解更易发生。聚乙烯、聚氯乙烯等塑料及滤器中的纤维素酯膜可被 PEG 软化或被溶解，因此，液态 PEG 一般用不锈钢、铝、玻璃或搪瓷容器保存。

PEG 与山梨醇配伍可产生沉淀，与羟苯酯类配伍可因 PEG 的螯合使防腐效果减弱；PEG 还可使一些抗生素的抗菌活性降低，特别是青霉素和杆菌肽。酚、鞣酸、水杨酸可使 PEG 软化和液化，磺胺类与 PEG 反应而变色。

PEG 及其水溶液可经受热压灭菌、滤过除菌或 γ-射线灭菌；固态 PEG 150℃干热灭菌 1 小时，会诱导氧化，颜色变暗，有酸性降解产物生成，加入适宜的抗氧剂可防止氧化。

6. 安全性 PEG400、PEG600 大鼠口服 LD_{50} 分别为 28.9g/kg 和 47g/kg，PEG1000、PEG1500、PEG4000 和 PEG6000 大鼠腹腔注射 LD_{50} 分别为 15.6g/kg、17.7g/kg、11.6g/kg 和 6.8g/kg。口服液态 PEG 可被吸收。通常情况下，PEG 对皮肤的刺激性很低，但在高浓度时对局部黏膜组织（如直肠）可因其高吸水性而产生轻度刺激。PEG 偶有致敏性。有报道烧伤病人局部应用 PEG 会产生高渗性、代谢物酸中毒和肾功能衰退，需慎用。

（三）应用

1. 软膏、栓剂基质　PEG 外观与油类相似，不易穿透皮肤，可直接选用半固体状 PEG 或将不同比例固体与液体 PEG 熔融混合，获得适宜的黏稠度，用作软膏基质。PEG 基质软膏对皮肤无刺激性，但其吸湿性强，温度较高时容易液化，长期使用可引起皮肤干燥。

PEG 固态及液态混合物亦可用作栓剂基质。与脂肪性基质比较，PEG 栓剂易与直肠液混合；熔点高，耐受高温天气，在贮存期内栓剂物理性质稳定；但其对黏膜的刺激性比脂肪性基质大。

【应用实例】保妇康栓

处方组成：莪术油，冰片；PEG4000，硬脂酸聚烃氧（40）酯，PEG400，月桂氮酮。

制备方法：取处方量莪术油、冰片，以适量乙醇溶解，再加入熔融的基质中，采用热熔法制备。

解析：

①保妇康栓为阴道栓，具有行气破瘀，生肌止痛之功效，主要用于治疗湿热瘀滞所致的霉菌性阴道炎、老年性阴道炎、宫颈糜烂等。处方中莪术油和冰片均为脂溶性成分，为使药物在局部发挥持久作用，本处方选择亲水性基质 PEG 制成栓剂。

②PEG 亲水性强，与脂肪性基质比较，易与体液混合，容易被清洗，具有良好的药物相容性。以一定比例的 PEG4000 与 PEG400 合用，可得理想稠度及特性的栓剂基质，在室温时具有适宜的硬度，当塞入腔道时不变形、不碎裂；给药后能缓缓溶于体液中，从而缓慢释放药物。

③PEG4000 固化点高，耐受高温天气，在贮存期内栓剂物理性质稳定，贮存方便；PEG400 吸湿性强，在高浓度时对黏膜有一定刺激性，与 PEG4000 合用，并加入硬脂酸聚烃氧（40）酯，可以减轻 PEG 的刺激性。月桂氮酮为促渗剂。

2. 固体分散体载体材料　PEG4000、PEG6000 为亲水性高聚物，熔点较低（55～65℃），常单独或以一定比例混合作为难溶性药物的载体，制成速释型固体分散体或滴丸，熔融状态下的 PEG 分子呈螺旋状链展开，使药物呈分子、无定型或微晶形式高度分散，能显著增加难溶性药物在水中的溶解度和溶出速率，提高药物的生物利用度，如羟基喜树碱与 PEG6000 采用熔融法制备的固体分散体，与原料药极细粉相比，45 分钟的累积溶出量提高 10 倍。

【应用实例】羟基喜树碱固体分散体

处方组成：羟基喜树碱（HCPT）；PEG6000。

制备方法：取处方量 HCPT 加入到熔融的 PEG6000 中，以熔融法制备。

解析：

①羟基喜树碱是从喜树中提取的生物碱，为抗肿瘤药。HCPT 难溶于水，临床应用的注射剂是其内酯环打开后形成的羧酸钠盐，不稳定，见光易分解，既破坏作为活性基团的内酯结构、疗效降低，又增加不良反应。因此，增加内酯型羟基喜树碱在水中的溶解性对提高其疗效，降低毒性具有重要意义。

②HCPT-PEG6000 固体分散体，与原料药极细粉相比，能显著提高 HCPT 的溶出速率，在较短时间内即达峰值，如图 4-10 所示。其增溶的机制是抑制结晶形成，使其成为无定形、高能态、高分散的状态。固体分散体具有较大的表面积，随着可溶性载体的快速溶解，药物也迅速释放。

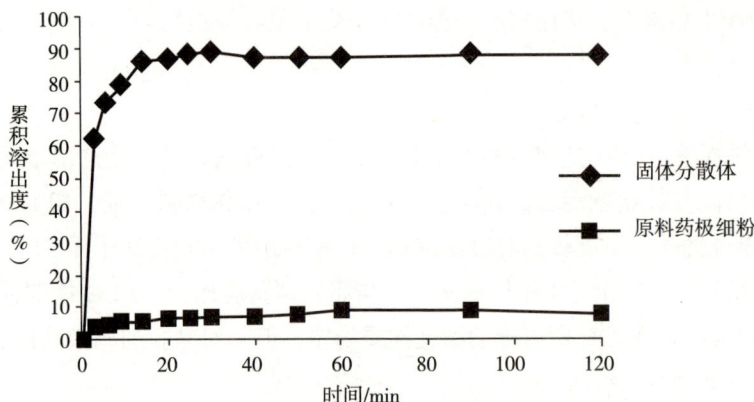

图 4-10　羟基喜树碱固体分散体和原料药的累积溶出曲线

③常用的固体分散体水溶性载体，除了 PEG6000，还有 PEG4000，聚维酮类、泊洛沙姆 188 等，其中泊洛沙姆 188 对黏膜的刺激性极小，安全性好，可用于静脉注射。

3. 药物及脂质体、亚微球、纳米乳修饰材料　PEG 修饰是将 PEG 通过化学方法偶联到小分子有机药物、蛋白质、多肽类药物及脂质体等载体上的技术。

药物经 PEG 修饰后，分子结构发生改变，使药物稳定性增强，$t_{1/2}$ 延长，作用部位的血药浓度提高，药物的免疫原性和抗原性降低，从而比未修饰药物表现出更好的耐受性。如水蛭素与 PEG 偶联后因其血清 $t_{1/2}$ 延长，使抗血栓效果明显提高。

普通脂质体易被人体巨噬细胞作为异物吞噬，分布在肝、脾等网状内皮系统丰富的组织和器官，因而具有被动靶向性。在脂质体磷酸分子上连接含多羟基的 PEG 后，脂质体亲水性增强，降低被网状内皮系统识别和摄取的可能性，从而延长其在血液中的循环时间，增加药物到达肝、脾以外组织和器官的靶向作用；同时，PEG 较大的空间位阻有利于提高脂质体的体内稳定性，降低药物的渗漏率。如与普通脂质体相比，经 PEG 修饰的紫杉醇长循环脂质体静脉注射后在血液中滞留明显延长，在肝脾组织中摄取显著减少。

亚微球粒径在 0.1~1μm 范围，经 PEG 修饰后制成长循环或隐形亚微球，可明显延长其在血液循环系统中的滞留时间。

【应用实例】紫杉醇隐形脂质体

处方组成：紫杉醇；PEG2000，氢化大豆磷脂（HSPC），胆固醇，α-生育酚，二硬脂酰磷脂酰乙醇胺（DSPE）。

制备方法：先合成聚乙二醇-二硬脂酰磷脂酰乙醇胺（PEG-DSPE），再将 PEG-DSPE 与处方量氢化大豆磷脂、胆固醇、α-生育酚和紫杉醇溶于三氯甲烷，采用共沉淀和微流态化两步法制备载药脂质体。

解析：

①紫杉醇具有良好的抗癌活性，不溶于水。目前临床应用的紫杉醇注射剂主要以聚氧乙烯蓖麻油和无水乙醇为助溶剂，前者有促进组胺释放的作用，常引起严重的过敏反应。本处方选择脂质体载药技术以提高紫杉醇的药效作用，降低副作用。

②普通脂质体在体内易被网状内皮系统吞噬，减少血液循环中的驻留时间，而影响药效。本处方采用 PEG 化的 DSPE 为主要材料制备的脂质体，由于 PEG 长链交错重叠覆盖于脂质体表面，能够阻止网状内皮系统对脂质体的识别和摄取，使脂质体的清除速率减慢，延长在血液中的循环时间，被称为"隐形脂质体"，或"长循环脂质体"。

③隐形脂质体有利于药物在肿瘤组织等病变部位的有效分布，提高药物的治疗作用，减轻不良反应。

纳米乳由水相、油相、乳化剂和助乳化剂组成，粒径在 10～100nm，经 PEG 修饰的纳米乳血中清除率明显下降，稳定性亦有所提高。

4. 注射用复合溶剂、软胶囊的分散介质　PEG300 和 PEG400 为无色液体，室温下能与水、乙醇、甘油、丙二醇混合，化学性质稳定，不易水解破坏，可用作注射剂的复合溶剂，一般最大用量不超过 30%（超过 40% 时会产生溶血作用）。

亲水性药物制备软胶囊，一般选用对明胶无溶解作用且能与水混合的 PEG400 作分散介质。

5. 增塑剂　PEG 带有羟基可作为水溶性增塑剂，与水溶性聚合物（如 HPMC）以及醇溶性聚合物（如 EC）混合，PEG 通过插入包衣聚合物分子链间，削弱相互作用从而增加链的柔性、改善衣膜的柔韧性和牢固性，是片剂、丸剂等薄膜包衣材料重要的组成部分。

6. 润滑剂　PEG4000、PEG6000 配制成 5% 的水溶液，作为片剂的润滑剂使用，增加颗粒的流动性，可减少颗粒或片剂与冲模之间的摩擦，防止黏冲，使压出的片子光洁美观，剂量准确，同时不影响片剂的崩解和溶出。

7. 致孔剂　用 EC、CA 制成的渗透性缓释或控释包衣膜，通常需加入亲水性的 PEG 作为致孔剂。当含有致孔剂的包衣膜与水或消化液接触时，包衣膜上的致孔剂部分溶解或脱落，使膜形成微孔或海绵状结构，增加药物和介质的通透性，从而获得所需的释药速率。

此外，PEG 还可用作液体药剂的助悬剂及增稠剂；软膏剂及凝胶贴膏的保湿剂；PEG 溶于水或乙醇可用作片剂的黏合剂，制得的颗粒压缩成型性好，片剂不变硬；PEG 还可用作包衣片剂的打光剂。

聚乙二醇凭借其优良的稳定性、润滑性、水溶性、黏结性和热稳定性，在片剂和薄膜衣片的生产中得到了广泛的应用。随着新药开发力度的加大，聚乙二醇在新型片剂领域的应用会更加广泛。

二、聚氧乙烯类

（一）聚氧乙烯

1. 概述　聚氧乙烯（polyethylene oxide，PEO）习惯上是指 $\overline{M}_r$ 高于 2.5×10^4 的环氧乙烷均聚物，系环氧乙烷在金属催化剂的催化作用下开环聚合而成。PEO 化学结构与 PEG 无区别，但由于 $\overline{M}_r$ 较大，在物理性质方面两者有明显的差异。分子式以 HO（CH$_2$CH$_2$O）$_n$H 表示，其中 n 为氧乙烯基的平均数，n＝2000～200000。

《中国药典》（2020 年版）四部将聚氧乙烯作为药用辅料列入正文。按药典方法检查，聚氧乙烯 pH 值应为 8.0～10.0；干燥失重不得过 1.0%；二氧化硅不得过 3.0%；炽灼残渣不得过 2.0%；含环氧乙烷不得过 0.0001%；含二氧六环不得过 0.001%；含二丁基羟基甲苯、乙二醇、二甘醇均不得过 0.1%；含重金属不得过百万分之十；含碱土金属（以 CaO 计）不得过 1.0%。聚氧乙烯需密闭保存。

PEO 商品名有：Polyox、Polyoxirane、Polyoxyethylene 等，美国 NF 有品种收载。PEO 应在阴凉、干燥处密封保存。

2. 性质 PEO 为白色至类白色易流动的粉末，有轻微的氨臭。PEO 密度为 $1.3g/cm^3$，熔点为 $65\sim70℃$。PEO 应避免与强氧化剂配伍。

（1）溶解性及黏性 PEO 能溶于水及乙腈、三氯甲烷、二氯甲烷，不溶于乙醇、乙二醇和脂肪族碳氢化合物。PEO 水溶液具有一定的黏性，据此可将其分为不同的产品。PEO 在高温下黏度会降低。

$\overline{M_r}$ 大于 1.0×10^5 的 PEO，表现出很高的黏性，容易形成凝胶。美国 DOV 公司 PEO 产品数据见表 4-8。

表 4-8 PEO 重复单元、相对分子质量（$\overline{M_r}$）及 25℃ 时的黏度

PEO 级别	重复单元	平均相对分子质量（$\overline{M_r}$）	黏度（mPa·s）		
			1%溶液	2%溶液	5%溶液
WSR N-10	2.275×10^3	1.0×10^5			$30\sim50$
WSR N-80	4.5×10^3	2.0×10^5			$55\sim90$
WSR N-750	6.8×10^3	3.0×10^5			$6.0\times10^2\sim1.2\times10^3$
WSR N-205	1.4×10^4	6.0×10^5			$4.5\times10^3\sim8.8\times10^3$
WSR N-1105	2.0×10^4	9.0×10^5			$8.8\times10^3\sim1.76\times10^4$
WSR N-12K	2.3×10^4	1.0×10^6		$4.0\times10^2\sim8.0\times10^2$	
WSR N-60K	4.5×10^4	2.0×10^6		$2.0\times10^3\sim4.0\times10^3$	
WSR-301	9.0×10^4	4.0×10^6	$1.65\times10^3\sim5.5\times10^3$		
WSR Coagulant	1.14×10^5	5.0×10^6	$5.5\times10^3\sim7.5\times10^3$		
WSR-301	1.59×10^4	7.0×10^6	$7.5\times10^3\sim1.0\times10^4$		

（2）安全性 PEO 在胃肠道吸收较少，能快速且安全消除；无皮肤刺激性及致敏性，对眼睛也无刺激性。

3. 应用

（1）促渗透剂 $\overline{M_r}$ 大于 1.0×10^5 的 PEO，在双层渗透泵片远离释药小孔的下层作为双层渗透泵片的促渗透剂，吸水膨胀产生推动力，将上层药物推出释药小孔。也可在渗透泵片的片芯含药层以及助推层同时使用 PEO 作为促渗透剂。

（2）黏膜黏附剂 $\overline{M_r}$ 在 $1.0\times10^5\sim6.0\times10^6$ 的 PEO，因其分子链较长，可与黏蛋白紧密结合，是优质的黏膜黏附剂，可用于膜剂、贴剂、凝胶剂等制剂的制备，并随着 PEO 的 $\overline{M_r}$ 增大，黏附作用随之加强。

（3）亲水凝胶骨架材料 PEO 为亲水凝胶材料，可以通过骨架溶胀而延缓药物的释放，用于缓释制剂中。PEO 吸水性强，膨胀率大，还可用作片剂、丸剂等剂型的崩解剂，多用于粉末直接压片的崩解剂。在湿法制粒压片的工艺中，外加比内加效果好。本品作为崩解剂的优点是适用的药物范围广，压制的片型美观、光滑，硬度较高，不易破碎，崩解时限短。

此外，浓度为 $5\%\sim85\%$ 的 PEO 水溶液可用作片剂的黏合剂；PEO 还可用于脂质体、亚微球的表面修饰。

【应用实例】酒石酸美托洛尔缓释片

处方组成：酒石酸美托洛尔；聚氧乙烯，卡波姆，碳酸钠。

制备方法：取处方量药物和辅料，混合均匀，采用粉末直接压片法压制。

解析：

①酒石酸美托洛尔（MT）为β受体阻滞剂，是治疗高血压、心绞痛等的常用药。本处方为 MT 的聚氧乙烯骨架片。

②本处方利用聚氧乙烯中醚氧键的非共用电子对对氢键具有亲和力的性质，与能够接受电子对的卡波姆及无机盐碳酸钠合用，共同组成水凝胶骨架，能够有效控制水溶性药物的释放。聚氧乙烯和卡波姆合用，体系黏度增大，同时卡波姆吸收水分溶胀，能延长药物在上消化道中的停留时间。

③MT 的释放过程与聚氧乙烯、卡波姆和碳酸钠三者都有关系。释药前期，主要由聚氧乙烯在水中形成凝胶，控制药物的释放。释药中期，卡波姆中的羧基离子化，吸水溶胀，与聚氧乙烯共同形成稳定水凝胶层，保证药物的平稳释放。释药后期，药物释放是通过扩散和骨架溶蚀实现的，此时药物浓度下降、扩散速率减小，但碳酸钠的溶解加快溶蚀，保证了药物释放完全。其释药曲线见图 4-11。

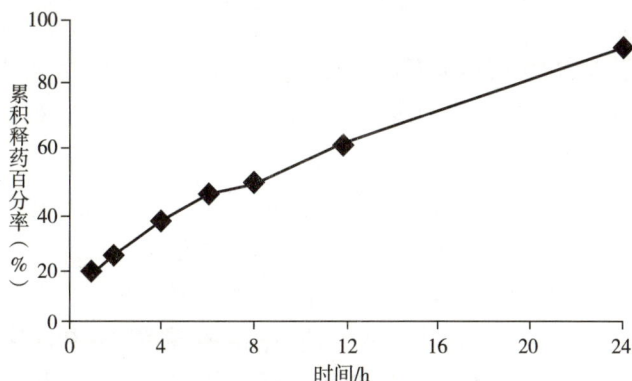

图 4-11　酒石酸美托洛尔缓释片释药曲线

（二）聚氧乙烯（35）蓖麻油

1. 概述　聚氧乙烯（35）蓖麻油 ［polyoxyl（35）castor oil，Cremophor EL-35］ 即聚氧乙烯甘油三蓖麻酸酯，由甘油蓖麻酸酯（1mol）与环氧乙烷（35mol）反应得到。其中疏水性成分主要是聚氧乙烯蓖麻酸甘油酯，还有聚氧乙烯蓖麻酸酯及未反应的蓖麻油，占总混合物的 83% 左右。亲水性成分主要是聚乙二醇和聚乙二醇甘油醚，约占总混合物的 17%。

《中国药典》（2020 年版）四部将聚氧乙烯（35）蓖麻油作为药用辅料列入正文。按药典方法检查，Cremophor EL-35 炽灼残渣不得过 0.2%；含环氧乙烷不得过 0.0001%；含二氧六环不得过 0.001%；含重金属不得过百万分之十；含砷盐不得过百万分之二。注射用 Cremophor EL-35 中的内毒素含量应不得超过 0.012EU/mg。Cremophor EL-35 需遮光、密封保存。

2. 性质　Cremophor EL-35 为白色、类白色或淡黄色糊状物或黏稠液体；微有特殊气味。相对密度为 1.05～1.06g/cm³。

（1）溶解性　Cremophor EL-35 在 26℃ 以上澄明并能完全液化，溶于水、脂肪酸、油脂、矿物油，也能溶于乙醇、丙二醇、氯仿、乙酸乙酯等有机溶剂。耐酸、耐无机盐，低温时耐碱，遇强碱则水解。

（2）表面活性　Cremophor EL-35 为非离子型表面活性剂，疏水基部分与亲水基部分比例不同，产品型号不同。Cremophor EL-35 亲水亲油平衡值（HLB）随结构中氧乙烯链段比例的增大而升高，其乳化能力优越。

（3）安全性　注射 Cremophor EL-35 可引起严重的不良反应，主要包括全身性过敏，皮肤、消化道及呼吸道超敏反应，该反应属于由补体激活所引起的急性超敏反应，初次概率约为 40%，再次接触抗原，症状减轻，也可随时间自发缓解甚至消失。

3. 应用

（1）乳化剂　本品具有良好的乳化作用和乳化稳定作用，主要用于静脉注射乳剂、脂质体等制剂中，一般用量（质量浓度）为 0.03%～0.50%。

【应用实例】维生素 AD 注射液

处方组成：维生素 A，维生素 D；丁羟基茴香醚，Cremophor EL-35，甘油。

制备方法：以维生素 A、维生素 D、丁羟基茴香醚为油相，取 Cremophor EL-35、甘油，加适量注射用水溶解为水相，高速剪切法制备初乳，再以高压均质制备乳剂，灌封于安瓿中，即得。

解析：

①维生素 AD 制剂主要用于防治佝偻病、夜盲症及小儿手足抽搐症等维生素 A 及 D 缺乏所致的病症。维生素 A 和维生素 D 均为脂溶性维生素，水不溶性或油性液体药物，根据医疗需要可以制成乳剂型注射剂。

②Cremophor EL-35 为乳化剂，在溶液中呈非离子状态，其醚键不易水解，稳定性高，不易受强电解质、无机盐类存在的影响，制成的维生素 AD 注射液较为稳定；丁基羟基茴香醚为抗氧剂，可以放出氢原子来阻断油脂自动氧化，使制剂更具稳定性。

③注射用聚氧乙烯蓖麻油引起的急性超敏反应，不需要预致敏，初次接触抗原即可发生酶促级联反应；当再次接触抗原时，症状变轻。即使不进行任何治疗，其症状也可慢慢缓解，直至消失。针对其急性超敏反应，临床上可采取急性脱敏法等应对措施，以紫杉醇注射液为例，结果证实了急性脱敏法能够显著降低急性过敏症状出现的概率。

（2）增溶剂　Cremophor EL-35 还可作增溶剂使用。以其为辅料制备的葛根总黄酮口服自微乳载药系统，可改善葛根总黄酮的水溶性，提高生物利用度。

（三）油酰聚氧乙烯甘油酯

1. 概述　油酰聚氧乙烯甘油酯（oleoyl macrogolglycerides）是甘油单酯、二酯、三酯和聚乙二醇的单酯、二酯的混合物，由不饱和油脂与聚乙二醇部分醇解，或由甘油和聚乙二醇与脂肪酸酯化，或由甘油酯与脂肪酸聚氧乙烯酯混合制得。可含游离的聚乙二醇，聚乙二醇的平均分子量为 300～400。

《中国药典》（2020 年版）四部将油酰聚氧乙烯甘油酯作为药用辅料列入正文。按药典方法检查，炽灼残渣不得过 0.1%；含游离甘油不得过 3.0%；含碱性杂质不得过 0.008%；含水分不得过 1.0%；含环氧乙烷不得过 0.0001%；含二氧六环不得过 0.001%；含重金属不得过百万分之十。油酰聚氧乙烯甘油酯需充氮，密封，在阴凉干燥处保存。

2. 性质　油酰聚氧乙烯甘油酯为淡黄色油状液体。相对密度为 0.925～0.955。

（1）溶解性　油酰聚氧乙烯甘油酯在二氯甲烷中极易溶解，在水中几乎不溶，但可分散。

（2）表面活性　油酰聚氧乙烯甘油酯为非离子型表面活性剂，具有优良的乳化、增溶等性能，随结构中聚氧乙烯链段比例的增大亲水性提高。

（3）安全性　油酰聚氧乙烯甘油酯毒性极低，对皮肤刺激性小。

3. 应用

（1）乳化剂　油酰聚氧乙烯甘油酯是常用的乳化剂，口服安全性高，但自乳化能力有限。通常采用混合乳化剂，乳化剂的用量一般为 30%～60%（W/W）。

（2）增溶剂　油酰聚氧乙烯甘油酯还可增加部分药物在水中的溶解度，作为非离子型表面活性剂，具有较高 HLB 值，可用作口服难溶性药物的增溶剂。

（四）聚氧乙烯油酸酯

1. 概述　聚氧乙烯油酸酯（polyoxyl oleate）是油酸和聚乙二醇单酯及双酯的混合物。由动植物油酸环氧化或由油酸与聚乙二醇酯化制得。分子式以 $C_{17}H_{33}COO(CH_2CH_2O)_nH$ 表示，n 为 5～6 或 10。

《中国药典》（2020 年版）四部将油酸聚氧乙烯酯更名为聚氧乙烯油酸酯，作为药用辅料列入正文。按药典方法检查，含水分不得过 2.0%；炽灼残渣不得过 0.3%；含重金属不得过百万分之十；含环氧乙烷不大于 0.0001%；含二氧六环不得过 0.001%；含肉豆蔻酸不大于 5.0%；含棕榈酸不大于 16.0%；含棕榈油酸不大于 8.0%；含硬脂酸不大于 6.0%；含油酸不小于 65.0%；含亚油酸不大于 18.0%；含亚麻酸不大于 4.0%；其他脂肪酸不大于 4.0%。聚氧乙烯油酸酯需充氮，密封，在阴凉干燥处保存。

2. 性质　聚氧乙烯油酸酯为淡黄色黏稠液体。

（1）溶解性　聚氧乙烯油酸酯在水中可分散，在乙醇和异丙醇中溶解，与脂肪油、石蜡能任意混溶。

（2）表面活性　聚氧乙烯油酸酯属于非离子型表面活性剂，具有良好的乳化、润湿、增溶及消泡能力。聚合度对其表面张力影响不大；随聚氧乙烯油酸酯浓度增加，表面张力迅速下降；但浓度增加到临界胶束浓度后，表面张力基本保持不变。

（3）安全性　聚氧乙烯油酸酯毒性低，对皮肤刺激性小，可生物降解，使用安全。

3. 应用

（1）增溶剂　聚氧乙烯油酸酯属于有机酸系非离子表面活性剂，可增加部分难溶性药物在水中的溶解度，作为增溶剂。

（2）乳化剂　聚氧乙烯油酸酯可分散于水，也易溶于苯、异丙醇等有机溶剂中，具有良好的乳化性能，作为乳化剂。由于其具有较好的净洗性能，在其他行业还作为净洗剂使用。

三、泊洛沙姆

（一）概述

泊洛沙姆（Poloxamer）是由环氧丙烷和丙二醇反应，形成聚氧丙烯二醇，然后加入环氧乙烷形成的嵌段共聚物，化学结构式如下，其中 a 为聚氧乙烯链节数，b 为聚氧丙烯链节数。

泊洛沙姆化学结构式

根据聚合过程中环氧乙烷和环氧丙烷的不同配比，可制成泊洛沙姆的系列产品，现已合成 30 余种，泊洛沙姆分子中聚氧乙烯含量为 10%～90%。

国外的药用泊洛沙姆商品名称为普朗尼克或普流罗尼（Pluronic），其命名规则为：在 Poloxamer 后附三位数字，前两位数字乘以 100 代表聚氧丙烯嵌段的分子量，第三位数乘以 10 为聚氧乙烯嵌段在共聚物中所占的重量百分含量。如 Poloxamer 188，编号前两位 18 表示聚氧丙烯嵌段的 $\overline{M_r}$ 为 $18 \times 100 = 1800$（实际为 1750），后一位数字 8 表示聚氧乙烯嵌段 $\overline{M_r}$ 占总数的 80%。常用的泊洛沙姆及对应普朗尼克型号及其 $\overline{M_r}$ 见表 4-9。

表 4-9　泊洛沙姆对应普朗尼克型号及其 $\overline{M_r}$

Poloxamer	Pluronic	$\overline{M_r}$	a	b
124	L-44	$2.029 \times 10^3 \sim 2.36 \times 10^3$	12	20
188	F-68	$7.68 \times 10^3 \sim 9.51 \times 10^3$	80	27
237	F-68	$6.84 \times 10^3 \sim 8.83 \times 10^3$	64	37
338	F-108	$1.27 \times 10^4 \sim 1.74 \times 10^4$	141	44
407	F-127	$9.84 \times 10^3 \sim 1.46 \times 10^4$	101	56

《中国药典》（2020 年版）四部将泊洛沙姆 188、泊洛沙姆 407 作为药用辅料列入正文。泊洛沙姆应遮光，密闭保存。

（二）性质

随着聚合度的增大，泊洛沙姆形态从液体、半固体到固体。按照 Poloxamer 命名规则，泊洛沙姆产品型号中最后一位数是 7 或 8 的共聚物为固体，5 以下的为半固体或液体。

1. 溶解性与吸湿性　聚氧乙烯的相对亲水性和聚氧丙烯的相对亲油性，使泊洛沙姆共聚物具有从水溶性到油溶性的多种产品。聚氧乙烯比例在 30% 以上的共聚物，无论 $\overline{M_r}$ 大小，在水中均易溶解，如 Poloxamer 407、338、237、188。$\overline{M_r}$ 较大且聚氧乙烯链节数很低的 Poloxamer 401、331、181 几乎不溶于水或溶解度很小（<1%）；所有型号泊洛沙姆均易溶于乙醇和甲苯，但在丙二醇中，$\overline{M_r}$ 较大和氧乙烯比例较高者，如 Poloxamer 188 共聚物不溶或溶解度很小。

泊洛沙姆含水量通常小于 0.5%，当 RH 大于 80% 时有吸湿性。

2. 表面活性与昙点　泊洛沙姆为非离子型表面活性剂，具有优良的乳化、增溶、润湿等性能。结构中氧乙烯链段比例越大，亲水亲油平衡值（HLB 值）越高；在氧乙烯链段比例相同的情况下，$\overline{M_r}$ 越小，HLB 值越高。选择适宜的泊洛沙姆单独或配合使用，可以获得液体乳化所需要的 HLB 值。氧乙烯链段较小、氧丙烯链段较大以及 $\overline{M_r}$ 较高的泊洛沙姆品种，如 Poloxamer 101、231、331、401 等均具有较强的润湿能力。

泊洛沙姆水溶液加热时，水合结构被破坏，同时形成疏水链构象，发生起昙现象。氧乙烯部分分子量在 70% 以上的泊洛沙姆，即使浓度达到 10%，在常压下加热至 100℃ 仍观察不到起昙现象。随着氧乙烯部分比例下降，昙点迅速降低，如 1% Poloxamer 188、184、181 的昙点分别为 >100℃、>61℃、>24℃；氧乙烯比例相同时，$\overline{M_r}$ 越大，昙点越低。

3. 胶凝作用　除一些 $\overline{M_r}$ 较低的品种外，泊洛沙姆水溶液通过加热然后冷却至室温，或在 5～10℃ 冷藏，然后转移至室温可自然形成凝胶。$\overline{M_r}$ 在 8000 以上的泊洛沙姆，凝胶形成的浓度在 20%～30%。$\overline{M_r}$ 越大，凝胶越易形成。泊洛沙姆胶凝过程亦具有浓度依赖性，浓度越高，形成凝胶的温度越低。循环加热和冷却可使凝胶发生可逆的变化，但不影响凝胶的性质。胶凝作用是泊洛沙姆分子中醚氧原子与水分子形成氢键的结果。

4. 稳定性　Poloxamer 188 水溶液对酸、碱和金属离子稳定，但易染霉菌；与苯酚、羟苯酯类有配伍禁忌。

5. 安全性　泊洛沙姆无抗原性、致敏性和刺激性，亦不会引起溶血，使用安全。泊洛沙姆在体内不被代谢，以原形由肾脏排出。随着 $\overline{M}_r$ 的增大及聚氧乙烯部分比例的增高，泊洛沙姆可接受的剂量也越大。

（三）应用

1. 乳化剂　Poloxamer 188 HLB 值为 16.0，1％水溶液昙点大于 100℃，常作为 O/W 型普通乳剂、亚微乳、纳米乳及 W/O/W 型复乳的乳化剂使用，特别是 Poloxamer 188 与磷脂合用，能形成稳定的乳化膜，且制备的乳剂能够耐受热压灭菌和低温冰冻而不改变其物理稳定性，是目前静脉乳中使用的极少数合成乳化剂之一。如采用 Poloxamer 188 和蛋黄磷脂为混合乳化剂（用量为 1∶1.2）制备人参皂苷 Rh₂ 静脉乳剂，能使 Rh₂ 以微细的乳滴形式均匀分散，且粒径分布较窄，从而保证乳剂的稳定性。

2. 增溶剂　泊洛沙姆可增加多种难溶性药物在水中的溶解度。如地西泮注射液在输注过程中因药物接触血液后结晶产生沉淀，容易引发血栓性静脉炎。研究表明，加 Poloxamer 188 增溶后，可以显著降低地西泮的副作用。在糖浆剂中使用泊洛沙姆，其增溶作用可以改善糖浆剂的澄清度。

3. 固体分散体载体材料　难溶性药物能与亲水性的泊洛沙姆形成速释型固体分散体，提高药物的生物利用度。如分别选用 Poloxamer 188、尿素、PVP 作为水飞蓟宾的载体材料，采用熔融法制备固体分散体，经差热分析及 X-射线衍射进行物相鉴别，水飞蓟宾在 Poloxamer 188 中以微晶形式存在，水飞蓟宾与 Poloxamer 188 以 1∶6 和 1∶5 比例制成的固体分散体，药物溶出 50％所用的时间分别为 2.24 分钟和 2.82 分钟，明显低于其与尿素、PVP 形成的固体分散体，表明 Poloxamer 188 固体分散体改善药物体外溶解度和溶出速率的作用优于尿素和 PVP 固体分散体。

4. 温度依赖型水凝胶材料　Poloxamer 407 为近年来研究较为深入的温度敏感型原位凝胶聚合物，其水溶液（质量分数大于 15％）低温时是自由流动的液体，体温时形成澄明凝胶，可用于眼、鼻腔、直肠、阴道等黏膜给药系统以定位释药。如以 Poloxamer 407/Poloxamer 188 为主要材料制备的凝胶栓剂，37℃内很快发生胶凝，牢固黏附在直肠黏膜，滞留时间长达 6 小时以上，可显著提高药物的疗效。

【应用实例】去甲斑蝥素温敏凝胶

处方组成：去甲斑蝥素（NCTD）；泊洛沙姆 407（P407）。

制备方法：取处方量 NCTD，加入等渗盐水中加热至溶解；再取 P407，加入上述溶液，搅拌后低温放置过夜，即形成无色透明的黏稠液体，低温保存。

解析：

①去甲斑蝥素是中药斑蝥中抗肿瘤的主要药效成分，较大剂量或长期使用可产生一定程度的泌尿系统毒性；临床使用的注射液去甲斑蝥素多以 pH 值较高的钠盐形式存在，具有较强的刺激性；去甲斑蝥素在机体内消除速度快，降低了癌症患者用药的顺应性。

②P407 为温敏性凝胶材料，其在低温下（4℃）为液体，体温下（温度升高）迅速胶凝；其机制是 P407 在水溶液中形成以疏水性聚氧丙烯为内核，以亲水性聚氧乙烯为外壳的球状胶束，当温度升高至胶凝温度时，胶束间相互缠结和堆积，从而形成半固体状的凝胶。

③本制剂局部注射给药后，可存留于注射部位较长时间，药物随着泊洛沙姆缓慢溶解而逐步

释放，具有缓释作用。体外释药实验表明，其具有良好的缓释性能，去甲斑蝥素随 P407 凝胶的溶解而逐步释放，随着介质温度升高，去甲斑蝥素释放度相应增加。

5. 固体脂质纳米粒材料   固体脂质纳米粒系将药物包裹于具有良好生物相容性的类脂核中，形成平均粒径在 $50 \sim 1000nm$ 的固体胶粒，其物理稳定性好，药物泄漏少，具有缓释性和靶向性。泊洛沙姆是固体脂质纳米粒制备中常用的材料。如蟾酥提取物选用山嵛酸甘油酯、注射用大豆磷脂及泊洛沙姆为材料制成固体脂质纳米粒，可明显提高药物的包封率和载药量。

6. 脂质体、亚微球修饰材料   Poloxamer 188 含有 80% 的聚氧乙烯链段，亲水性较强，可用于脂质体、亚微球的表面修饰，延长药物的消除半衰期及在血液中的循环时间。

此外，泊洛沙姆还可用作滴丸和软膏的基质；片剂的黏合剂和包衣材料；泊洛沙姆 338 和泊洛沙姆 407 被用于隐形眼镜护理液中。

附：泊洛沙姆 188

1. 概述   泊洛沙姆 188（poloxamer 188）由环氧丙烷和丙二醇反应，形成聚氧丙烯二醇，然后加入环氧乙烷形成嵌段共聚物。在共聚物中氧乙烯单元（a）为 $75 \sim 85$，氧丙烯单元（b）为 $25 \sim 30$，氧乙烯（EO）含量 $79.9\% \sim 83.7\%$，平均分子量为 $7680 \sim 9510$。

《中国药典》（2020 年版）四部将 Poloxamer 188 作为药用辅料列入正文。按药典方法检查，Poloxamer 188 含水分不得过 1.0%；炽灼残渣不得过 0.4%；含环氧乙烷不得过 0.0001%；含环氧丙烷不得过 0.0005%；含二氧六环不得过 0.0005%；含乙二醇、二甘醇均不得过 0.01%；含重金属不得过百万分之二十；含砷盐不得过百万分之二。Poloxamer 188 需遮光，密闭保存。

2. 性质   Poloxamer 188 为白色或类白色蜡状固体，微有异臭。

（1）**溶解性**   Poloxamer 188 在水、乙醇中易溶，在无水乙醇或乙酸乙酯中溶解，在乙醚或石油醚中几乎不溶。其 10% 水溶液的 pH 值为 $5.0 \sim 7.5$，具有一定的起泡性。

（2）**表面活性**   Poloxamer 188 为非离子型表面活性剂，其表面活性与结构关系密切。聚氧乙烯链段比例越大，亲水亲油平衡值（HLB）越高。在聚氧乙烯链段比例相同的情况下，共聚物分子量越小，HLB 值越高。其中 Poloxamer 188 的 HLB 值为 29，具有较强的表面活性。

（3）**胶凝作用**   Poloxamer 188 凝胶形成浓度在 $20\% \sim 30\%$，可以通过加热其溶液后冷却至室温，或者在 $5 \sim 10℃$ 冷藏其水溶液后转移至室温下自然形成。凝胶化作用是泊洛沙姆分子之间形成氢键的结果。

（4）**稳定性**   Poloxamer 188 水溶液对酸、碱和金属离子稳定，但易染霉菌；与苯酚、羟苯酚类有配伍禁忌。在空气中较稳定，遇光则使 pH 值下降。

（5）**安全性**   Poloxamer 188 无生理活性，无溶血性，对皮肤无刺激性，Poloxamer 188 大鼠口服 LD_{50} 为 9.4g/kg，大鼠静脉注射 LD_{50} 为 7.5g/kg，毒性小。

3. 应用

（1）**固体分散体的载体材料**   本品可作为固体分散剂的载体，可显著提高难溶性药物口服制剂的溶出速率和生物利用度，是较理想的速效固体分散剂的载体，用量一般为 $2\% \sim 10\%$。例如以本品制得的司乐平、地高辛、洋地黄毒苷、保泰松固体分散体，提高了这些药物的溶解度。

【应用实例】大黄酸固体分散体

处方组成：大黄酸；Poloxamer 188 乙醇。

制备方法：取处方量大黄酸和 Poloxamer 188，采用溶剂法制备大黄酸固体分散体。

解析：

① 大黄酸是中药大黄中的主要有效成分之一，具有抗炎、保护肾功能等作用。但大黄酸水溶性较差，生物利用度低，临床应用受到限制。

② 本处方采用 Poloxamer 188 为载体材料制成的大黄酸固体分散体，体外释药实验结果表明，可以显著提高大黄酸的体外溶出度和溶出速率，其 60 分钟时药物溶出达 90% 左右，见图 4-12。

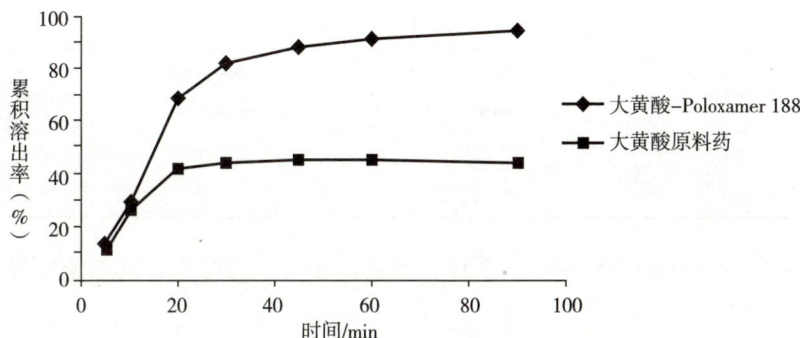

图 4-12 大黄酸-Poloxamer 188 固体分散体溶出曲线

（2）乳化剂和稳定剂 Poloxamer 188 无毒、无抗原性、无刺激性、无致敏性、化学性质稳定、不溶血，是制备静脉脂肪乳的良好乳化剂，也是目前应用于静脉注射的唯一人工合成乳化剂，用本品制备的乳剂，乳粒小，物理性质稳定，不易分层，可用热压蒸汽灭菌。用量为 0.1%～0.5%。本品用量 0.2%，相当于豆磷脂 1%。

【应用实例】西咪替丁口服乳

处方组成：西咪替丁；大豆磷脂，大豆油，Poloxamer 188，甘油，纯化水。

制备方法：将大豆磷脂、Poloxamer 188 和甘油加入纯化水中搅拌并加热至 70℃ 作为水相；西咪替丁在 65℃ 溶解于大豆油后加入水相中搅拌乳化，制成初乳，再经乳匀机乳化即得。

解析：

①本品为 OTC 甲类药品，用于缓解胃酸过多引起的胃痛、胃灼热感（烧心）、反酸。

②西咪替丁水中微溶，故将本品制成 O/W 型乳剂，以提高药物生物利用度。处方中非离子表面活性剂 Poloxamer 188 与离子型表面活性剂大豆磷脂为复合型乳化剂，可形成牢固乳化膜。

（3）乳膏剂、栓剂的基质 Poloxamer 188 作为乳膏、栓剂的基质使用，还能促进药物的吸收，并可起到缓释作用，上市的产品有灰黄霉素乳膏剂、消炎痛栓、阿司匹林栓。

（4）吸收促进剂 Poloxamer 188 可使肠道蠕动变慢，延长药物在胃肠道滞留的时间，从而增加药物吸收，提高口服制剂的生物利用度。另外，Poloxamer 188 与皮肤相容性好，可以增加皮肤通透性，从而促进外用制剂药物的吸收。

附：泊洛沙姆 407

1. 概述 泊洛沙姆 407（poloxamer 407）由环氧丙烷和丙二醇反应，形成聚氧丙烯二醇，然后加入环氧乙烷形成嵌段共聚物。在共聚物中氧乙烯单元（a）为 95～105，氧丙烯单元（b）为 54～60，氧乙烯（EO）含量为 71.5%～74.9%，平均分子量为 9840～14600。

《中国药典》（2020 年版）四部将 Poloxamer 407 作为药用辅料列入正文。按药典方法检查，

Poloxamer 407 水溶液的 pH 值为 5.0～7.5；含水分不得过 1.0%；炽灼残渣不得过 0.4%；含环氧乙烷不得过 0.0001%；含环氧丙烷不得过 0.0005%；含二氧六环不得过 0.0005%；含乙二醇、二甘醇均不得过 0.01%；含重金属不得过百万分之二十；含砷盐不得过百万分之二。Poloxamer 407 需遮光，密闭保存。

2. 性质   Poloxamer 407 为白色至类白色蜡状固体，微有异臭。其理化性质与 Poloxamer 188 较相似，如表 4-10 所示。

表 4-10   泊洛沙姆 188、407 的理化性质比较

聚合物	熔点（℃）	0.1%聚合物水溶液 25℃ 表面张力（dyn. cm^{-1}）	0.1%聚合物 水溶液浊点（℃）	亲水亲油平衡值（HLB）
Poloxamer 188	48～53	44～51	>100	>24
Poloxamer 407	54～57	41～48	>100	>24

（1）**溶解性**   Poloxamer 407 在水、乙醇中易溶，在无水乙醇或乙酸乙酯中溶解，在乙醚或石油醚中几乎不溶。

（2）**热凝胶化**   Poloxamer 407 的凝胶化温度与聚合物浓度有关，其水溶液随着浓度的提高，由牛顿流体转变为假塑性流体，触变性和胶凝温度均逐渐降低。15% Poloxamer 407 可在 37℃ 形成凝胶，20% Poloxamer 407 在 25℃ 可以转变成凝胶，胶凝点（浓度）比其他型号泊洛沙姆低。

（3）**表面活性**   同 Poloxamer 188。

（4）**安全性**   Poloxamer 407 具有良好的安全性。实验表明，兔口服 400mg/kg 时未见不良反应，未引起遗传毒性或诱导遗传毒性。

3. 应用

（1）**增溶剂**   Poloxamer 407 可增加水难溶性药物的溶解度。一些难溶于水的固体药物，因其疏水性大，溶出速率低，而影响吸收与生物利用度。如葛根大豆苷与 Poloxamer 407 制成不同比例的共沉淀物后，均可提高葛根大豆苷的溶出速率。

（2）**原位凝胶材料**   Poloxamer 407 毒性低，生物相容性好，具有低温时为液体、体温下胶凝的特性，是温敏型原位凝胶的主要材料，常用于注射用与眼用原位凝胶制剂中。以 Poloxamer 407 为载体制备的去甲斑蝥素原位凝胶，兔肝肿瘤内局部注射后药物在肿瘤部位至少保留 4 小时；与普通制剂相比，能显著抑制肿瘤生长，且毒性明显降低。

普通滴眼剂使用后药液易被泪液冲刷或从鼻泪管流失，药物在眼部滞留时间短而影响药效。以原位凝胶为基质制备的滴眼剂，在室温下为流动性较好的液体，眼部给药后发生相转变而形成半固体凝胶，从而延长药物在眼部的滞留时间，提高药效。

【应用实例】清开灵眼用温敏凝胶

处方组成：胆酸，珍珠母（粉），猪去氧胆酸，栀子，水牛角（粉），板蓝根，黄芩苷，金银花；Poloxamer 407，透明质酸。

制备方法：取处方量栀子、板蓝根、金银花等中药饮片，采用清开灵注射剂的工艺制备药液，加入 Poloxamer 407，冷藏过夜，使溶解，与透明质酸溶液混匀，即得。

解析：

①清开灵制剂为安宫牛黄丸剂改而成，具有清热解毒，化痰通络，镇静安神、醒神开窍等功效，临床主要用于治疗中风偏瘫，神志不清、急性肝炎、上呼吸道感染、肺炎、脑血栓等；清开灵滴眼剂主要用于治疗葡萄膜炎等眼部疾病。

②本处方以 Poloxamer 407 为材料制成的清开灵温度敏感凝胶，同时具有溶液剂和凝胶剂的优点，采用滴眼液形式给药，与眼睛接触后立刻转变成凝胶，能够延长药物在角膜滞留时间，提高药效作用。

③理想的眼用温敏凝胶，其胶凝温度应高于室温，并且经模拟泪液稀释后仍能在眼部温度条件下形成凝胶。Poloxamer 407 胶凝温度较低，常与 Poloxamer 188 联合使用，以提高其胶凝温度。

（3）栓剂基质　泊洛沙姆可形成凝胶，能起到缓释与延效作用，常用作栓剂的水溶性基质。如以 Poloxamer 407、Poloxamer 188 和卡波姆等为基质制备的胰岛素温敏凝胶栓，腔道给药后，可在体温下发生相变，形成生物黏附性凝胶，从而延长药物在给药部位的滞留时间，提高药效作用。

由于 Poloxamer 407 水溶性好，易涂布，在皮肤外用制剂、滴耳剂、滴鼻剂中也得到了广泛的应用。

四、聚山梨酯

（一）概述

聚山梨酯（polysorbate）商品名为吐温（Tween），是由山梨醇脱水形成的脱水山梨醇（环状山梨醇）与脂肪酸酯化后，在催化剂作用下与环氧乙烷反应生成，为一系列聚氧乙烯脱水山梨醇的部分脂肪酸酯，氧乙烯链节数约为 20。化学结构式如下：

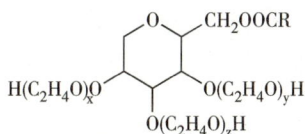

$$H(C_2H_4O)_x \quad O\text{——}CH_2OOCR$$
$$O(C_2H_4O)_yH$$
$$O(C_2H_4O)_zH$$

聚山梨酯化学结构式

《中国药典》（2020 年版）四部将聚山梨酯 20、40、80、80（Ⅱ）作为药用辅料列入正文，其中聚山梨酯 80（Ⅱ）即为 2015 年版《中国药典》四部中的聚山梨酯（供注射用）。按药典方法检查：Tween 含重金属不得过百万分之十；Tween-20、Tween-40、Tween-60、Tween-80 残留溶剂：乙二醇、二甘醇均不得过 0.01%，环氧乙烷不得过 0.0001%，二氧六环不得过 0.001%；Tween-80（供注射用）残留溶剂：乙二醇、二甘醇和三甘醇均不得过 0.01%，环氧乙烷不得过 0.0001%，二氧六环不得过 0.001%；炽灼残渣：Tween-20、Tween-40、Tween-60 不得过 0.25%，Tween-80 不得过 0.2%，聚山梨酯 80（Ⅱ）不得过 0.1%；Tween 砷盐不得过 0.0002%。Tween 需遮光，密封保存。

（二）性质

Tween 一般为黄色油状黏稠液体，在温度较低时呈半凝胶状，有吸湿性。

1. 溶解性　Tween 类由于分子中聚氧乙烯基的存在，亲水性较强，在水、乙醇、甲醇或乙酸乙酯中易溶，在油中微溶。Tween 的一般物理性质见表 4-11。

表 4-11　Tween 的一般物理性质

品　名	Tween-20	Tween-40	Tween-60	Tween-80
组成	聚氧乙烯-20 月桂山梨坦	聚氧乙烯-20 棕榈山梨坦	聚氧乙烯-20 硬脂山梨坦	聚氧乙烯-20 油酸山梨坦
性状	淡黄色至黄色的黏稠油状液体	乳白色至黄色的黏稠液体或冻膏状物	乳白色至黄色的黏稠液体或冻膏状物	淡黄色至橙黄色的黏稠液体
相对密度（25℃）	1.09～1.12	1.07～1.10	1.06～1.09	1.06～1.09
运动黏度（mm²/s）	250～400	250～400	300～450	350～550
5% (V/W) 水溶液 pH 值	4.0～7.5	4.0～7.5	4.0～7.5	5.0～7.5
HLB 值	16.7	15.6	14.9	15.0
昙点（℃）	90	—	76	93

2. HLB 值与昙点　Tween 低浓度时在水中形成胶团，HLB 值在 10～17 之间，具有良好的增溶、乳化和润湿作用，且其增溶作用一般不受 pH 值的影响。

Tween 类的昙点一般在 30～100℃ 之间。Tween 昙点因盐类（如氯化钠）、碱性物质的加入会降低，苯甲醇亦会降低 Tween-80 的昙点。

3. 稳定性　Tween 对电解质、弱酸及弱碱稳定；遇强酸、强碱会逐渐皂化；其油酸酯容易氧化；贮存时间过长会产生过氧化物。Tween 与苯酚、鞣酸等会发生变色或沉淀反应，与羟苯酯类合用时会使抑菌活性降低。Tween-80 溶液加热后 pH 值会下降，且 pH 值越高，下降幅度越大。

4. 安全性　Tween 口服无毒，Tween-80 口服的 LD_{50} 为 25g/kg；静脉注射有一定毒性，其 LD_{50} 为 5.8g/kg。出现溶血现象的顺序为：Tween-20＞Tween-60＞Tween-40＞Tween-80。Tween 肌肉注射有一定的刺激性。聚山梨酯80（Ⅱ）中的内毒素含量应小于 0.012EU/mg。

（三）应用

1. 增溶剂　Tween 类当浓度达到临界胶团浓度（CMC）以上时，在水中形成"胶团"作为增溶剂，用于生物碱、挥发油、脂溶性维生素、抗生素等难溶性化合物的增溶，如在鱼腥草注射液、柴胡注射液中增溶挥发油，改善注射液的澄明度，提高制剂的稳定性。用 Tween-80 作增溶剂时，添加顺序不同，增溶效果不同，通常先将难溶性药物与 Tween-80 混匀，然后加入水研磨，这种方法制成的制剂性质较为稳定。

2. 乳化剂　Tween 类 HLB 值大于 10，具有较强的亲水性，作为 O/W 型乳剂的乳化剂，广泛用于多种乳剂型液体药剂和软膏剂，其用量一般在 1%～15%。在复乳制备过程中，当内相 W/O 型初乳形成后，常用 Tween 类乳化剂进一步形成 W/O/W 型复乳。

3. 润湿剂　混悬剂属于不稳定分散体系，当用疏水性药物配制混悬剂时，常用 Tween-80 作为润湿剂，降低固体微粒与溶剂二相之间的界面张力，从而除去固体微粒表面的气膜，使药物被润湿，并形成均匀的混悬液。用量为 0.1%～3%。

4. 载药脂质体的稳定剂　在脂质体中加入 Tween-80，可以防止脂质体的聚集而使其稳定；同时，Tween-80 还可以防止脂质体与血清成分相互作用，延长脂质体在循环系统中的半衰期。

此外，含有 Tween 类表面活性剂的药剂还能改善药物的吸收情况；Tween-80 的润湿性可加速水分的透入，提高片剂的崩解速度。

【应用实例】九味羌活口服液

处方组成：羌活，防风，苍术，细辛，川芎，白芷，黄芩，甘草，地黄；聚山梨酯80，蔗糖，山梨酸。

制备方法：以上九味，白芷粉碎成粗粉，用70%乙醇浸渍24小时后进行渗漉，收集渗漉液，备用；羌活、防风、苍术、细辛、川芎蒸馏提取挥发油，蒸馏后的水溶液另器收集；药渣与其余黄芩等三味加水煎煮三次，合并煎液，滤过，滤液与上述水溶液合并，浓缩，加等量乙醇使沉淀，取上清液与漉液合并，回收乙醇，浓缩，用水稀释，备用。将挥发油加入聚山梨酯80中，再加入少量药液，混匀，然后加入药液、单糖浆及山梨酸，混匀，加水至1000mL，混匀，分装，灭菌，即得。

解析：

①本品为OTC甲类药品。

②本品为九味羌活丸改剂而成，具有疏风解表、散寒除湿之功效。用于外感风寒夹湿所致的感冒，症见恶寒、发热、无汗、头重而痛、肢体酸痛。

③处方中聚山梨酯80为挥发油的增溶剂，聚山梨酯80应先与挥发油混合，再加溶剂分散，以发挥增溶效果，制备澄明口服液。

附：聚氧乙烯蓖麻油衍生物

1. 概述　聚氧乙烯蓖麻油衍生物（polyoxyethylene castor oil derivatives）是由$\overline{M}_r$低的聚乙二醇、蓖麻醇酸和甘油反应形成的一系列物质，属于非离子型表面活性剂，蓖麻醇酸与甘油和聚乙二醇组成疏水基部分，聚乙二醇甘油醚及多元醇组成亲水基部分，疏水基部分与亲水基部分比例不同，产品型号不同。《中国药典》（2020年版）四部收载了聚氧乙烯（35）蓖麻油、聚氧乙烯（40）氢化蓖麻油和聚氧乙烯（60）氢化蓖麻油。其中应用较广的为聚氧乙烯（35）蓖麻油【详见本节第二（二）部分】和聚氧乙烯（40）氢化蓖麻油。以下简要介绍聚氧乙烯（40）氢化蓖麻油的性质与应用。

聚氧乙烯（40）氢化蓖麻油（商品名 Cremophor RH40）：主要含乙氧基化甘油三蓖麻油酸酯，其中氧乙烯链节数（E.O.）为40～45，疏水基成分占总混合物的75%左右。

2. 性质　Cremophor RH40为白色或淡黄色膏状半固体，30℃时液化，水溶液微有异臭。需避光，密闭保存。

（1）**溶解性**　聚氧乙烯蓖麻油衍生物易溶于水，在水中能形成澄明稳定的溶液，也可溶于乙醇、丙二醇以及三氯甲烷、乙酸乙酯、苯等有机溶剂，在加热条件下能与脂肪酸及动植物油混溶。

（2）**表面活性**　0.1%Cremophor RH40水溶液的表面张力为4.3×10^{-2}N/m，在水中的临界胶团浓度（CMC）为0.039%，具有较强的表面活性。聚氧乙烯蓖麻油衍生物HLB值均大于10，且随着分子中氧乙烯链节数的增加，亲水性增加，HLB值升高。

（3）**稳定性**　Cremophor RH40一般情况下不受水中盐的影响，121℃热压灭菌，会导致轻微的pH下降。

（4）**安全性**　Cremophor RH40小鼠静注$LD_{50}>12.0$g/kg，大鼠口服$LD_{50}>16.0$g/kg，一般认为其无毒。静脉注射有较为严重的致敏性，病人用药前需进行抗过敏处理。

3. 应用　聚氧乙烯蓖麻油衍生物对疏水性物质具有很强的增溶和乳化能力，可增溶或乳化各种挥发油、脂溶性维生素或形成O/W型乳剂。在含有水相的气雾剂介质中，加入 Cremophor RH40能有效改善抛射剂在水相中的溶解度，改善气雾剂中药物的分散状态。

此外，聚氧乙烯蓖麻油衍生物可作为栓剂基质使用。

第四节　其他药用合成高分子材料

一、聚酯

聚酯是一类具有良好生物降解性能的高分子聚合物，其主链一般由脂肪族结构单元通过易水解的酯键连接而成，易被自然界的微生物或动植物体内的酶降解成无毒的水溶性低聚物或单体，低聚物或单体再通过微生物转化成能量、二氧化碳和水。聚乳酸、聚羟基乙酸-乳酸共聚物、聚乙醇酸、聚己内酯及其共聚物、聚羟基脂肪酸酯和聚琥珀酸丁二酯等脂肪族聚酯，由于具有优良的生物降解性和生物相容性，近年来已成为生物降解材料领域的研究热点。以下内容主要介绍聚乳酸及其共聚物。

（一）聚乳酸

1. 概述　聚乳酸（polylactic acid 或 polylactide，PLA）又称聚丙交酯（polylactide，LA），是由乳酸（2-羟基丙酸）聚合而成，分子式为 $H \dashv OCH(CH_3)CO \dashv_n OH$ 。

PLA 的合成方法主要有两种，乳酸直接缩聚法和丙交酯开环聚合法，见下列反应式：

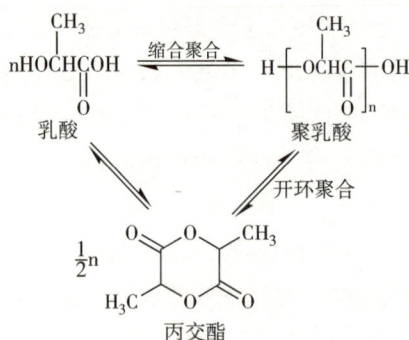

图4-13　PLA 的两种聚合方法示意图

直接缩聚法也称一步法，即乳酸脱水直接缩合而成 PLA。直接缩聚法合成工艺简单，成本相对低，但由于缩聚反应的可逆性，小分子水脱除等关键技术未解决，因此反应得到的 PLA 的 $\overline{M_r}$ 通常小于 4.0×10^3。制备 $\overline{M_r}$ 高的 PLA 一般采用丙交酯开环聚合法，也称二步法，即先由乳酸脱水环化得到丙交酯，再以丙交酯为单体在催化剂作用下开环聚合得到 PLA，开环聚合法是目前研究较多、应用较广泛的一种合成方法，但开环合成 PLA 的成本较高。PLA 的单体直接来源为乳酸，乳酸是由淀粉（从玉米、小麦和马铃薯中提取）经发酵而成，原料来源十分丰富。

PLA 作为生物可降解材料在缓控释给药系统中得到了广泛的应用，但对于理化性质和临床用药目的不同的药物，要求载体材料具有不同的释药速率，而 PLA 作为均聚物调节释药速率具有一定的局限性，且其亲水性差，为了改进 PLA 的性能，人们开始研究 PLA 的各类共聚物。

2. 性质　PLA 为白色、淡黄色透明的固体。

（1）溶解性　PLA 的三种旋光异构体均不溶于水，可溶于三氯甲烷、二氯甲烷、乙腈、四氢呋喃等有机溶剂。

（2）旋光性　乳酸分子中含有一个不对称碳原子，具有旋光性，其左旋性的称为 L-（-）-乳酸，右旋性的称 D-（＋）-乳酸，外消旋的称（D,L）-乳酸，所以乳酸的二聚体丙交酯也具有旋光性，其化学结构式如下：

图 4-14 乳酸和丙交酯的旋光异构体

PLA 有聚-D-（＋）-乳酸（PDLA）、聚-L-（－）-乳酸（PLLA）和聚-（D,L）-乳酸（PDL-LA）三种异构体，其性质见表 4-12。PDLA 和 PLLA 分别属于高结晶态和半结晶态高分子，机械强度较好，常用作医用缝合线和外科矫正材料。PDLLA 是无定形高分子，常用作药物控释载体。一般合成的 PLA 多为 PDLLA 或 PLLA。

表 4-12 PLA 旋光异构体的性质

PLA 类型	PDLA	PLLA	PDLLA
溶解性	均可溶于三氯甲烷、二氯甲烷、四氢呋喃、二戊烷等；均不溶于脂肪烃、乙醇、甲醇等；PDLLA 溶解性最好		
结晶性	高结晶性	半结晶性，37%	无定形
熔点（℃）	170～180	170～180	—
T_g（℃）	40～45	60～67	57～59
热分解温度（℃）	215	215	185～200
断裂强度（g/d）	4.0～5.0	5.0～6.0	—
拉伸率（%）	24～30	24～30	—
水解性（月，37℃生理盐水中强度减半的时间）	5～6	4～6	1～3

（3）机械强度 PLA 的机械强度与 $\overline{M}_r$、结晶度、T_g、共聚物的组成等相关。随着 PLA 的 $\overline{M}_r$ 增加，力学强度增加；PLLA 和 PDLA 混合可以提高机械性能。

（4）生物降解性 PLA 的降解属于水解反应，降解速率与 PLA 的 $\overline{M}_r$ 和结晶度有关。$\overline{M}_r$ 越大，结晶度越高，降解速率越小，所以结晶型的 PDLA 和 PLLA 的降解速率低于无定形的 PDL-LA。PLA 分子链末端的羧基对降解起催化作用，随着降解反应的进行，体系中羧基的含量逐渐增加，降解速率加快。PLA 的降解首先发生在无定形区，降解后形成的小分子链段可能重新排列形成新的结晶区，所以结晶度在降解初期可能升高。约 21 天后，结晶区发生降解，机械强度下降，50 天后，结晶区完全消失。

（5）化学反应性 PLA 的分子链末端带有羟基，可发生醚化、酯化、氧化反应，也可发生接枝或嵌段共聚等。利用 PLA 的化学反应性可以改善 PLA 自身的疏水性、结晶性和降解性等，聚合物的降解速率可根据共聚物的 $\overline{M}_r$、共聚单体种类及配比等加以控制。如聚乙二醇/聚乳酸嵌段共聚物（PEG/PLA），作为疏水性药物的微粒载体可以显著改善微粒表面的亲水性。

（6）稳定性 PLA 高温容易分解和水解。在潮湿环境下，PLA 通过酯键断裂水解成无毒的羟羧酸，因此 PLA 最好于零度以下干燥处贮存。PLA 类聚合物可以通过纯化和封羟基端提高热稳定性。

（7）安全性 PLA 具有良好的生物相容性和可生物降解性，在体内的最终代谢产物是 CO_2

和 H_2O，中间产物乳酸是人体内糖代谢产物，安全、无毒、无致畸、无致癌性，是经美国 FDA 批准用于医用手术缝合线以及注射用微球、微囊、植入剂等剂型的材料。

3. 应用

（1）缓控释材料　PLA 及其共聚物根据药物的性质、释放要求及给药途径，可以制成特定的剂型，使药物通过扩散等释药方式以一定的速率释放到环境中。目前 PLA 和聚乳酸-羟基乙酸共聚物（PLGA）常用于制备缓控释给药体系，包括抗肿瘤药物、胰岛素、激素类药物、抗生素和疫苗等控释给药系统。

1）注射用微粒制剂：采用乳化-溶剂挥发法制备的 PLA 和 PLGA 生物可降解型微球，表面光滑，粒径小于 $250\mu m$，粒径分布较窄，包封率高；微球的体外释放度研究表明，载药微球可在 5～7 周内缓慢释放药物。通过改良的复乳-溶液蒸发法制备 PLGA 缓释微球注射剂，载药微球包封率高，无突释现象，可持续释药 5 周，具有较好的体内外相关性。已上市的品种有注射用醋酸亮丙瑞林缓释微球、注射用利培酮微球、注射用艾塞那肽微球等。

【应用实例】注射用醋酸亮丙瑞林缓释微球

处方组成：醋酸亮丙瑞林；PLGA，D-甘露醇，精制明胶。稀释剂组成：CMC-Na，Tween 80，D-甘露醇，冰醋酸，注射用水。

制备方法：采用乳化-溶剂挥发法制备亮丙瑞林微球，利用冷冻干燥技术制得醋酸亮丙瑞林无菌冻干微球粉末。

解析：

①注射用醋酸亮丙瑞林缓释微球（抑那通）采用双室预填充注射器给药。临用前将微球粉末与稀释剂混合，制成供肌肉注射的混悬液，混悬后应立即使用。

②醋酸亮丙瑞林临床上主要用于治疗性激素依赖性疾病、前列腺癌及绝经前乳腺癌，以 PLGA 为缓释材料制备的注射用醋酸亮丙瑞林缓释微球通常每四周注射一次，克服了传统注射剂需频繁注射给药的缺点，大大提高了患者的顺应性。

③PLGA 为注射用长效制剂中常用的生物可降解缓释材料，通过调整乳酸和乙醇酸的比例可以改变 PLGA 的降解速率，从而调整释药速率；乳酸和乙醇酸的比例为 50：50 时，PLGA 的降解速率最快。

2）植入剂：以 PLA 和 PLGA 为载体，采用压模、注模或螺杆挤压法可制得大小为几毫米至几厘米不同形状的植入剂，如双层膜、片状、盘状、圆柱状和植入塞等。已上市的品种有醋酸戈舍瑞林缓释植入剂 Zoladex® （诺雷德）和醋酸组氨瑞林长效植入剂等。

【应用实例】异烟肼植入剂

处方组成：异烟肼；PLGA（75：25），丙酮。

制备方法：将处方量异烟肼和 PLGA 分别溶解于适量丙酮中，混匀后于室温放置过夜。将其倾倒于水平玻璃模板上，挥去丙酮后形成载药 PLGA 膜。将载药膜置模具内压制成圆柱形植入剂，室温放置后冷冻干燥，经 Co^{60} 射线辐射灭菌，即得。

解析：

①异烟肼是抗结核的一线药物，临床应用广泛。口服和静脉滴注药物分布广泛，具有较大的毒副作用。植入给药可在病灶部位维持较高的药物浓度，而药物在体内其他部位分布较低。研究结果表明，在植入剂释药期间，靶部位的异烟肼浓度一直保持在有效治疗浓度以上。

②采用生物可降解材料 PLGA 制成的异烟肼植入剂，不仅减少了异烟肼的全身不良反应，提高了疗效，减少了给药次数，也避免了因患者不规律服药而产生的耐药性；而且 PLGA 在体内最终完

全降解，避免了传统植入剂完全释药后需通过手术取出药物载体，提高了患者的顺应性。

3）缓释胶囊：PLA作为缓释制剂载体始于1970年。如孕酮/PLLA缓释胶囊，可减少给药次数和给药剂量，提高药物生物利用度，降低药物对全身的毒副作用。

（2）PLA改性材料　PLA的改性方法分为化学改性和物理改性。化学改性包括共聚、交联、表面修饰等，主要是通过改变聚合物大分子或表面结构以改善其脆性、疏水性及降解速率等；物理改性主要是通过共混、增塑及纤维复合等方法实现对PLA的改性。

PEG与PLA形成的两亲性PEG/PLA嵌段共聚物可作为缓控释制剂的载体，并通过改变共聚物的组成配比来调节材料的亲/疏水性和降解速率。PEG/PLA嵌段共聚物可形成胶束，作为疏水性药物的纳米载体，显著改善药物水溶性，并提高其生物利用度。PLA与聚天冬氨酸共聚，在相同条件下，改性PLA的降解速率与吸湿速率明显高于PLA，表明引入天冬氨酸可增加PLA的亲水性。

（3）其他应用　PLA和PLGA作为人体内固定材料，强度高、植入后炎症发生率低、术后基本不出现感染。PLA和PLGA作为外科手术缝合线，在伤口愈合后能自动降解并被吸收，术后无须拆除缝合线。利用PLA作为填充材料植入眼巩膜表面，还可有效地解决视网膜脱落等眼科疾病。

PLA和PLGA是目前研究较多的生物降解材料，但其降解生成的酸性物质容易引起蛋白质药物变性，不利于蛋白质药物的释放。为改善PLA的亲水性相继合成了多种两亲性的聚酯-PEG嵌段共聚物，尽管此类嵌段共聚物降解后生成的PEG可以排出体外，但仍有报道长期大量使用可能引起副作用。

（二）丙交酯乙交酯共聚物

1. 概述　丙交酯乙交酯共聚物 [poly (lactide-co-glycolide) PLGA]，又称乙交酯丙交酯共聚物、聚乳酸-乙醇酸，PLGA是丙交酯、乙交酯的环状二聚合物在亲核引发剂催化作用下的开环聚合物，属于分子量较高的聚酯。化学结构式如下，其中n/m的摩尔比不同，得到不同型号的产品。

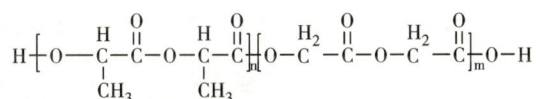

$$\text{H} \left[\text{O} - \overset{\text{H}}{\underset{\text{CH}_3}{\text{C}}} - \overset{\text{O}}{\overset{\|}{\text{C}}} - \text{O} - \overset{\text{H}}{\underset{\text{CH}_3}{\text{C}}} - \overset{\text{O}}{\overset{\|}{\text{C}}} \right]_n \text{O} - \overset{\text{H}_2}{\text{C}} - \overset{\text{O}}{\overset{\|}{\text{C}}} - \text{O} - \overset{\text{H}_2}{\text{C}} - \overset{\text{O}}{\overset{\|}{\text{C}}} \right]_m \text{O} - \text{H}$$

丙交酯乙交酯共聚物化学结构式

《中国药典》（2020年版）四部将PLGA5050、7525、8515作为药用辅料列入正文，三种型号均供注射用。按药典方法检查，PLGA共聚物0.2% (W/V) 水溶液的pH值为5.0～7.0；含甲醇不得过0.3%，丙酮不得过0.5%，二氯甲烷和甲苯均不得过0.05%；水分不得过1.0%；炽灼残渣不得过0.2%；含重金属不得过百万分之十；锡不得过0.015%；含砷盐不得过百万分之二；含内毒素的量应小于0.9EU/mg。PLGA需密封，冷藏或者冷冻（-20～8℃）保存。

《中国药典》中PLGA的三种型号命名是在丙交酯乙交酯共聚物后附上4位数的标号，分别表示丙交酯和乙交酯的摩尔百分比。

2. 性质　PLGA在室温下，为白色至淡黄色粉末、颗粒或透明块状物，几乎无臭。

（1）溶解性　PLGA在三氯甲烷、二氯甲烷、丙酮、二甲基甲酰胺中易溶，在乙酸乙酯中微溶，在水、乙醇、乙醚中不溶。与PLA相比，PLGA引入了亲水性基团，其亲水性和渗透性均优于PLA。

（2）化学反应性　PLGA的分子链末端带有羟基和羧基，可发生酯化、醚化、氧化反应，也可发生接枝或嵌段共聚等，因此常被用作蛋白质类药物的载体及脂质体等载体的修饰材料。

（3）生物降解性　PLGA 的降解属于水解反应，降解速率与结晶度和分子量有关。通过调整单体配比可合成具有不同降解速率的共聚物。乳酸比乙醇酸疏水性强，相对而言，乳酸的比例越大，PLGA 的降解速率越慢。当共聚单体按照等摩尔配比时，PLGA 的结晶度最低，降解速率最大。PLGA 链中存在的羧基对降解起催化作用。PLGA 的降解产物可被机体吸收，无残留。

（4）稳定性　PLGA 在高温、潮湿的环境中不稳定，应贮存于低温干燥处。在开封前使产品接近室温，以尽量减少由于水分冷凝引起的降解。

（5）其他　PLGA 具有良好的生物相容性，安全、无毒。

3. 应用　见 PLA 的应用。

二、聚氨基酸

（一）概述

聚氨基酸即指聚 α-氨基酸，分子式为 $H+HN-CHR-CO+_n OH$，是由一种或几种氨基酸以酰胺键连接而成的聚合物。通过改变聚合物中氨基酸的种类，可以赋予材料不同的性质，如荷电性、亲/疏水性，使聚合物获得不同的生物降解度和药物渗透性以满足不同药物的需求。

聚氨基酸是一类新型生物降解高分子材料，在降解过程中能够释放出天然的小分子氨基酸，易被机体吸收和代谢，在药物控释系统、手术缝合线和人工皮肤等医药领域具有广泛的应用。目前研究比较深入的有聚谷氨酸、聚天冬氨酸、聚-L-赖氨酸及其衍生物等。

聚氨基酸通常分为三种：①均聚氨基酸，α-氨基酸之间由肽键相连组成的聚合物（聚天冬氨酸、聚谷氨酸）；②假性聚氨基酸，α-氨基酸之间由非肽键相连组成的聚合物（聚氨酯-碳酸酯）；③氨基酸共聚物，主链由氨基酸和非氨基酸单元组成（PEG-天冬氨酸共聚物、PEG-赖氨酸共聚物）。

聚氨基酸的合成方法有 N-羟酸酐（NCA）法、活性酯法、蛋白质分解法和酶的发酵法等。$\overline{M_r}$ 高的聚氨基酸通常采用 1906 年 H·Leuchs 发现的 NCA 法，合成路线如下：

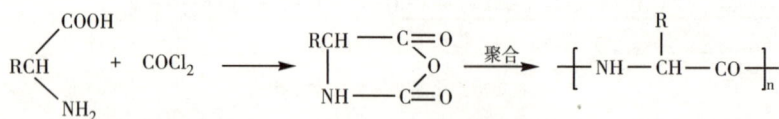

图 4-15　NCA 法合成聚氨基酸

（二）性质

1. 溶解性　大多数聚氨基酸水溶性较差，如聚丙氨酸、聚亮氨酸等。但有些聚氨基酸是水溶性的聚合物，如聚谷氨酸、聚天冬氨酸等，与难溶性药物形成复合物可以增加药物的水溶性。

2. 旋光性　除甘氨酸外，其他氨基酸均有不对称碳原子，有 L-型、D-型和（D,L）-型三种旋光异构体。一般在生物体内合成或利用的氨基酸均为 L-氨基酸。聚氨基酸的旋光性由组成氨基酸的旋光度总和决定。由于大分子中结构单元之间的旋光性相互抵消，高分子材料一般不显旋光性。生物降解后得到的单体仍有旋光性。

3. 荷电性　聚氨基酸主链 N-末端有自由的氨基和 C-末端有自由的羧基，在侧链上还有很多能解离的基团，如聚赖氨酸的 ε-氨基、聚谷氨酸的 γ-羟基等，这些基团在一定条件下都能发生解离而带电。带相反电荷的药物可以通过静电引力与聚氨基酸链段形成聚离子复合物，如带正电荷的聚 L-赖氨酸可与带负电荷的甲氨蝶呤形成复合物。

4. 生物降解性　聚氨基酸是一类具有类似蛋白质酰胺结构的生物可降解材料，在体内降解成相应的氨基酸单体，可代谢或被机体吸收和排泄。在二元、三元氨基酸的共聚物中，氨基酸的种类、配比等对共聚物的性质有重要影响。聚氨基酸在体内的降解以酶解为主，酶对氨基酸的酶解有特异性，多种氨基酸聚合后进入生物体内，为酶解提供了多个点位。故可以调节聚氨基酸中不同氨基酸的比例，调控聚氨基酸的酶解速率。

5. 化学反应性　聚氨基酸侧链上活性较高的官能团（如 -OH、-COOH 等）易发生化学反应，可与药物结合生成稳定的复合物，也可进行功能化修饰，见表 4-13。如聚谷氨酸侧链上的羧基及其衍生物聚羟乙基谷氨酰胺上的羟基，反应活性高，可以与抗癌药结合形成前体药物，从而控制药物在体内释放。

表 4-13　聚氨基酸中各种侧链基团及键合药物

聚合物	侧链基团	药物
聚谷氨酸类	2-氨基乙醇	炔诺酮
	3-氨基丙醇	炔诺肟
	2-氨基乙醇	5-氟尿嘧啶
	2-亚胺-2-甲氧基乙酰硫代半乳糖	炔诺酮
	DCC^①缩合	地塞米松
	2-氨基乙醇	α-D-甘露糖
	2-氨基乙醇	β-L-岩藻糖
	N-丁二酸基	葡聚糖过氧化酶
聚天冬氨酸类	α-D-甘露糖	顺铂
	β-L-岩藻糖	氟溴柳胺
	2-氨基乙醇	18-甲基炔诺酮
	3-氨基丙醇	炔诺酮、布洛芬
	4-氨基丁醇	萘普生、5-氟尿嘧啶
	2-氨基丁醇	乙酰水杨酸
	3-氨基丙醇、正丙胺	二氟苯萨、萘普生
聚-L-赖氨酸类	聚乙二醇接枝	DNA、5-氟尿嘧啶、氨甲蝶呤

注：①DCC 即 N,N-二环己基碳二亚胺，是酯化、酰胺化等反应常用的一种脱水剂。

6. 安全性　聚氨基酸在人体内降解成内源性的氨基酸，无蓄积和毒副作用，具有良好的生物相容性。

（三）应用

1. 抗癌药物-聚合物复合物载体　聚谷氨酸作为抗癌药物的载体有利于降低药物的毒性，提高药物的稳定性。如顺铂是重金属配位化合物，微溶于水，且在水中不稳定，疗效低，细胞毒性大。以聚谷氨酸作为载体，利用其侧链羧基上的氢取代顺铂（cisplatin，顺式二氨基二氯络铂）分子中的氯原子，形成有活性的、相对稳定的、细胞毒性较低的顺铂-聚谷氨酸复合物。又比如，阿霉素与聚谷氨酸交联后稳定性显著提高，同时降低了心脏毒性，可使白血病小鼠存活时间延长。

紫杉醇是极具前景的天然抗肿瘤药物，但水溶性极差，水中溶解度小于 $0.004mg/mL$，大大限制了其临床应用，如何提高紫杉醇的水溶性一直是近几年的研究热点。将紫杉醇与聚谷氨酸进行交联，当紫杉醇质量分数为 $20\%\sim22\%$ 时，其溶解度大于 $20mg/mL$，小鼠实验证明复合物对卵巢癌、乳腺癌治疗效果优于紫杉醇单体。喜树碱也是一种天然的抗肿瘤药物，难溶于水，且内酯形式不稳定，疗效低。当 10-羟基喜树碱或 9-氨基喜树碱与聚谷氨酸偶联形成喜树碱聚谷氨酸聚合物后，不仅水溶性大幅增加，而且对同源和异源的肿瘤都保持较高的抗肿瘤活性，比游离喜树碱活性强。

2. 缓控释材料 将药物键合到聚氨基酸载体上，利用载体自身的降解速率或改变其亲/疏水性、荷电性和酸碱性等方法调节药物的扩散速度以达到缓控释效果。将甾体避孕药炔诺酮共价结合于聚谷氨酸上，体外及大鼠体内的释放试验表明，炔诺酮的释放时间达到 300 天。

3. 靶向制剂材料 聚谷氨酸的半乳糖或甘露糖酯化衍生物与药物形成的复合物具有一定的肝靶向性，可作为肝细胞特殊药物的载体。复合物在肝脏降解，药物在肝脏特定释放，同时，糖酯化的聚谷氨酸迅速酶解为内源性谷氨酸，不会在体内产生蓄积和毒副作用。

4. 纳米粒/胶束载体 通过嵌段共聚技术制备的聚乙二醇-聚谷氨酸（PEG-PBLG）嵌段共聚物，在亲水溶剂中自组装形成核-壳型胶束结构，其中 PBLG 段为刚性较强的分子，内聚形成载药内核，PEG 段具有较高的柔顺性，在 PBLG 内核表面形成水溶性外壳，避免微粒被网状内皮系统中巨噬细胞吞噬，从而延长药物在体内循环的时间。如两性霉素 B 的 PEG-PBLG 纳米粒可以显著改善两性霉素的水溶性，随着嵌段共聚物中 PEG 比例的增加，纳米粒的抗吞噬能力增强。

聚氨基酸材料在缓控释给药系统中的研究已相当深入，但应用于临床的仍较少，主要原因是聚氨基酸的生产规模较小，品种规格不全，价格昂贵。因此，聚氨基酸类的生物降解制剂应用于临床，尚需加强基础研究，开发新的合成方法以降低成本。

【应用实例】两性霉素 B 聚乙二醇-聚谷氨酸苄酯纳米粒

处方组成：两性霉素 B；聚乙二醇-聚谷氨酸苄酯（PEG-PBLG），N,N-二甲基甲酰胺（DMF）。

制备方法：取处方量 PEG-PBLG 共聚物与两性霉素 B 溶解于 DMF 中，将溶液置于透析袋中透析一定时间，然后将透析袋中的载药纳米粒分散液离心，除去未包埋药物，上清液经微孔滤膜过滤，冷冻干燥，即得。

解析：

①两性霉素 B 为多烯类抗真菌抗生素，治疗严重的深部真菌引起的内脏或全身感染，疗效确切。但由于其严重的毒副作用，限制了两性霉素 B 的临床应用。

②PEG-PBLG 共聚物可制备具有亲水性外壳的两性霉素 B 载药纳米粒，显著提高两性霉素 B 的水溶性。两性霉素 B-PEG-PBLG 纳米粒与小鼠腹腔巨噬细胞共孵育后，发现 PEG-PBLG 纳米粒的抗吞噬能力随 PEG 所占比例的增加而增加，有利于将两性霉素 B 转运到非 RES 的病变部位以降低肾脏毒性。

三、偶氮聚合物

（一）概述

偶氮聚合物是主链、交联链或侧链含有偶氮键的聚合物。根据与偶氮键键接基团的性质，可分为脂肪族偶氮聚合物和芳香族偶氮聚合物。脂肪族偶氮聚合物由于热不稳定性，通常在自由基聚合反应中作引发剂。芳香族偶氮聚合物由于有共轭结构，热稳定性较好，在化学、生物降解和制剂学等领域得到应用，尤其在结肠定位给药系统中显示出很好的应用前景。

结肠菌群产生的酶可催化多种代谢反应，结肠厌氧菌在代谢过程中可产生偶氮还原酶使偶氮键降解，这是芳香族偶氮聚合物作为结肠靶向药物载体的基础，其降解过程为：

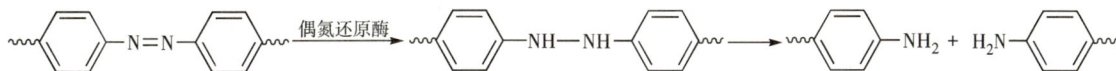

图 4-16　偶氮聚合物的降解示意图

（二）性质

1. 降解性　线型偶氮聚合物通过偶氮交联剂交联得到共聚物，在交联度较低时，其降解主要是共聚物的表面降解，当交联度增大时则以本体降解为主；共聚物的生物降解程度与其中不同亲/疏水性的单体含量相关，亲水性单体含量越大，降解程度越大。因此选择不同单体的比例，可调节共聚物降解性，从而达到结肠靶向与缓释目的。

2. 溶胀性　偶氮聚合物的溶胀性主要取决于链段的亲/疏水性。在水溶液中，溶胀度随着共聚物中亲水基团的增加而增加。偶氮聚合物的溶胀性是影响药物释放速率的重要参数之一。

3. 安全性　在一定程度上，偶氮聚合物的安全性取决于其进入体内产生的降解产物。而对于不同方法和不同单体合成得到的偶氮聚合物，其体内降解产物也不同，所以长期使用偶氮聚合物后体内产生的不同降解产物的毒性值得深入研究。

（三）应用

1. 水凝胶材料　采用亲水性的 N-取代的甲基丙烯酰胺、N-叔丁基丙烯酰胺和丙烯酸单体，以不同的偶氮苯为交联剂，可合成不同配比的水凝胶。由于交联剂分子链的长短不同而导致水凝胶网络孔径大小的差异，从而影响其溶胀度和降解速率。此外，偶氮聚合物中含有 pH 敏感单体时，水凝胶的溶胀与 pH 值有关，pH 值 7.4 时溶胀度最大，在结肠环境下有利于水凝胶偶氮键的还原。研究表明：pH 敏感的偶氮聚合物水凝胶体系具有很好的定位作用和适宜的释药速率。

2. 包衣材料　在偶氮聚合物主链上引入偶氮键形成的高分子材料，是具有较好前景的结肠靶向药物控释载体，该聚合物包衣材料具有良好的成膜性和适宜的降解速率。采用苯乙烯、甲基丙烯酸-β-羟乙酯和偶氮苯交联剂合成的偶氮聚合物，可包裹胰岛素、多肽类药物，避免药物在胃肠道中被蛋白水解酶降解而失去药效，药物到达结肠后聚合物溶胀，被偶氮还原酶降解，产生相应的生物活性。

3. 前体药物材料　结肠靶向偶氮聚合物前药，即药物通过偶氮键与聚合物载体键接所得。药物的释放速率与聚合物的骨架结构有关。对于释药速率较慢的聚合物，可以在其支链上接上葡萄糖或岩藻糖合成黏附性结肠靶向聚合物前药，延长药物在结肠的滞留时间。柳氮磺胺吡啶是临床上磺胺类药物中治疗结肠炎最有效的药物。研究表明，柳氮磺胺吡啶在结肠处的代谢过程中，偶氮键被偶氮还原酶断开，产生磺胺吡啶和 5-氨基水杨酸，而 5-氨基水杨酸是治疗结肠炎的有效成分，所以人们设想把 5-氨基水杨酸与聚合物键合制成偶氮聚合物前药。

自 1986 年 Saffran 等首次合成了芳香族偶氮聚合物作为结肠靶向药物释放载体，由于合成困难等原因，在这一领域中的研究并不是很多，仍停留在理论阶段。但是偶氮聚合物不论是作为治疗结肠疾病药物的载体还是蛋白质、多肽类药物的给药方式无疑具有一定的现实意义和应用前景。但还必须进行一些基础性的研究工作，如安全性、偶氮聚合物的降解速率和影响因素等。

四、硅橡胶

（一）概述

硅橡胶（silicone rubber）是主链由硅氧原子交替组成、在硅原子上带有有机基团的合成橡胶。分子中的有机基团可以是 $-CH_3$、$-C_2H_5$、$-CH=CH_2$ 或 $-C_6H_5$ 等，硅橡胶化学结构式如下：

$$HO-\underset{\underset{R}{|}}{\overset{\overset{R}{|}}{Si}}-O\left[\underset{\underset{R}{|}}{\overset{\overset{R}{|}}{Si}}-O\right]_n\underset{\underset{R}{|}}{\overset{\overset{R}{|}}{Si}}-OH$$

R= $-CH_3$、$-C_2H_5$、$-CH=CH_2$ 或 $-C_6H_5$

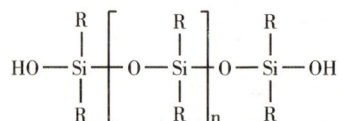

线型聚有机硅氧烷化学结构式

应用不同温度和不同方法硫化交联，通过改变 R 的结构及不同结构 R 的比例，可以形成在各种溶剂中不溶的硅橡胶。

硅橡胶按其硫化特性可分为热硫化型和室温硫化型；按性能和用途可分为通用型、超耐低温型、超耐高温型、高强力型、耐油型、医用型等；按单体不同可分为二甲基硅橡胶、甲基乙烯基硅橡胶、甲基苯基乙烯基硅橡胶、氟硅橡胶、腈硅橡胶等。

制备 $\overline{M_r}$ 高的线型聚硅氧烷橡胶，必须用高纯度的原料，若有单官能团化合物参加反应，产物为 $\overline{M_r}$ 低的硅油；多官能团化合物参加反应，产物为支链或体型结构。医用级硅橡胶主要是交联的体型聚烃基硅氧烷橡胶。

硅橡胶压敏胶（硅酮压敏胶），即聚二甲基硅氧烷和硅树脂的体型缩聚产物，硅树脂是一种高度支化、具有多官能度的聚有机硅氧烷，与聚二甲基硅氧烷形成交联结构，见下列反应式。两者的比例影响压敏胶的性能，聚二甲基硅氧烷的比例增加有利于提高压敏胶的黏性和柔软性，硅树脂的比例增加则使黏性降低，但强度和稳定性提高。另外，硅烷醇（$-Si-OH$）官能团的含量也是影响黏性的重要因素之一。

（二）性质

硅橡胶一般为无色透明的弹性体，或无色透明、乳白色的黏稠液体至半固体。硅橡胶的性能与重复链节（$-O-Si-$）的分子结构、构型、构象、侧链的种类和数量以及 $\overline{M_r}$ 的大小和分布密切相关。

1. 耐温性　硅橡胶是一种既耐高温又耐低温的弹性体，使用温度范围广（$-60\sim250℃$），在很宽的温度范围内仍能保持其室温下的特性，这种热学性质是大多数有机弹性体难以实现的。硅氧键的键能达 370kJ/mol，比一般橡胶的碳-碳键的键能 240kJ/mol 要大得多，这是硅橡胶具有很高热稳定性的主要原因之一。

2. 耐臭氧性　在静态拉伸或连续的动态拉伸变形下，暴露于密闭无光照的含有恒定臭氧浓度的空气和恒温的试验箱中，按预定时间对硅橡胶进行检测，从硅橡胶表面发生的龟裂或其他性能的变化程度可评定其耐臭氧性能。研究表明：硅橡胶在动态和静态测试过程中，硬度、拉伸强度和延伸率等没有明显变化，显示了优异的耐臭氧性能。

3. 耐候性　即指橡胶及其制品在加工、贮存和使用过程中的老化现象。耐候性试验是将硅橡胶暴露于自然或人工气候一定时间后测定其颜色、外观和物理性能的变化。研究表明：硅橡胶

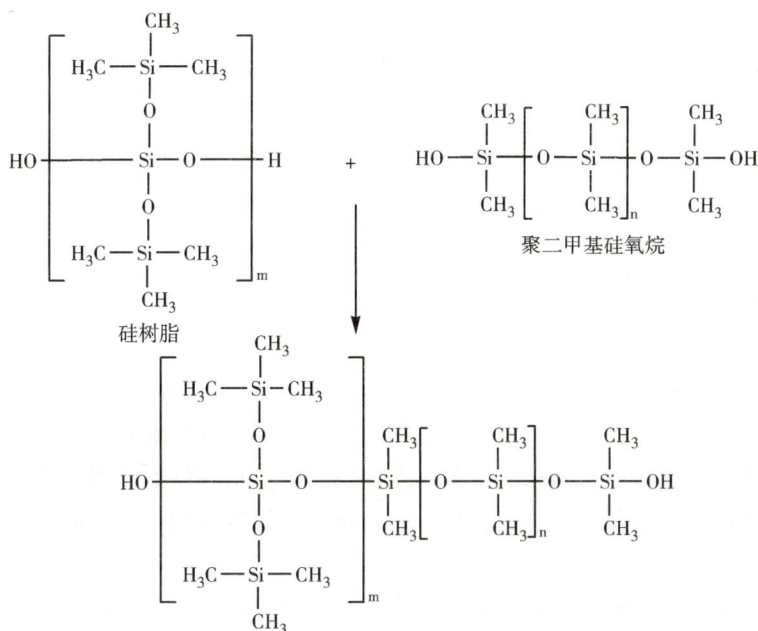

图 4-17　硅橡胶压敏胶缩聚反应示意图

在测试条件下，表面未见裂纹或裂痕，拉伸强度、硬度和断裂伸长变化小。

4. 透气性　硅橡胶的交联网状结构中具有可供分子扩散的"自由体积"，故对水蒸气、气体和药物有良好的通透性。硅橡胶与不同弹性体透气性的比较见表 4-14。

表 4-14　几种弹性体室温下对不同气体和 200℃ 空气的透气率

弹性体	透气率（$\times 10^{-7}$，$cm^3 \cdot cm \cdot cm^{-2} \cdot s^{-1} \cdot Pa^{-1}$）					
	H_2	CO_2	N_2	O_2	空气	空气（200℃）
通用硅橡胶	47.8	232.2	20.0	43.8	25.6	74.0
耐极低温度硅橡胶	37.7	156.9	15.0	33.4	18.0	—
氟硅橡胶	13.5	51.4	4.0	8.10	4.8	—
丁基橡胶	—	—	0.025	0.098	0.02	10.0
聚氨酯橡胶	—	—	—	0.08	0.05	熔化
天然橡胶	—	—	—	1.30	0.67	26.2

5. 柔软性　聚有机硅氧烷分子结构对称，分子链呈螺旋状而使硅氧键的极性抵消，其侧链一般为非极性基团，所以分子间作用力很弱，T_g 很低，具有良好的柔软性和耐低温性。

6. 安全性　医用级硅橡胶具有优异的生理惰性，无毒、无味、无腐蚀、抗凝血、与机体的生物相容性好，能经受苛刻的消毒条件。

（三）应用

1. 缓控释材料　硅橡胶可作为药物的缓释载体，如皮下植入剂、子宫植入剂、阴道环、缓释胶囊、外用膏剂等。植入系统的研究始于医用硅橡胶的成功合成，许多硅橡胶植入剂的体内研究证明：它不仅能解决植入系统的生物相容性问题，而且药物的释放速率也可得到有效的控制。

利用硅橡胶控制药物释放的方式主要有包膜型和微粒分散型两种。目前，利用硅橡胶的缓控释制剂已应用于避孕药和抗癌药中，已有左炔诺孕酮硅胶棒、氟尿嘧啶植入剂、依托孕烯植入剂等上市品种。如 Norplant-Ⅱ长效皮下避孕植入剂，药物与硅橡胶按照 1：1 比例混合制得的长 4.4cm、外径 2.4mm 的均匀小棒，外面包上硅橡胶薄膜，两根一组，总药量 140mg，释药速率为 45μg/d，缓释时间长达 8 年。

【应用实例】甲氨蝶呤缓释植入剂

处方组成：甲氨蝶呤；硅橡胶，阻滞剂，致孔剂。

制备方法：采用微球涂膜成型法，先制备载药微球，后涂膜，然后按配比在模具中组合成型。

解析：

①甲氨蝶呤为抗肿瘤药物，本处方甲氨蝶呤缓释植入剂系采用高分子骨架及膜层技术控制药物的释放速度，维持药物作用时间为肿瘤细胞增殖周期的 2～10 倍或以上。

②抗肿瘤药物植入剂可以植入到局部肿瘤实体内或肿瘤切除创面，使局部药物浓度维持在抑制或杀灭肿瘤细胞的水平；与传统化疗相比，可降低全身毒副作用，提高肿瘤部位药物浓度，具有明显优势。

③处方中硅橡胶为非生物降解聚合物，具有无毒、耐生物老化、生理惰性、植入人体组织后不引起异物反应、对周围组织不引发炎症及较好的物理机械性能等优点；阻滞剂主要是指疏水性物质，如硬脂酸、硬脂酸镁、高级脂肪酸/醇、硬脂酸甘油酯等；致孔剂是指水溶性的低分子或高分子化合物，如氯化钠、氯化钾、明胶、CMC-Na、HPMC、PEG 等。通过调整处方中阻滞剂和致孔剂的比例，可以达到调节药物释放速率的目的。

2. 压敏胶材料 自 1981 年 Ciba-Geigy 药厂首创的 Transderm-Nitro 应用硅酮压敏胶以来，压敏胶材料得到较快的推广应用。医用硅酮压敏胶的黏着力为 50～600g/cm²，并且具有足够的快黏力。硅铜压敏胶的黏着力与含药量有关，一般黏着力随含药量的增加而下降。硅酮压敏胶中药物的释放特性与含药量、药物的溶度参数等因素有关，若药物的亲脂性高，其溶度参数与角质层的溶度参数相近，则硅酮压敏胶中药物的释放较好。

3. 其他应用 硅橡胶可用于人体器官或组织的代用品，如人工肺、视网膜植入物、人工脑膜、喉头、人工手指、牙齿印模及人工心脏瓣膜附件等。医疗领域采用的医用硅胶管是硅橡胶制品中发展最快、用途最广的产品。医用硅橡胶还应用于生物医学工程领域，主要包括医疗用装置、医用电极、生物植入传感器的外包装材料。

硅橡胶在医药领域已占据了重要的地位。由于硅橡胶的疏水性，其制品植入人体后仍有轻微的异物感，目前，可采用表面改性、辐射法使硅橡胶表面接枝和通过共混改性等方法提高其亲水性。另外，以硅橡胶为载体的长效皮下植入剂需手术植入给药，病人不能自主用药，有效期满后必须取出，增加了使用者的痛苦和费用，因此，引发了人们对可生物降解型皮下植入剂的研究。

五、波拉克林离子交换树脂

（一）概述

离子交换树脂（ion exchange resin，IER）是一类带有功能基团（酸性或碱性基团）的三维网状结构的高分子材料。离子交换树脂在水中不溶，根据其功能基团可解离的反离子的电性，分为阳离子型和阴离子型交换树脂。聚合物主链上以共价键结合的酸性功能基团通常有 $-SO_3^-$、$-COO^-$、$-PO_3^{2-}$ 等，属于阳离子交换树脂；主链上含有 $-NH_3^+$、$-NH_2^+$、$-NH^+$ 等碱性功能基团的属于阴离子交换树脂。

离子交换树脂作为药物载体在药剂学中得到广泛应用，在缓控释给药系统、胃内滞留给药系统、靶向给药系统、片剂崩解剂等方面的应用都有深入的研究。目前药用的有波拉克林离子交换树脂（Polacrilin potassium，商品名 Amberlite IRP），即二乙烯苯-甲基丙烯酸共聚物，是由二乙烯基苯和甲基丙烯酸、苯乙烯或酚醛基聚胺共聚而成，也称波拉克林离子交换树脂（符合 USP/NF、EP、JP 等药典标准），其规格、型号及应用见表 4-15。

表 4-15　波拉克林离子交换树脂规格、型号及应用

通用名	商品名/型号	离子形式	类型	共聚物化学名称	应用
波拉克林树脂	Amberlite®IRP-64	H^+	弱酸型	甲基丙烯酸和DVB	遮味剂、稳定剂、阳离子药物载体
波拉克林钾	Amberlite®IRP-88	K^+	弱酸型	甲基丙烯酸和DVB	崩解剂、遮味剂、稳定剂
波拉克林钠	Amberlite®IRP-69	Na^+	强酸型	苯乙烯和DVB	缓控释制剂、稳定剂
—	Duolite®AP143	游离碱	弱碱型	酚醛基聚胺和DVB	缓控释制剂、阴离子药物载体

注：DVB即二乙烯基苯。

（二）性质

离子交换树脂一般为乳白色、淡黄色、黄色、褐色、棕褐色或黑色的可自由流动的球粒或粉末，各种颜色是生产树脂时加入的指示剂。通常树脂床使用的树脂粒径为 $0.6\sim2.4mm$，特殊用途的细磨树脂粒径可小至 $0.08mm$。

1. 酸碱度　主要取决于聚合物链结构上的各种酸性或碱性基团，可分为强酸型、弱酸型阳离子树脂，强碱型、弱碱型阴离子树脂。$-SO_3H$、$-H_2PO_3$ 和 $-COOH$ 等酸性基团的 pK_a 值分别为 <1、$2\sim3$ 和 $4\sim6$；$-NH_4^+$、$-NH_3^+$ 和 $-NH_2^+$ 等碱性基团的 pK_a 值分别为 >13、$7\sim9$ 和 $5\sim9$。酸碱度主要影响树脂的载药速率和释药速率。

2. 交换反应　离子交换反应是离子交换树脂重要的化学性能。离子交换树脂主链上带有酸性或碱性功能基，具有酸或碱的反应性能。离子交换树脂主要适用于离子型药物，药物结合于树脂上，称为药物树脂。当带有适当电荷的离子与含药树脂接触时，通过离子交换作用使结合的药物从树脂中扩散出来。下式为离子交换树脂与药物的交换平衡反应式。

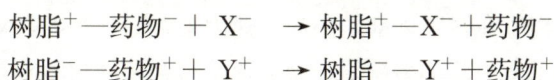

$$树脂^+\!—药物^- + X^- \rightarrow 树脂^+\!—X^- + 药物^-$$
$$树脂^-\!—药物^+ + Y^+ \rightarrow 树脂^-\!—Y^+ + 药物^+$$

其中 X^-、Y^+ 为消化道中的离子。药物从树脂中的扩散速率受扩散面积、扩散路径长度和树脂刚性等特征参数的影响。

3. 交换容量　是指离子交换树脂中所有可交换活性基团的总数，是一个与外界溶液条件无关的常数，可评价离子交换树脂交换反离子的能力。通常用重量交换容量（mmol/g，干树脂）和体积交换容量（mmol/L，湿树脂）表示。在聚合物的链结构中，并不是所有的荷电基团都能与带有相反电荷的离子型药物发生结合，实际的有效交换容量还取决于聚合物的聚合度、物理结构等因素。交换容量是决定离子交换树脂载药量大小的因素之一。

4. 交联度、孔隙率和溶胀性　树脂的交联度以合成时所用单体中交联剂的百分重量表示。交联度与离子交换树脂的很多性质（溶解度、交换容量、孔隙率、选择性、溶胀性、稳定性等）相关。离子交换树脂的交联度越大，则孔隙率越小，溶胀度减小，故使载药速率和载药量减小。离子交换树脂的粒径一般在几十至几百微米，溶胀后可扩大至 1mm 左右。粒径越小，树脂的比表面积越大，可以缩短树脂与离子型药物达到交换平衡的时间。

5. 化学稳定性 主要指离子交换树脂对氧化剂、还原剂、强酸、强碱及有机溶剂的稳定性。一般阴离子交换树脂的化学稳定性较阳离子交换树脂稍低，稳定性最低的是伯、仲、叔胺型的弱碱型阴离子交换树脂，稳定性最好的是强酸性苯乙烯系（磺酸型）阳离子交换树脂，对各种有机溶剂、强酸、强碱等均稳定。以苯酚为母体的离子交换树脂易受溶剂、氧气和氯的破坏。

（三）应用

1. 缓控释材料 离子交换树脂在缓控释给药系统中的应用，是当前最成熟、最活跃的领域，目前已有上市产品，如右美沙芬缓释混悬液、可待因-扑尔敏复方缓释混悬液等。离子交换树脂在设计给药系统时具有灵活性，可以是液体、微粒和骨架固体制剂。单树脂复合物用于缓控释给药系统是最简单的应用方式。这种给药形式比普通的药物释放和吸收缓慢，树脂复合物可再进一步包衣或者微囊化，通过微囊化和调整包衣膜厚度可以更好地控制药物的释放速率。

【应用实例】右美沙芬缓释混悬液

处方组成：右美沙芬氢溴酸盐；聚磺苯乙烯钠（阳离子交换树脂），乙基纤维素，环己烷，Tween-80，黄原胶，丙二醇，单糖浆，香料，尼泊金乙酯。

制备方法：采用静态法制备右美沙芬树脂微粒，再以乙基纤维素溶液对载药树脂进行包衣，然后将包衣树脂微粒混悬于丙二醇，另将 Tween-80 与黄原胶混合后加至丙二醇混悬液中，加入单糖浆、香料和尼泊金乙酯乙醇液，混匀后，即得。

解析：

①右美沙芬为中枢性镇咳药，适用于上呼吸道感染引起的咳嗽，其普通制剂作用时间短，一般需日服 3～4 次。其缓释混悬液口服后，胃肠道中内源性离子透过包衣膜交换出含药树脂上的药物离子，而后被吸收。由于胃肠道中内源性离子量相对恒定，因此药物的释放度也较为恒定，主要取决于乙基纤维素包衣膜的厚度、离子交换树脂的交联度。

②本处方基于离子交换及膜控技术，药物释放受胃内容物、胃排空、胃肠道 pH、温度、酶的影响小，药物在胃肠道内分布面积大而均匀，刺激性小；该制剂流动性好，便于分剂量与服用并且掩盖了药物苦味，对老幼尤为适合。

2. 靶向制剂材料 利用离子交换原理可制成非生物降解的药物树脂微球用于靶向给药系统。树脂微球的粒径和孔径是离子在树脂内部扩散的限速因素，而且影响其对组织的靶向性及在靶组织的释药行为。国外研究了磺丙基葡聚糖离子交换树脂结合和释放阿霉素的影响因素及药物树脂的体外抗癌活性，表明阿霉素药物树脂体外治疗癌细胞有效。

3. 眼用制剂材料 以离子交换树脂为载体的缓释混悬液主要由高交联度且膨胀度较小的树脂、分散介质（等渗的水溶性缓冲液）和助黏剂（卡波姆或聚卡波菲等）组成，可以克服滴眼液、软膏剂和凝胶等眼部常用剂型药物损失、致视力模糊等缺点，药物的释放仅与介质的离子种类和强度有关，与介质的 pH 值无关，药物在角膜表面的释放具有均一、缓释的特性，且树脂粒径小（5～20μm），眼部刺激性小。

4. 生物黏附性材料 对于主要在胃内吸收的药物，通过延长其在胃内滞留时间，能够提高生物利用度和减少药物的损失。离子交换树脂可以通过静电引力与黏蛋白或上皮细胞表面发生生物黏附。应用离子交换树脂的生物黏附性是研究胃肠道靶向给药的方法之一。

5. 崩解剂 离子交换树脂虽然在水中不溶，但其网状结构吸水后发生显著溶胀作用。阳离子交换树脂波拉克林钾（Amberlite® IRP-88）可以作为片剂的崩解剂，特点是流动性好，溶胀后黏度小，可避免崩解后粒子之间的黏结现象，压制的药片光洁度好，崩解性能优良，用量为

$2\% \sim 10\%$。

6. 遮味剂　树脂颗粒口服给药后在口腔中停留时间很短，且口腔分泌的唾液量较少，药物还未解吸附就已进入胃中，可有效掩盖药物的不良嗅味，提高患者用药的依从性。盐酸曲马多是含有氨基的镇痛药，有较大的苦味，利用离子交换技术将主药与离子交换树脂反应制成的含药树脂速释混悬剂，口服后在口腔中不释放或很少释放药物，患者感觉不到苦味。而在胃肠中含有丰富的钠、钾离子，因此药物被迅速、大量释放出来，达到与普通片剂或胶囊剂相同的溶出效果。

7. 稳定剂　将具有多晶型的药物制成含药树脂，由于药物树脂为无定形物，因此可以避免药物在生产和贮存的过程中发生晶型转变，从而保证制剂质量的可靠性与一致性。利用离子交换树脂在所有溶剂中均不溶解的性质，将易潮解的药物与离子交换树脂制成药物树脂，可以避免环境湿度对药物的影响。

离子交换树脂也存在一些不足，如仅适用于离子型药物，其载药量不高，长时间服用树脂复合物会造成消化系统离子环境紊乱等。随着材料学和药剂学的发展，必将使这一给药载体在药剂学中的应用更科学、更广泛、更深入。

思考题

1. 市场上主要的聚丙烯酸树脂商品有哪些？请对比分析国内外主要品牌的型号、性质与用途的异同点。

2. 在设计化妆品或外用制剂处方时，如何选用 PAA、PAA-Na 及其他高分子材料？

3. PVA 和 EVA 均可作为成膜材料，为了应用时作选择依据，试述两者的异同点。

4. 聚维酮可用作黏合剂、助悬剂、包衣材料和固体分散体基质等，对应选择哪种规格的聚维酮以满足上述应用的需求？

5. 如何评价 Tween-80（聚山梨酯-80）在中药注射剂中的作用与安全性？

6. PLA、PLGA 在缓控释给药系统中的应用？以 PLGA 为主要降解材料，设计炔诺酮长效植入剂的处方及工艺。

7. 可生物降解材料一般具有什么结构，其降解的快慢主要受到哪些因素的影响？

8. 请从国内外药用合成高分子材料的发展角度，阐述如何以高质量发展为主题，提升国内药用高分子材料开发水平。

第五章
药用高分子包装材料

药品包装系指选用适当的材料和容器，利用一定技术对药物制剂的成品进行分（灌）、封、装、贴签等加工过程的总称；药品生产企业生产的药品和医疗机构配制的制剂所使用的直接接触药品的包装材料和容器称为药品包装材料，简称药包材。

美国国家食品与药物管理局（FDA）规定，在评价一种药物时，必须确定此药物使用的包装能在整个使用期内保持其药效、纯度、一致性、浓度和质量。我国《药品管理法》指出：直接接触药品的容器和包装材料，必须符合药用要求，符合保障人体健康、安全的标准，并由药品监督管理部门在审批药品时一并审批。药品生产企业不得使用未经批准的直接接触药品的包装材料和容器。《药品生产质量管理规范》、《直接接触药品的包装材料和容器管理办法》、《中国药典》（2020年版）药包材通用要求指导原则、药包材检测方法以及"YBB00032005－2015《钠钙玻璃输液瓶》"等130项直接接触药品的包装材料和容器国家标准"，明确了药品包装材料的分类、注册、生产和监督管理、标准及检测等内容。

药品包装是药品生产的重要环节，药包材是药品包装的物质基础，是维持药物稳定性、安全性、用药便利性，从而实现药品功能的保证。常用的药包材有塑料、橡胶、纤维、玻璃、金属以及各种复合材料等，本章简要介绍塑料、橡胶、纤维三类药用高分子包装材料的基本知识、性能要求和评价。

第一节　常见的药用高分子包装材料

一、塑料类

塑料系由高聚物作基材，添加各种助剂构成。塑料按高分子结构和加工性能分为热塑性塑料和热固性塑料。

塑料中的助剂有：增塑剂（邻苯二甲酸酯、磷酸酯、脂肪族二元酸酯、枸橼酸酯和聚氧乙烯类等）、稳定剂（有机锡化合物、硬脂酸皂、月桂酸皂、蓖麻油皂等金属皂类以及螯合剂、硫醇类、顺丁烯二酯类等）、抗氧剂（酚类、仲胺、亚磷酸酯、含硫化合物等）、抗静电剂（季铵类、吡啶盐、咪唑衍生物等）、润滑剂（硬脂酰胺、油酸酰胺、硬脂酸、石蜡、液体石蜡等）、遮光剂（氧化铁、二氧化钛等）、填充剂（炭黑、碳酸钙、滑石、二氧化硅等）、着色剂等。

塑料具有质轻、耐腐、美观、易于成型、适用性广等优点，大部分以薄膜、片材、中空容器（如袋、瓶、罐、管、泡罩）等形式广泛应用于药品包装中。

1. 聚乙烯（polyethylene，PE）　由乙烯单体聚合而成，其化学结构式如下：

$$-[CH_2-CH_2]_n-$$

聚乙烯化学结构式

纯 PE 是乳白色蜡状固体，工业用 PE 因加有稳定剂而呈半透明颗粒；PE 不溶于水，在常温下也不溶于其他溶剂，在 70℃以上略溶于甲苯、乙酸、戊酯、石油醚等。

PE 按密度不同分为低密度聚乙烯（LDPE）、中密度聚乙烯（MDPE）、高密度聚乙烯（HDPE）。LDPE 密度为 $0.91\sim0.92g/cm^3$，柔韧、表面硬度低，热膨胀系数高，力学及耐低温（$-70\sim-60$℃）性能优良；耐酸、盐和无机溶液，对烃类、油脂类敏感；对水汽的阻隔性能很好，但对气体、气味的阻隔性差，并可吸附防腐剂。HDPE 密度为 $0.94\sim0.95g/cm^3$，刚性及化学稳定性较 LDPE 更优，对潮湿气体亦有很好的阻隔性，但透气性较 LDPE 差；因支链少而软化温度高，可经受高温蒸煮消毒。MDPE 许多性能（如刚性、耐磨损性、透气性）介于 LDPE 与 HDPE 之间，但其加工成型性较差，在吹塑成型中应用较少。

PE 长时间与脂肪烃、芳香烃、卤代烃接触，会发生溶胀；长时间与矿物油、凡士林、动物脂肪、植物油接触，将产生永久变形。

PE 具有无毒、卫生、价廉等特点，是药品包装的主要材料。LDPE 主要用作薄膜、片材及冷藏容器，而 HDPE 是使用量最大的容器包装材料。PE 适合于 γ-射线及环氧乙烷（LDPE 薄膜厚度要小于 $150\mu m$）灭菌。

2. 聚丙烯（polypropylene，PP）　由丙烯聚合而成，其化学结构式如下：

$$-[CH-CH_2]_n-$$
CH_3

聚丙烯化学结构式

根据使用的催化剂及聚合工艺的不同，PP 有三种不同的立体化学结构：等规聚丙烯、间规聚丙烯、无规聚丙烯，目前工业生产中大多是等规聚丙烯。

PP 为无色或乳白色材料，光泽性好，质轻，无毒；PP 阻隔性优于 HDPE 薄膜，特别是阻湿、防水性极好，但异味和气体透过率较大；有良好的耐化学性能，除芳香性或卤代溶媒能使其软化外，几乎耐受所有类型的化合物，包括强酸、强碱及大多数有机化合物；PP 熔点较高，耐热性好（可达 120℃左右）；拉伸强度和刚性优于同价格的 PE 薄膜；PP 具有较好的成膜和成型加工性，可挤出、中空吹塑和注塑成型，制成管、膜、瓶等以及瓦楞包装板材；PP 能耐受 115℃热压灭菌和环氧乙烷灭菌，但不适于干热灭菌。

PP 主要缺点是低温时（低于 0℃）耐冲击强度较差；熔点高，热封温度也高。PP 印刷性能不佳，须经表面处理。

3. 聚氯乙烯（polyvinyl chloride，PVC）　由氯乙烯单体在引发剂作用下经自由基加成聚合而成，其化学结构式如下：

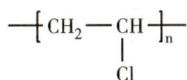

$$-[CH_2-CH]_n-$$
Cl

聚氯乙烯化学结构式

PVC 为白色或微黄色粉末，相对密度约 1.4，含氯量为 $56\%\sim58\%$。PVC 极性、硬度和刚性比 PE 大；耐酸、耐碱；溶于某些酮、酯和氯代烃类溶剂，在石油、矿物油中不溶。

直接将 PVC、稳定剂、润滑剂等在一定温度下混合，经滚压制成的无色透明的薄片称为硬质聚氯乙烯，主要用作药片、胶囊的水眼泡吹塑薄膜、药瓶、药盒等，其成型方便，强度高、透气率低，缺点是加工性、热稳定性和抗冲击性差；在加工过程中添加邻苯二甲酸酯等增塑剂制成的聚氯乙烯称为软质聚氯乙烯，具有透明、柔软、不易破碎的优点，是输液袋及药品薄膜包装的主要材料。PVC 一般可用环氧乙烷灭菌，硬质 PVC 也可用 γ-射线照射灭菌。

PVC 制品因残留氯乙烯单体（可引起肝癌）以及增塑剂溶出，可能导致输液的澄明度下降，药品出现异味，目前欧美已在多方面限制或禁止使用，我国有关卫生标准规定 PVC 其单体残留不能超过 1ppm。

4. 聚苯乙烯（polystyrene，PS） 由苯乙烯单体聚合而成，其化学结构式如下：

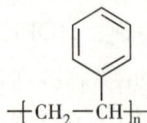

$$\left[CH_2 - CH\right]_n$$

聚苯乙烯化学结构式

PS 为无色、无味、透明的无定型聚合物，相对密度约为 1.05。PS 主链上苯环的无规空间位阻使其不能结晶，因而具有极高的表面硬度和刚性，但性脆、抗冲击强度差；PS 吸水性低，耐酸碱，但不耐油、不耐强氧化性酸，容易受许多化学品（如异丙豆蔻酸）的侵蚀而破裂，所以只能盛装固体制剂，不适合于包装含油脂、醇、酸等溶剂的药品。

PS 加工性能好，成本低；适宜于辐射灭菌、环氧乙烷灭菌、115℃热压灭菌，不适宜于干热灭菌。

5. 聚偏二氯乙烯［poly（vinylidene chloride），PVDC］ 作为涂层应用的聚偏二氯乙烯是氯乙烯或醋酸乙烯酯和偏二氯乙烯的共聚物，其化学结构式如下：

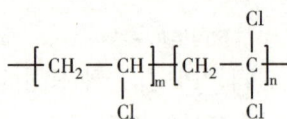

$$\left[CH_2 - CH\right]_m \left[CH_2 - C\right]_n$$

聚偏二氯乙烯化学结构式

PVDC 呈胶乳状、不透明液体，密度为 $1.65\sim1.70g/cm^3$。

PVDC 具有高度的结晶性，为高阻隔性材料，对气体、水蒸气具有优异的阻隔性，以相同厚度的材料比较，PVDC 对空气中氧的阻隔性是 PVC 的 1500 倍，是 PP 的 100 倍，对水蒸气、异味的阻隔性能也优于 PVC，如伤湿止痛膏，选用 PVDC 膜包装可保持药品的原味。PVDC 具有良好的耐化学性以及柔韧性和热封性能，通常以水分散体或溶剂涂层形式应用，作为内部阻隔（密封层）材料，如目前常用的泡罩包装材料即由 PVC 硬片及 PVDC（PVDC 面向内侧，与所包内容物直接接触）复合而成，或作为外层发挥保护和增强光泽作用。PVDC 涂层重量一般为 $4\sim180g/m^2$。

PVDC 软化点（185~200℃）与分解温度（210~225℃）十分接近，故热稳定性差，高于60℃即不稳定；对紫外线、电子束敏感并可分解产生少量氯化氢；在低温、光照、长期贮存条件下会老化而褪色或变脆，耐冲击性能下降。

6. 聚酰胺（polyamide，PA，尼龙） 是主链结构中带有重复排列酰胺基团的线型热塑性塑料，其化学结构式如下：

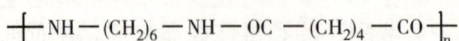

$$\left[NH - (CH_2)_6 - NH - OC - (CH_2)_4 - CO\right]_n$$

聚酰胺化学结构式

PA 无色、无毒，具有良好的透明度和光泽性，种类较多。PA 力学性能优良，表面硬度大，耐磨、耐冲击，有极好的韧性，耐撕、耐折，拉伸强度类似玻璃或醋酸纤维素薄膜，是 PE 的 3 倍；耐高、低温性能好，使用范围在 -60～150℃或更高，可耐受高温蒸汽（约 140℃）灭菌；能较好地阻隔氧气、二氧化碳及香味；耐油、稀酸和碱，化学稳定性好；大多呈半结晶高分子，有较好的耐气候性。

PA 能吸水、吸湿而溶胀变形，尺寸稳定性差；高温时具有透湿性，在 PA 薄膜内衬以 PE 或 PVDC，力学性能提高，对水蒸气和空气阻隔性增强；PA 熔点高，热封温度高。

7. 聚对苯二甲酸乙二醇酯（polyethylene terephthalate，PET） 是由对苯二甲酸与乙二醇缩合而成的线型聚合物，其化学结构式如下：

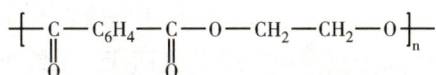

$$\left[\begin{matrix} C-C_6H_4-C-O-CH_2-CH_2-O \\ \| \quad\quad\quad\quad \| \\ O \quad\quad\quad\quad O \end{matrix}\right]_n$$

聚对苯二甲酸乙二醇酯化学结构式

PET 简称聚酯，是一种无色、无味、透明的高结晶性聚合物，相对密度 1.3～1.38，熔点 225～265℃。PET 薄膜的抗拉强度与铝箔相当，是 PE 的 5～10 倍，是 PA 和聚碳酸酯的 2～3 倍，抗冲击强度也为一般薄膜的 3～5 倍，具有良好的刚性、硬度、耐磨性、耐折性和尺寸稳定性。PET 的耐热性、耐寒性、耐油性也很好，能耐弱酸、弱碱和大多数有机溶剂。PET 加工时不需添加增塑剂和其他附加剂，安全性高，在药品包装方面主要用作薄膜、中空容器。

PET 由于酯键的存在使其对热水和碱液敏感，在水中煮沸易降解，强酸和氯化烷对其有腐蚀作用；易带静电；对缺口敏感，抗撕裂强度低，较难黏接。

8. 聚碳酸酯（polycarbonate，PC） 是主链上含有碳酸酯基团聚合物的总称，其化学结构式如下：

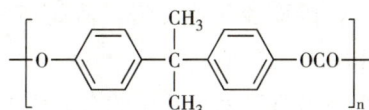

$$\left[\begin{matrix} O-C_6H_4-\overset{\displaystyle CH_3}{\underset{\displaystyle CH_3}{C}}-C_6H_4-OCO \end{matrix}\right]_n$$

聚碳酸酯化学结构式

PC 无色或微黄色，无味、无毒，属于无定形热塑性高分子材料；PC 抗冲击性能强，气体透过率低；耐稀酸、氧化剂、盐类、油类；透光率达 90%，可制成完全透明的容器，作为眼药水容器广泛使用；PC 熔融温度很高（220～230℃），可采用热压灭菌（115℃）、辐射灭菌和环氧乙烷灭菌，用作输液袋中组合接口系统，但不适宜干热灭菌。本品可被酮、酯、芳香烃及一些醇所侵蚀。

塑料包装存在的主要问题：

①穿透性：大多数塑料容器皆具明显透气、透光和透水气性，包装的阻隔作用差，药品中的挥发性成分可通过包装而逸散，影响药品质量。

②沥漏性：塑料中加有各种助剂，包装后助剂分子沥漏或转移进入被包装制剂中造成污染，如 PVC 输液器会引入微粒及增塑剂苯二甲酸二乙酯；塑料中的助剂也能进入药粉和药片中。

③吸附性：塑料包装容器的吸附作用可引起主药含量降低、制剂防腐力降低，如 LDPE 瓶盛装氯霉素眼药水，氯霉素和防腐剂尼泊金乙酯含量均会降低。

④化学反应：塑料的组成成分在一定条件下会与某些被包装成分发生化学反应，对药品质量产生不利影响。

⑤变形：塑料因光、热、药物成分的作用会引起化学反应、老化、变性等现象，甚至发生降解。如油能使 PE 软化，冬季寒冷季节塑料薄膜变脆，易破裂。

二、橡胶类

橡胶是有机高分子弹性化合物，在-50～150℃范围内具有优良的弹性、良好的抗疲劳强度、电绝缘性、耐化学腐蚀性和耐热性，在药品包装中多制成胶塞和垫片用以密封容器。

橡胶生产中的助剂包括硫化剂、活化剂（氧化锌、硬脂酸等）、填充剂（炭黑、滑石粉、高岭土等）、增塑剂（环烷型或链烷型）、着色剂（氧化铁、二氧化钛等）等。

天然橡胶质量波动性大，且其中所含的异性蛋白会引起过敏反应，溶出的吡啶类化合物有致癌、致畸、致突变作用，日本及欧美国家在20世纪60～70年代已淘汰天然橡胶，我国制药工业产品包装中天然橡胶已于2006年起被丁基橡胶、卤化丁基橡胶等替代。

1. 丁基橡胶 是异丁烯单体和少量异戊二烯共聚而成，为线型高分子化合物，其化学结构式如下：

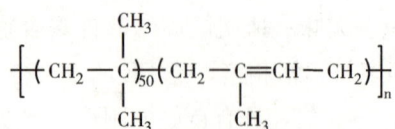

$$\left[\!\left(CH_2-\underset{\underset{CH_3}{|}}{\overset{\overset{CH_3}{|}}{C}}\right)_{\!50}\!\left(CH_2-\underset{\underset{CH_3}{|}}{C}=CH-CH_2\right)\right]_{\!n}$$

丁基橡胶化学结构式

丁基橡胶商品名通称 butyl rubber，代号为ⅡR，为白色或暗灰色透明弹性体，其中异戊二烯含量为1.5%～2.5%。丁基橡胶气体透过率为天然橡胶的1/20，是气密性最好的橡胶；耐热性突出，最高使用温度可到200℃；能长时间暴露在空气和阳光中而不被损坏；耐臭氧氧化、耐酸碱和极性溶剂；耐水性能优异，水渗透率极低；在-30～50℃有良好的减震性，电绝缘性比一般合成橡胶好。

丁基橡胶由于异戊二烯含量低，因而硫化速度慢，需高温和长时间硫化，自黏性和互黏性差，与其他橡胶相容性差，难以并用。

2. 卤化丁基橡胶 是丁基橡胶的改性产品，常用的有氯化丁基橡胶（chlorobutyl rubber，CⅡR）和溴化丁基橡胶（bromobutyl rubber，BⅡR），其化学结构式如下，其中 X 为 Cl 或 Br。

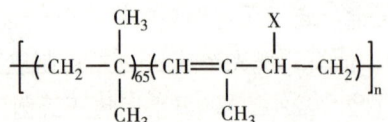

$$\left[\!\left(CH_2-\underset{\underset{CH_3}{|}}{\overset{\overset{CH_3}{|}}{C}}\right)_{\!65}\!\left(CH=C-\underset{\underset{CH_3}{|}}{\overset{\overset{X}{|}}{C}}H-CH_2\right)\right]_{\!n}$$

卤化丁基橡胶化学结构式

卤化丁基橡胶中，结合氯含量为1.1%～1.3%，结合溴含量为1.9%～2.1%。

卤化丁基橡胶在保持丁基橡胶原有特性基础上，提高了丁基橡胶的活性，使之与其他不饱和弹性体产生相容性，提高了自黏性、互黏性以及硫化交联性能。卤化丁基橡胶主要用作瓶塞使用，如输液瓶塞、注射瓶塞、冷冻干燥输液瓶塞、冷冻干燥注射瓶塞、采血器试管塞等。

3. 硅橡胶 是一种兼具无机和有机性质的高分子弹性材料，医用级硅橡胶主要是聚二甲基硅氧烷，其化学结构式如下：

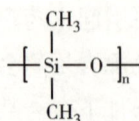

$$\left[\!\begin{array}{c} CH_3 \\ | \\ Si-O \\ | \\ CH_3 \end{array}\!\right]_{\!n}$$

硅橡胶化学结构式

硅橡胶分子主键由硅原子和氧原子交替组成，硅-氧键的键能比一般橡胶碳-碳结合键能大，具有优良的耐高、低温性能，工作范围在-60～250℃，可以经受多次高压灭菌，且在大幅度温度范围内仍能保持其弹性；此外，硅橡胶还具有电绝缘性、耐候性、耐臭氧性、低透气性以及很强的抗撕裂强度、优良的散热性及黏结性、流动性和脱膜性，一些特殊的硅橡胶还具有优异的耐油、耐溶剂、耐辐射等特性。

4. 聚异戊二烯橡胶　是由异戊二烯单体在催化剂作用下进行加成反应制得，其化学结构式如下：

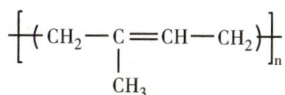

$$\left[CH_2 - \underset{\underset{CH_3}{|}}{C} = CH - CH_2 \right]_n$$

聚异戊二烯橡胶化学结构式

聚异戊二烯橡胶分子结构与天然橡胶相同，两者特性相似，但聚异戊二烯橡胶质量均一，纯度高，膨胀和收缩性小，流动性好，拉伸性能较天然橡胶低，各项性能均比较稳定，适用于生产药用胶塞。

橡胶包装材料存在的主要问题：

①沥漏：橡胶中的助剂与某些液体接触时会沥漏出，进入液体而污染药品，最突出的是锌和有机物，在注射剂、输液剂中可形成微粒。

②吸收：橡胶与防腐剂氯甲酚、三氯甲基叔丁醇、硝基苯汞接触时，从溶液中吸出量可达90%之多。现已开发出的镀膜胶塞和涂膜胶塞，可以改善橡胶的性能。

三、纤维类

纤维是具有一定强度的线状或丝状高分子材料的总称，分为两大类：一类是天然纤维，如棉花、羊毛、蚕丝和麻等；另一类是化学纤维，如黏胶纤维、聚酯纤维等。

纸为天然纤维制品，是常见的包装材料。制剂生产中，除蜡纸、玻璃纸、过滤纸等可作内包装材料外，几乎所有的中包装和大包装均采用纸包装材料。

1. 蜡纸　药用蜡纸由采用亚硫酸盐纸浆生产的纸为基材，再涂布食品级石蜡或硬脂酸等而成。蜡纸具有防潮、防止气味渗透等特性，多作防潮纸，可用于蜜丸等的内包装。

2. 玻璃纸　又称为纤维素膜，具有质地紧密、无色透明等特点，多用于外皮包装或纸盒的开窗包装。玻璃纸可与其他材料复合，如涂防潮材料制成防潮玻璃纸，也可涂蜡制成蜡纸。

3. 过滤纸　具有一定的湿强度和良好的过滤性能，无异味，符合食品卫生要求，可用作袋泡茶类药品的包装。

4. 可溶性滤纸　由棉浆、化学浆抄制，经羧甲基化后制得。其特性是均匀度好，具有对细小微粒的保留性和对液体的过滤性。若将一定剂量药物吸附在一定面积的可溶性滤纸上，即可制成纸型片，可供内服药剂用。

5. 包装纸　是用于包装目的的纸张的总称，由多种配料抄制而成。普通食品包装纸由漂白化学浆抄制，分单面光和双面光两种，可用于散剂包装。

第二节　常见的药用高分子材料包装形式

一、单层药袋

单层药袋一般选择高密度聚乙烯、聚丙烯、聚氯乙烯等防潮性能好、拉伸强度高的材料，采用吹塑法将树脂先行制成膜管，切断封口吹制成薄膜，经表面处理后印刷、制袋而成。单层药袋是颗粒剂常用的包装形式。

二、复合药袋

复合药袋是以纸、铝箔、聚酰胺、聚酯、拉伸聚丙烯等高熔点热塑性材料或非塑性材料为外层，以未拉伸聚丙烯、聚乙烯等低熔点热塑性材料为内层，采用黏合手段或热熔融涂布工艺使各薄膜复合而成的包装材料。复合药袋性能优于单层药袋，现已广泛应用。

三、泡罩包装

泡罩包装俗称"水眼泡"包装，由两层材料组成，底面为聚氯乙烯塑料硬片（也有使用聚氯乙烯/聚偏二氯乙烯复合片、聚酯、聚乙烯、聚丙烯等材料），通过真空吸泡（吹泡）或模压形成单独的凹穴，分装药品后覆盖铝箔热合密封而成，使用时挤压"水泡"，穿破铝箔即可取出药品。泡罩包装密封性好，使用方便，便于携带和保存，多用于包装口服固体制剂，如片剂、胶囊等。

四、中空包装

中空包装系将高密度聚乙烯、低密度聚乙烯、聚丙烯、聚氯乙烯、聚苯乙烯等材料采用注射吹塑或挤出吹塑方法在一定形状模具上制成的瓶、管、罐、桶、盒等包装形式，多用于药片、胶囊、软膏、液体药剂的分装。

五、条形包装

条形包装（strip packing，SP）是利用两层药用条形包装膜（SP 膜）将药品夹在中间，单位药品之间隔开一定的距离，在条形包装机上把药品周围的两层 SP 膜内侧热合密封，药品之间压上齿痕，形成的一种单位包装形式（单片包装和排组成小包装）。取用药品时，可沿齿痕撕开 SP 膜即可。条形包装取用一次剂量药品不影响其他药品的包装。

六、特殊包装

特殊包装有安全防护包装、防偷换包装、装置包装等。

安全泡罩包装与一般泡罩包装的区别之处是铝箔外层涂有韧性很强的聚酯材料，按压药品时，聚酯涂层的铝箔不破裂，必须从单个泡罩包装的某一未热合角上撕去涂有聚酯的铝箔，才能从泡罩中取出药片。安全中空容器包装主要是利用具有特殊性能的塑料帽盖及其接口（如按压螺旋、挤压旋转、制约环、保险环、易碎盖等）起到防护作用。

防偷换包装形式主要采用各种先进的封缄技术，如压敏胶带、变色黏合剂、热收缩薄膜等。如用胶带密封具有独特标记的纸盒的盒舌或金属箔封缄，必须撕破后才能打开容器取出内容物，但撕开后即留下明显痕迹。

装置包装如长形消毒液包装，内含液体和海绵，用手指按压一端时，指定的部位便会开启，方便在手术时进行消毒工作。

第三节　药用高分子包装材料的性能要求及与药物相容性评价

一、药用高分子包装材料的性能要求及评价方法

药用高分子包装材料必须具有一定的物理、化学、生物安全性能以及环保、经济性能，才能既发挥保护作用，又不污染药物，从而实现包装功能。

（一）物理性能

1. 一般物理性能要求

（1）密度　密度可判断包材的紧密度和多孔性，是评价材料性能的重要参数，同时对包装材料生产时的投料量、价格也有重要影响。密度小、质轻的包材具有较大的应用优势。

（2）吸水性与吸湿性　吸水性是指材料直接与水接触时的吸水程度。对于与水直接接触的包装材料要求测定吸水性。吸湿性是指材料在一定温度、湿度条件下，从空气中吸收或放出水分的性能。具有吸湿性的药包材，在潮湿的环境中能吸收空气中的水分而增加其含水量，在干燥的环境中则会放出水分而减少含水量。对于防潮药用包装材料要求测定吸湿性。从结构看，一般极性材料较非极性材料有更大的吸水性或吸湿性。塑料的吸水性试验较简单，将规定尺寸的试样浸入一定温度的蒸馏水中，一段时间后测定试样增加的质量即可。材料吸湿性的测定方法与上述类似，将试样置于特定湿度的环境中进行测定。

（3）阻隔性　指包装材料对气体（氧气、二氧化碳等）、水蒸气、芳香味、臭味等的阻隔性能，是药包材的重要指标。阻隔性能主要取决于包材的密度，材料的密度越高，阻隔性能越好，如 PET 材料分子间有较大的引力及较高的结晶度，对氧气的阻隔性优于无定形的 PVC。材料的透气性和透水性与阻隔性相反。阻隔性一般可以通过水蒸气透过量、气体透过量进行测定。其中水蒸气透过量系指在规定的温度、相对湿度、一定的水蒸气压差下，供试品在一定时间内透过水蒸气的量。根据测定原理可分为重量法、电解分析法和红外检测器法。气体透过量系指在恒定温度和单位压力差下，在稳定透过时，单位面积和单位时间内透过供试品的气体体积。测定方法有压差法和电量分析法。

（4）耐热性与耐寒性　指药品包装材料耐受温度变化而不致失效的性能。通常以热变形性和受热条件下的机械性能变化来衡量材料的耐热性，如材料的玻璃化温度、黏流温度、熔融温度等。一般来说，金属材料耐热性最好，玻璃次之，塑料最低。材料熔点愈高，耐热性愈好。热稳定性以热分解、热氧化等表示。耐寒性指材料在低温下能够保持韧性、脆化倾向小。耐寒性材料可在低温或冷冻条件下使用。这些参数可采用热失重法、差热分析法和差异扫描量热法精确测定。

（5）透明（过）性与遮光性　透明性可用透光率表示。高聚物材料通常呈透明或半透明状，如 PS、PVC 的透光率均在 90％以上，一般液体制剂需选择透明性好的材料包装；但晶态聚合物的透明性比较复杂，有时不透明而呈乳白色。如果药物的化学或物理稳定性易受光辐射影响（一般药品对 290～450nm 范围内的光线较为敏感），则应在塑料材料配方中添加遮光剂。常用的瓶、管、盒等中空容器由于外壁较厚，加入适当遮光剂即有很好的效果，而薄膜包装由于厚度太小，

即使加入着色剂，遮光效果也不太理想。采用铝塑复合材料、印刷油墨、复合黏合剂中掺入遮光剂等方法可以降低薄膜的透光率。

2. 力学性能　药品包装材料的力学性能主要包括弹性、强度、塑性、韧性和脆性等。弹性决定材料缓冲防震性能，弹性愈好，包材缓冲防震性能愈佳；强度分抗压性、抗拉性、抗跌落性、抗撕裂性等，体现为拉伸、断裂、破裂、冲击、压缩、硬度等指标。包装材料、形式不同，强度要求不同，如薄膜材料应有一定的伸长率和拉伸强度，塑料袋要具备较高的剪切强度，而瓶状材料则应具有较大的刚性、抗挤压性和抗冲击性能。塑性是指材料在外力作用下发生形变，移去外力后不能恢复原来形状的性质。袋装包装材料既柔软又不易撕裂，呈现出良好的塑性。韧性和脆性是指材料抗御外来冲击力的能力，常用冲击强度表示，材料的冲击强度越高，说明其韧性越好，反之，说明材料的脆性越大。常用的冲击试验方法有简支梁冲击试验、悬梁臂冲击试验和拉伸冲击试验等。

3. 加工适应性能　又称为作业性，包括机械适应性（如抗拉强度、硬度、挺度、撕裂强度等）、封合性（如热封温度、热合压力、时间等）、黏结剂适应性、尺寸稳定性及印刷适应性（如耐磨性、相容性、印刷精度等）等，以适应包装工艺和机械的要求。药品包装材料的加工适应性能直接影响其使用，不同的药包材、不同的加工成型工艺有不同的加工性能要求。

（二）化学性能

化学性能指药包材在外界环境影响下，发生化学作用的性能，如老化、吸着、溶出等。包装材料的化学性能试验项目应该根据材料的性质进行选择，如鉴别试验、纯度试验、吸着性试验、溶出性试验、耐溶剂性试验、耐酸碱和耐老化性试验等。

1. 老化　塑料、橡胶、纤维在加工、使用、贮存、运输过程中，受到内外综合作用的影响，会引起组成、结构的破坏，逐渐失去原有的优良性能，甚至丧失使用价值。塑料老化后造成高分子结构主链断裂，相对分子质量下降，材料变软、发黏、机械性能变差；橡胶老化后会逐渐发黏、软化或变硬、产生裂纹，发生透气、透油、透水等现象；纤维老化后聚合度下降，材料颜色通常发生改变，牢度下降，耐磨性、回弹性变差。制造过程中添加防老剂可提高药包材的防老化性能。

2. 吸着性　药物成分向包装材料迁移并吸附在材料中称为吸着性。一些小剂量高效药物可因包材吸着造成剂量损失而降低疗效，一些含有微量防腐剂的药品，也可因吸着而影响防腐效果。影响吸着性的因素包括药品的化学结构、药剂的 pH、溶剂、浓度、温度以及材料的结构、面积等，环境温度和接触时间亦有一定影响。

3. 溶出性　高分子包装材料中助剂自容器进入药品中的性质称为溶出性，如塑料中的增塑剂、橡胶中的填充剂等从容器中或相关制品中溶出。一般情况下，高分子材料自身溶出量非常少，但在某些特殊条件下也可能发生溶出，如 PE 与油脂长期接触，低分子量 PE 可能有少量的溶出。溶出物影响药剂的外观、色泽、口味，严重的则可能与药物发生相互作用，影响疗效。

（三）生物安全性能

生物安全性指药用高分子包装材料必须无毒（不含和不溶出有害物质、与药物接触不产生有害物质）、无菌或微生物限度控制在合理范围内、无放射性等，以保证对人体不产生伤害、对药品不产生污染，充分体现材料的生物惰性功能。

药用包装材料要求完成体内外生物学试验和毒性试验。体外生物学试验是将高分子材料或其浸出液与体外培养的哺乳动物细胞直接接触，观察细胞反应性（包括细胞形态、增殖和抑制的影响），以判断材料的生物相容性，具体方法包括琼脂扩散试验、直接接触试验和相对增殖度试验。体内生物学试验包括通过静脉或腹腔注射材料提取液考察的急性全身毒性试验、皮肤致敏试验、原发性皮肤刺激试验、皮内刺激试验、眼内刺激试验和材料的包埋试验等。对于输液等灭菌或无菌药品的高分子包装材料，还必须进行无菌试验、热原试验以及溶血试验等安全性试验。

截至 2015 年，国家食品药品监督管理总局已颁布 130 项直接接触药品的包装材料和容器国家标准。部分药包材检验方法标准（YBB）见表 5-1。

表 5-1 部分药用包装材料检验方法标准（YBB）

标准名称	标准编号
包装材料红外光谱测定法	YBB00262004-2015
包装材料不溶性微粒测定法	YBB00272004-2015
乙醛测定法	YBB00282004-2015
加热伸缩率测定法	YBB00292004-2015
挥发性硫化物测定法	YBB00302004-2015
包装材料溶剂残留量测定法	YBB00312004-2015
注射剂用胶塞、垫片穿刺力测定法	YBB00322004-2015
注射剂用胶塞、垫片穿刺落屑测定法	YBB00332004-2015
玻璃耐沸腾盐酸浸蚀性测定法	YBB00342004-2015
玻璃耐沸腾混合碱水溶液浸蚀性测定法	YBB00352004-2015
玻璃颗粒在 98℃ 耐水性测定法和分级	YBB00362004-2015
砷、锑、铅、镉浸出量测定法	YBB00372004-2015
抗机械冲击测定法	YBB00382004-2015
直线度测定法	YBB00392004-2015
药用陶瓷吸水率测定法	YBB00402004-2015
药品包装材料生产厂房洁净室（区）的测试方法	YBB00412004-2015
药用玻璃砷、锑、铅、镉浸出量限度	YBB00172005-2015
药用陶瓷容器铅、镉浸出量限度	YBB00182005-2015
药用陶瓷容器铅、镉浸出量测定法	YBB00192005-2015
环氧乙烷残留量测定法	YBB00242005-2015
橡胶灰分测定法	YBB00262005-2015
细胞毒性检查法	YBB00012003-2015
热原检查法	YBB00022003-2015
溶血检查法	YBB00032003-2015
急性全身毒性检查法	YBB00042003-2015
皮肤致敏检查法	YBB00052003-2015
皮内刺激检查法	YBB00062003-2015
原发性皮肤刺激检查法	YBB00072003-2015
气体透过量测定法	YBB00082003-2015
水蒸气透过量测定法	YBB00092003-2015
剥离强度测定法	YBB00102003-2015
拉伸性能测定法	YBB00112003-2015

续表

标准名称	标准编号
热合强度测定法	YBB00122003-2015
密度测定法	YBB00132003-2015
氯乙烯单体测定法	YBB00142003-2015
偏二氯乙烯单体测定法	YBB00152003-2015
内应力测定法	YBB00162003-2015
耐内压力测定法	YBB00172003-2015
热冲击和热冲击强度测定法	YBB00182003-2015
垂直轴偏差测定法	YBB00192003-2015
平均线热膨胀系数测定法	YBB00202003-2015
线热膨胀系数测定法	YBB00212003-2015
三氧化二硼测定法	YBB00232003-2015
121℃内表面耐水性测定法和分级	YBB00242003-2015
玻璃颗粒在121℃耐水性测定法和分级	YBB00252003-2015
药用玻璃成分分类及理化参数	YBB00342003-2015

二、药用高分子包装材料与药物相容性评价

直接接触药品的包装材料和容器与药物之间存在很多可能发生的相互作用，如包装材料释放化学物质、包装材料脱落微粒、药物成分被包装材料吸收或吸附、药品与包装材料之间发生化学反应、包装材料发生降解、生产过程中（如灭菌）对容器产生影响等，导致药品失效或产生严重的毒副作用。因此，药物制剂选择包装材料时必须进行药包材的稳定性评价以及药包材与药物的相容性评价，并参考药典有关规定进行卫生学和生物学方面的检查。

（一）药物稳定性试验

《中国药典》（2020 年版）四部收载的"原料药物与制剂稳定性试验指导原则"规定：药物稳定性试验的目的是考察原料药物或制剂在温度、湿度、光线的影响下随时间变化的规律，为药品的生产、包装、贮存、运输条件提供科学依据，同时通过试验建立药品的有效期。药物稳定性试验主要在于了解药物本身在不同条件下自身的变化。

药典规定原料药物与制剂要进行影响因素试验、加速试验和长期试验。

（二）药品包装材料与药物相容性试验

在"原料药物与制剂稳定性试验指导原则"基础上，原 CFDA 颁布的《药品包装材料与药物相容性试验指导原则》（YBB00142002-2015）明确指出：药品包装材料与药物相容性试验是指为考察药品包装材料与药物之间是否发生迁移或吸附等现象，进而影响药物质量而进行的一种试验。药品包装材料与药物相容性试验是在一个具有可控性的环境中，选择实验模型，使药品包装材料与药物相互接触或彼此接近地持续一定时间周期，考察药品包装材料与药物是否会引起相互或单方面的迁移、变质，从而证实在整个使用的有效期内，药物能否保持其安全性、有效性、均一性，是否使药物的纯度持续受到控制。

《药品包装材料与药物相容性试验指导原则》分为三部分：第一部分为相容性试验测试方法

的建立；第二部分为相容性试验的条件；第三部分为包装材料与药物相容性的重点考察项目。

不同的药包材，相容性试验考察重点不同。塑料常用于片剂、胶囊剂、注射剂、滴眼剂等剂型的包装，应重点考察水蒸气的透过、氧气的渗入；水分、挥发性药物的透出；脂溶性药物、抑菌剂向塑料的转移；塑料对药物的吸附；溶剂与塑料的作用；塑料中添加剂、加工时分解产物对药物的影响，以及微粒、密封性等问题。橡胶通常作为容器的塞、垫圈，鉴于橡胶配方的复杂性，应重点考察其中各种添加物的溶出对药物的作用；橡胶对药物的吸附以及填充材料在溶液中的脱落。

目前应用的药用高分子包装材料主要为塑料、橡胶和纤维，品种虽然不多，但由于各自性质不同，包装的制剂不同，在监测方法上需区别对待；同时，应借鉴国外先进经验，建立健全必要法规，选择无污染、能自然降解、易于回收的绿色药品包装材料，并注意药品包装废弃物处理方式，以利于环境保护。

思考题

1. 关于药用高分子包装材料的应用和监管有哪些方面的规定和要求？
2. 试从塑料的结构及组成分析限制其应用的主要问题是什么？
3. 如何克服橡胶类包装材料的沥漏和吸收问题？
4. 试从绿色、环保、可降解角度探讨药用高分子包装材料的研究进展。

全国中医药行业高等教育"十四五"规划教材

全国高等中医药院校规划教材（第十一版）

教材目录

注：凡标☆号者为"核心示范教材"。

（一）中医学类专业

序号	书 名	主 编		主编所在单位	
1	中国医学史	郭宏伟	徐江雁	黑龙江中医药大学	河南中医药大学
2	医古文	王育林	李亚军	北京中医药大学	陕西中医药大学
3	大学语文	黄作阵		北京中医药大学	
4	中医基础理论☆	郑洪新	杨 柱	辽宁中医药大学	贵州中医药大学
5	中医诊断学☆	李灿东	方朝义	福建中医药大学	河北中医药大学
6	中药学☆	钟赣生	杨柏灿	北京中医药大学	上海中医药大学
7	方剂学☆	李 冀	左铮云	黑龙江中医药大学	江西中医药大学
8	内经选读☆	翟双庆	黎敬波	北京中医药大学	广州中医药大学
9	伤寒论选读☆	王庆国	周春祥	北京中医药大学	南京中医药大学
10	金匮要略☆	范永升	姜德友	浙江中医药大学	黑龙江中医药大学
11	温病学☆	谷晓红	马 健	北京中医药大学	南京中医药大学
12	中医内科学☆	吴勉华	石 岩	南京中医药大学	辽宁中医药大学
13	中医外科学☆	陈红风		上海中医药大学	
14	中医妇科学☆	冯晓玲	张婷婷	黑龙江中医药大学	上海中医药大学
15	中医儿科学☆	赵 霞	李新民	南京中医药大学	天津中医药大学
16	中医骨伤科学☆	黄桂成	王拥军	南京中医药大学	上海中医药大学
17	中医眼科学	彭清华		湖南中医药大学	
18	中医耳鼻咽喉科学	刘 蓬		广州中医药大学	
19	中医急诊学☆	刘清泉	方邦江	首都医科大学	上海中医药大学
20	中医各家学说☆	尚 力	戴 铭	上海中医药大学	广西中医药大学
21	针灸学☆	梁繁荣	王 华	成都中医药大学	湖北中医药大学
22	推拿学☆	房 敏	王金贵	上海中医药大学	天津中医药大学
23	中医养生学	马烈光	章德林	成都中医药大学	江西中医药大学
24	中医药膳学	谢梦洲	朱天民	湖南中医药大学	成都中医药大学
25	中医食疗学	施洪飞	方 泓	南京中医药大学	上海中医药大学
26	中医气功学	章文春	魏玉龙	江西中医药大学	北京中医药大学
27	细胞生物学	赵宗江	高碧珍	北京中医药大学	福建中医药大学

序号	书 名	主 编		主编所在单位	
28	人体解剖学	邵水金		上海中医药大学	
29	组织学与胚胎学	周忠光	汪 涛	黑龙江中医药大学	天津中医药大学
30	生物化学	唐炳华		北京中医药大学	
31	生理学	赵铁建	朱大诚	广西中医药大学	江西中医药大学
32	病理学	刘春英	高维娟	辽宁中医药大学	河北中医药大学
33	免疫学基础与病原生物学	袁嘉丽	刘永琦	云南中医药大学	甘肃中医药大学
34	预防医学	史周华		山东中医药大学	
35	药理学	张硕峰	方晓艳	北京中医药大学	河南中医药大学
36	诊断学	詹华奎		成都中医药大学	
37	医学影像学	侯 键	许茂盛	成都中医药大学	浙江中医药大学
38	内科学	潘 涛	戴爱国	南京中医药大学	湖南中医药大学
39	外科学	谢建兴		广州中医药大学	
40	中西医文献检索	林丹红	孙 玲	福建中医药大学	湖北中医药大学
41	中医疫病学	张伯礼	吕文亮	天津中医药大学	湖北中医药大学
42	中医文化学	张其成	臧守虎	北京中医药大学	山东中医药大学
43	中医文献学	陈仁寿	宋咏梅	南京中医药大学	山东中医药大学
44	医学伦理学	崔瑞兰	赵 丽	山东中医药大学	北京中医药大学
45	医学生物学	詹秀琴	许 勇	南京中医药大学	成都中医药大学
46	中医全科医学概论	郭 栋	严小军	山东中医药大学	江西中医药大学
47	卫生统计学	魏高文	徐 刚	湖南中医药大学	江西中医药大学
48	中医老年病学	王 飞	张学智	成都中医药大学	北京大学医学部
49	医学遗传学	赵丕文	卫爱武	北京中医药大学	河南中医药大学
50	针刀医学	郭长青		北京中医药大学	
51	腧穴解剖学	邵水金		上海中医药大学	
52	神经解剖学	孙红梅	申国明	北京中医药大学	安徽中医药大学
53	医学免疫学	高永翔	刘永琦	成都中医药大学	甘肃中医药大学
54	神经定位诊断学	王东岩		黑龙江中医药大学	
55	中医运气学	苏 颖		长春中医药大学	
56	实验动物学	苗明三	王春田	河南中医药大学	辽宁中医药大学
57	中医医案学	姜德友	方祝元	黑龙江中医药大学	南京中医药大学
58	分子生物学	唐炳华	郑晓珂	北京中医药大学	河南中医药大学

（二）针灸推拿学专业

序号	书 名	主 编		主编所在单位	
59	局部解剖学	姜国华	李义凯	黑龙江中医药大学	南方医科大学
60	经络腧穴学☆	沈雪勇	刘存志	上海中医药大学	北京中医药大学
61	刺法灸法学☆	王富春	岳增辉	长春中医药大学	湖南中医药大学
62	针灸治疗学☆	高树中	冀来喜	山东中医药大学	山西中医药大学
63	各家针灸学说	高希言	王 威	河南中医药大学	辽宁中医药大学
64	针灸医籍选读	常小荣	张建斌	湖南中医药大学	南京中医药大学
65	实验针灸学	郭 义		天津中医药大学	

序号	书　名	主　编		主编所在单位	
66	推拿手法学☆	周运峰		河南中医药大学	
67	推拿功法学☆	吕立江		浙江中医药大学	
68	推拿治疗学☆	井夫杰	杨永刚	山东中医药大学	长春中医药大学
69	小儿推拿学	刘明军	邰先桃	长春中医药大学	云南中医药大学

（三）中西医临床医学专业

序号	书　名	主　编		主编所在单位	
70	中外医学史	王振国	徐建云	山东中医药大学	南京中医药大学
71	中西医结合内科学	陈志强	杨文明	河北中医药大学	安徽中医药大学
72	中西医结合外科学	何清湖		湖南中医药大学	
73	中西医结合妇产科学	杜惠兰		河北中医药大学	
74	中西医结合儿科学	王雪峰	郑　健	辽宁中医药大学	福建中医药大学
75	中西医结合骨伤科学	詹红生	刘　军	上海中医药大学	广州中医药大学
76	中西医结合眼科学	段俊国	毕宏生	成都中医药大学	山东中医药大学
77	中西医结合耳鼻咽喉科学	张勤修	陈文勇	成都中医药大学	广州中医药大学
78	中西医结合口腔科学	谭　劲		湖南中医药大学	
79	中药学	周祯祥	吴庆光	湖北中医药大学	广州中医药大学
80	中医基础理论	战丽彬	章文春	辽宁中医药大学	江西中医药大学
81	针灸推拿学	梁繁荣	刘明军	成都中医药大学	长春中医药大学
82	方剂学	李　冀	季旭明	黑龙江中医药大学	浙江中医药大学
83	医学心理学	李光英	张　斌	长春中医药大学	湖南中医药大学
84	中西医结合皮肤性病学	李　斌	陈达灿	上海中医药大学	广州中医药大学
85	诊断学	詹华奎	刘　潜	成都中医药大学	江西中医药大学
86	系统解剖学	武煜明	李新华	云南中医药大学	湖南中医药大学
87	生物化学	施　红	贾连群	福建中医药大学	辽宁中医药大学
88	中西医结合急救医学	方邦江	刘清泉	上海中医药大学	首都医科大学
89	中西医结合肛肠病学	何永恒		湖南中医药大学	
90	生理学	朱大诚	徐　颖	江西中医药大学	上海中医药大学
91	病理学	刘春英	姜希娟	辽宁中医药大学	天津中医药大学
92	中西医结合肿瘤学	程海波	贾立群	南京中医药大学	北京中医药大学
93	中西医结合传染病学	李素云	孙克伟	河南中医药大学	湖南中医药大学

（四）中药学类专业

序号	书　名	主　编		主编所在单位	
94	中医学基础	陈　晶	程海波	黑龙江中医药大学	南京中医药大学
95	高等数学	李秀昌	邵建华	长春中医药大学	上海中医药大学
96	中医药统计学	何　雁		江西中医药大学	
97	物理学	章新友	侯俊玲	江西中医药大学	北京中医药大学
98	无机化学	杨怀霞	吴培云	河南中医药大学	安徽中医药大学
99	有机化学	林　辉		广州中医药大学	
100	分析化学（上）（化学分析）	张　凌		江西中医药大学	

序号	书 名	主 编		主编所在单位	
101	分析化学（下）（仪器分析）	王淑美		广东药科大学	
102	物理化学	刘 雄	王颖莉	甘肃中医药大学	山西中医药大学
103	临床中药学☆	周祯祥	唐德才	湖北中医药大学	南京中医药大学
104	方剂学	贾 波	许二平	成都中医药大学	河南中医药大学
105	中药药剂学☆	杨 明		江西中医药大学	
106	中药鉴定学☆	康廷国	闫永红	辽宁中医药大学	北京中医药大学
107	中药药理学☆	彭 成		成都中医药大学	
108	中药拉丁语	李 峰	马 琳	山东中医药大学	天津中医药大学
109	药用植物学☆	刘春生	谷 巍	北京中医药大学	南京中医药大学
110	中药炮制学☆	钟凌云		江西中医药大学	
111	中药分析学☆	梁生旺	张 彤	广东药科大学	上海中医药大学
112	中药化学☆	匡海学	冯卫生	黑龙江中医药大学	河南中医药大学
113	中药制药工程原理与设备	周长征		山东中医药大学	
114	药事管理学☆	刘红宁		江西中医药大学	
115	本草典籍选读	彭代银	陈仁寿	安徽中医药大学	南京中医药大学
116	中药制药分离工程	朱卫丰		江西中医药大学	
117	中药制药设备与车间设计	李 正		天津中医药大学	
118	药用植物栽培学	张永清		山东中医药大学	
119	中药资源学	马云桐		成都中医药大学	
120	中药产品与开发	孟宪生		辽宁中医药大学	
121	中药加工与炮制学	王秋红		广东药科大学	
122	人体形态学	武煜明	游言文	云南中医药大学	河南中医药大学
123	生理学基础	于远望		陕西中医药大学	
124	病理学基础	王 谦		北京中医药大学	
125	解剖生理学	李新华	于远望	湖南中医药大学	陕西中医药大学
126	微生物学与免疫学	袁嘉丽	刘永琦	云南中医药大学	甘肃中医药大学
127	线性代数	李秀昌		长春中医药大学	
128	中药新药研发学	张永萍	王利胜	贵州中医药大学	广州中医药大学
129	中药安全与合理应用导论	张 冰		北京中医药大学	
130	中药商品学	闫永红	蒋桂华	北京中医药大学	成都中医药大学

（五）药学类专业

序号	书 名	主 编		主编所在单位	
131	药用高分子材料学	刘 文		贵州医科大学	
132	中成药学	张金莲	陈 军	江西中医药大学	南京中医药大学
133	制药工艺学	王 沛	赵 鹏	长春中医药大学	陕西中医药大学
134	生物药剂学与药物动力学	龚慕辛	贺福元	首都医科大学	湖南中医药大学
135	生药学	王喜军	陈随清	黑龙江中医药大学	河南中医药大学
136	药学文献检索	章新友	黄必胜	江西中医药大学	湖北中医药大学
137	天然药物化学	邱 峰	廖尚高	天津中医药大学	贵州医科大学
138	药物合成反应	李念光	方 方	南京中医药大学	安徽中医药大学

序号	书 名	主 编		主编所在单位	
139	分子生药学	刘春生	袁 媛	北京中医药大学	中国中医科学院
140	药用辅料学	王世宇	关志宇	成都中医药大学	江西中医药大学
141	物理药剂学	吴 清		北京中医药大学	
142	药剂学	李范珠	冯年平	浙江中医药大学	上海中医药大学
143	药物分析	俞 捷	姚卫峰	云南中医药大学	南京中医药大学

（六）护理学专业

序号	书 名	主 编		主编所在单位	
144	中医护理学基础	徐桂华	胡 慧	南京中医药大学	湖北中医药大学
145	护理学导论	穆 欣	马小琴	黑龙江中医药大学	浙江中医药大学
146	护理学基础	杨巧菊		河南中医药大学	
147	护理专业英语	刘红霞	刘 娅	北京中医药大学	湖北中医药大学
148	护理美学	余雨枫		成都中医药大学	
149	健康评估	阚丽君	张玉芳	黑龙江中医药大学	山东中医药大学
150	护理心理学	郝玉芳		北京中医药大学	
151	护理伦理学	崔瑞兰		山东中医药大学	
152	内科护理学	陈 燕	孙志岭	湖南中医药大学	南京中医药大学
153	外科护理学	陆静波	蔡恩丽	上海中医药大学	云南中医药大学
154	妇产科护理学	冯 进	王丽芹	湖南中医药大学	黑龙江中医药大学
155	儿科护理学	肖洪玲	陈偶英	安徽中医药大学	湖南中医药大学
156	五官科护理学	喻京生		湖南中医药大学	
157	老年护理学	王 燕	高 静	天津中医药大学	成都中医药大学
158	急救护理学	吕 静	卢根娣	长春中医药大学	上海中医药大学
159	康复护理学	陈锦秀	汤继芹	福建中医药大学	山东中医药大学
160	社区护理学	沈翠珍	王诗源	浙江中医药大学	山东中医药大学
161	中医临床护理学	裘秀月	刘建军	浙江中医药大学	江西中医药大学
162	护理管理学	全小明	柏亚妹	广州中医药大学	南京中医药大学
163	医学营养学	聂 宏	李艳玲	黑龙江中医药大学	天津中医药大学
164	安宁疗护	邸淑珍	陆静波	河北中医药大学	上海中医药大学
165	护理健康教育	王 芳		成都中医药大学	
166	护理教育学	聂 宏	杨巧菊	黑龙江中医药大学	河南中医药大学

（七）公共课

序号	书 名	主 编		主编所在单位	
167	中医学概论	储全根	胡志希	安徽中医药大学	湖南中医药大学
168	传统体育	吴志坤	邵玉萍	上海中医药大学	湖北中医药大学
169	科研思路与方法	刘 涛	商洪才	南京中医药大学	北京中医药大学
170	大学生职业发展规划	石作荣	李 玮	山东中医药大学	北京中医药大学
171	大学计算机基础教程	叶 青		江西中医药大学	
172	大学生就业指导	曹世奎	张光霁	长春中医药大学	浙江中医药大学

序号	书　名	主　编		主编所在单位	
173	医患沟通技能	王自润	殷　越	大同大学	黑龙江中医药大学
174	基础医学概论	刘黎青	朱大诚	山东中医药大学	江西中医药大学
175	国学经典导读	胡　真	王明强	湖北中医药大学	南京中医药大学
176	临床医学概论	潘　涛	付　滨	南京中医药大学	天津中医药大学
177	Visual Basic 程序设计教程	闫朝升	曹　慧	黑龙江中医药大学	山东中医药大学
178	SPSS 统计分析教程	刘仁权		北京中医药大学	
179	医学图形图像处理	章新友	孟昭鹏	江西中医药大学	天津中医药大学
180	医药数据库系统原理与应用	杜建强	胡孔法	江西中医药大学	南京中医药大学
181	医药数据管理与可视化分析	马星光		北京中医药大学	
182	中医药统计学与软件应用	史周华	何　雁	山东中医药大学	江西中医药大学

（八）中医骨伤科学专业

序号	书　名	主　编		主编所在单位	
183	中医骨伤科学基础	李　楠	李　刚	福建中医药大学	山东中医药大学
184	骨伤解剖学	侯德才	姜国华	辽宁中医药大学	黑龙江中医药大学
185	骨伤影像学	栾金红	郭会利	黑龙江中医药大学	河南中医药大学洛阳平乐正骨学院
186	中医正骨学	冷向阳	马　勇	长春中医药大学	南京中医药大学
187	中医筋伤学	周红海	于　栋	广西中医药大学	北京中医药大学
188	中医骨病学	徐展望	郑福增	山东中医药大学	河南中医药大学
189	创伤急救学	毕荣修	李无阴	山东中医药大学	河南中医药大学洛阳平乐正骨学院
190	骨伤手术学	童培建	曾意荣	浙江中医药大学	广州中医药大学

（九）中医养生学专业

序号	书　名	主　编		主编所在单位	
191	中医养生文献学	蒋力生	王　平	江西中医药大学	湖北中医药大学
192	中医治未病学概论	陈涤平		南京中医药大学	
193	中医饮食养生学	方　泓		上海中医药大学	
194	中医养生方法技术学	顾一煌	王金贵	南京中医药大学	天津中医药大学
195	中医养生学导论	马烈光	樊　旭	成都中医药大学	辽宁中医药大学
196	中医运动养生学	章文春	邬建卫	江西中医药大学	成都中医药大学

（十）管理学类专业

序号	书　名	主　编		主编所在单位	
197	卫生法学	田　侃	冯秀云	南京中医药大学	山东中医药大学
198	社会医学	王素珍	杨　义	江西中医药大学	成都中医药大学
199	管理学基础	徐爱军		南京中医药大学	
200	卫生经济学	陈永成	欧阳静	江西中医药大学	陕西中医药大学
201	医院管理学	王志伟	翟理祥	北京中医药大学	广东药科大学
202	医药人力资源管理	曹世奎		长春中医药大学	
203	公共关系学	关晓光		黑龙江中医药大学	

序号	书 名	主 编	主编所在单位	
204	卫生管理学	乔学斌 王长青	南京中医药大学	南京医科大学
205	管理心理学	刘鲁蓉 曾 智	成都中医药大学	南京中医药大学
206	医药商品学	徐 晶	辽宁中医药大学	

（十一）康复医学类专业

序号	书 名	主 编	主编所在单位	
207	中医康复学	王瑞辉 冯晓东	陕西中医药大学	河南中医药大学
208	康复评定学	张 泓 陶 静	湖南中医药大学	福建中医药大学
209	临床康复学	朱路文 公维军	黑龙江中医药大学	首都医科大学
210	康复医学导论	唐 强 严兴科	黑龙江中医药大学	甘肃中医药大学
211	言语治疗学	汤继芹	山东中医药大学	
212	康复医学	张 宏 苏友新	上海中医药大学	福建中医药大学
213	运动医学	潘华山 王 艳	广东潮州卫生健康职业学院	黑龙江中医药大学
214	作业治疗学	胡 军 艾 坤	上海中医药大学	湖南中医药大学
215	物理治疗学	金荣疆 王 磊	成都中医药大学	南京中医药大学